工业和信息化部"十四五"规划教材

智能制造系统及关键使能技术

唐敦兵　朱海华　主　编

郭　宇　陈蔚芳　叶文华　陈　凯　副主编

电子工业出版社
Publishing House of Electronics Industry
北京·BEIJING

内 容 简 介

本书系统、详细地介绍了智能制造系统的理念、关键使能技术、应用案例。全书共 17 章，主要内容包括：个性化定制给制造业带来的机遇与挑战、智能制造系统的演变过程、大数据技术、云计算技术、物联网技术、移动互联网技术、人工智能技术、制造系统智能化理论模型与构建技术、多源制造信息感知技术、离散制造资源标准化接入、物联互通制造技术、网络信息安全管理技术、车间可视化技术、智能制造系统控制机制、智能制造系统协同运行策略方法、基于多智能体制造系统的混线生产调度案例分析、面向个性化定制的多智能体制造系统动态调度案例分析。书中既有理论知识，又有案例介绍，能帮助读者理解、掌握和运用本书所提出的方法，扩大读者在智能制造系统领域的知识面。

本书可作为高等院校机械、计算机、管理工程等专业本科生、研究生的必修课教材，也可为相关领域的管理人员、技术人员提供参考。

图书在版编目（CIP）数据

智能制造系统及关键使能技术 / 唐敦兵，朱海华主编．—北京：电子工业出版社，2022.3

工业和信息化部"十四五"规划教材

ISBN 978-7-121-42982-8

Ⅰ．①智…　Ⅱ．①唐…　②朱…　Ⅲ．①智能制造系统－高等学校－教材　Ⅳ．①TH166

中国版本图书馆 CIP 数据核字（2022）第 031378 号

责任编辑：刘志红　　　　特约编辑：田学清
印　　刷：北京盛通商印快线网络科技有限公司
装　　订：北京盛通商印快线网络科技有限公司
出版发行：电子工业出版社
　　　　　北京市海淀区万寿路 173 信箱　　　邮编：100036
开　　本：787×1092　1/16　印张：19.75　字数：480.3 千字
版　　次：2022 年 3 月第 1 版
印　　次：2023 年 3 月第 3 次印刷
定　　价：89.80 元

序　言

制造业是国民经济的基础，其兴衰直接关系到我国的竞争力和国家安全。受经济全球化和市场多元化影响，社会和用户对于产品的需求愈发趋于多样化、个性化和动态化，造成产品种类不断增加、生产批量不断减少、需求响应周期越来越短，迫使制造企业智能化转型升级。在这种趋势下，越来越多的制造企业开始意识到垂直集中式的生产调控模式已经无法适应当前用户主导、灵活多变的市场变化与需求。多品种变小批量、订单随机到达、参数需求个性化，以及制造车间资源异常、物流冲突、工艺不稳定等未知随机因素使得对制造系统的控制变得愈发复杂。因此，快速高效响应动态多变的生产需要，灵活组织与重构制造车间资源已经成为当前制造企业提升市场竞争力的重要手段。

《中共中央关于制定国民经济和社会发展第十四个五年规划和二〇三五年远景目标的建议》中明确了"智能制造"是国家战略发展的目标之一。为满足培养智能制造相关理论和专业技术人才的需要，本书将围绕智能制造系统，通过先进制造技术与"大云物智移"等新一代信息技术的深度融合，由制造模式的变革和制造系统的演变过程出发，引出智能制造系统理念、框架、建模方法、关键使能技术等内容，最后聚焦智能制造系统应用服务。本书内容重点突出关键技术、理论方法与应用实践这三部分。在关键技术方面，详细阐述了大数据、云计算、物联网、移动互联网、人工智能等使能技术；在理论方法方面，详细阐述了智能制造系统涉及的智能单元结构模型设计、多智能体组织架构与协商方式、异构设备适配技术；在应用实践方面，选用混线生产车间调度案例与面向个性化定制的动态实时调度案例这两种典型应用场景，并设计典型实验算例对相关理论与方法进行分析验证，使得读者对智能制造系统有进一步理解与掌握。

本书的学术特色与创新主要包括以下几个方面：①对当前智能制造系统的特点及其关键使能技术进行系统的归纳和分析，对其涉及的技术体系进行全面的介绍；②对当前社会背景下制造企业面临的困境及出路进行具体总结，对智能制造系统及关键使能技术的实施所带来的效果细致讲解，为制造业开展智能制造提供理论指导和方法支撑；③结合实际案例分析智能制造技术及其使能技术的应用效果，理论与实际相结合，更具有说服力，有利于提高创新能力和实践能力。

随着 5G、数字孪生、区块链等新一代信息通信技术与智能制造系统进一步深化融合，智能制造系统呈现出信息化、网络化、智能化等特征，是"工业 4.0"等先进制造战略从概念走向实际的实践案例，其相关理论知识也在不断更新发展中。本书可作为高等院校机械、计算机、管理工程等专业本科生和研究生的必修课教材，也可为相关领域的管理人员、技术人员提供参考。希望本书的出版可以满足培养智能制造相关理论和专业技术人才的需要。同时，本书对提升智能制造系统抗扰动能力和响应能力具有一定的参考价值。

本书将以嵌入二维码的纸质教材为载体，通过移动互联网技术，连接视频、音频、作业、试卷、拓展资源、主题讨论等数字化资源，将纸质化教材与信息网络技术相融合，实现线上线下教材相结合，既保留了符合传统阅读方式的纸质教材，又融合了交互性好、简便易操作的数字课程版或平板电脑版等数字化教材。

感谢工信部"十四五"规划教材项目及国家重点研发计划（2020YFB1710500）对本书编写的支持，感谢教材编写组郭宇、陈蔚芳、叶文华、陈凯等老师，以及张毅、刘长春、桂勇、聂庆玮、张泽群、王立平、宋家烨等博士生的学术贡献。

由于编者学术水平有限，书中难免存在不足之处，恳请同行和读者批评指正。

唐敦华、朱海华

2021 年 04 月

目　　录

第 1 章　个性化定制给制造业带来的机遇与挑战 1

1.1　引言 1

1.2　目前我国制造业存在的主要问题 1

1.3　借助互联网的智能化+个性化定制，形成新业态新模式 4

1.4　个性化定制及个性化定制面临的问题 5

1.5　个性化定制带来的产品服务系统 7

1.5.1　产品服务系统定制化服务策略 8

1.5.2　构建面向大规模定制的智能化与柔性化制造系统 8

1.5.3　推进 PSS 定制及服务定制的对策建议 9

1.6　本章小结 10

1.7　本章习题 10

第 2 章　智能制造系统的演变过程 11

2.1　引言 11

2.2　先进制造系统分类 11

2.2.1　集成制造系统 11

2.2.2　敏捷制造系统 12

2.2.3　智能制造系统 13

2.3　HCPS 的演进过程 14

2.3.1　智能制造系统发展的第一阶段——基于 HPS 的传统制造 14

2.3.2　智能制造系统发展的第二阶段——基于 HCPS 的数字化制造 15

2.3.3　智能制造系统发展的第三阶段——基于 HCPS1.5 的数字网络化制造 17

2.3.4　智能制造系统发展的第四阶段——基于 HCPS2.0 的新一代智能制造 18

2.4　智能制造系统的新发展 21

2.5　智能制造系统对下一代制造业发展的启示 23

2.6　本章小结 24

2.7　本章习题 24

第 3 章　大数据技术 25

3.1　引言 25

3.2　大数据的概念与特征 25

3.2.1　大数据的概念 25

3.2.2　海量 26

3.2.3　多样性 26

　　　3.2.4　速度 26

　　　3.2.5　价值 26

　　3.3　大数据技术体系 27

　　　3.3.1　大数据存储和管理技术 27

　　　3.3.2　大数据分布式批处理技术 29

　　　3.3.3　大数据实时流处理技术 30

　　　3.3.4　大规模图数据处理技术 30

　　3.4　大数据与智能制造的关系 32

　　　3.4.1　制造大数据处理架构 32

　　　3.4.2　制造车间大数据处理系统 38

　　3.5　本章小结 40

　　3.6　本章习题 40

第 4 章　云计算技术 41

　　4.1　引言 41

　　4.2　云计算概述 41

　　　4.2.1　云计算的定义 42

　　　4.2.2　云计算的发展进程 42

　　　4.2.3　云计算的分类 43

　　　4.2.4　云计算的特点 44

　　4.3　云计算的服务类型 45

　　　4.3.1　基础设施即服务（IaaS） 46

　　　4.3.2　平台即服务（PaaS） 46

　　　4.3.3　软件即服务（SaaS） 51

　　4.4　云制造 53

　　　4.4.1　云制造概述 53

　　　4.4.2　云制造的层次结构 53

　　4.5　本章小结 57

　　4.6　本章习题 57

第 5 章　物联网技术 58

　　5.1　引言 58

　　5.2　物联网概述 58

　　　5.2.1　物联网的概念及定义 58

　　　5.2.2　物联网的发展态势 59

　　　5.2.3　物联网的网络架构 60

5.3 物联网技术体系 61

　　5.3.1 感知技术 62

　　5.3.2 网络通信技术 63

　　5.3.3 应用技术 64

　　5.3.4 共性技术 64

　　5.3.5 支撑技术 65

5.4 制造业与物联网融合的必要性 65

　　5.4.1 生产现场对物联网的需求分析 66

　　5.4.2 生产管理对物联网的需求分析 68

5.5 本章小结 69

5.6 本章习题 70

第6章 移动互联网技术 71

6.1 前言 71

6.2 移动互联网概述 71

　　6.2.1 移动互联网的定义 71

　　6.2.2 移动互联网的体系 71

　　6.2.3 移动通信系统的发展历程 73

6.3 5G 网络架构设计 75

6.4 5G+智能制造总体架构 78

6.5 5G+智能制造关键技术 80

　　6.5.1 5G 时间敏感网络技术 80

　　6.5.2 网络切片技术 82

　　6.5.3 移动边缘计算 83

6.6 5G 网络安全 85

6.7 本章小结 85

6.8 本章习题 86

第7章 人工智能技术 87

7.1 引言 87

7.2 概述 87

7.3 智能搜索算法 88

　　7.3.1 定义 88

　　7.3.2 类型 89

　　7.3.3 常见算法 89

　　7.3.4 应用 95

7.4 机器学习 96

　　7.4.1 定义 96

7.4.2　类型 96

　　　　7.4.3　常见算法 97

　　　　7.4.4　应用 100

　　7.5　深度学习 100

　　　　7.5.1　定义 100

　　　　7.5.2　常见算法 101

　　　　7.5.3　优势 103

　　　　7.5.4　应用 104

　　7.6　强化学习 105

　　　　7.6.1　定义 105

　　　　7.6.2　马尔可夫决策过程 106

　　　　7.6.3　DPG 算法 107

　　　　7.6.4　Actor-Critic 算法 107

　　7.7　人工智能应用 108

　　　　7.7.1　计算机视觉 108

　　　　7.7.2　自然语言处理 110

　　7.8　本章小结 112

　　7.9　本章习题 112

第 8 章　制造系统智能化理论模型与构建技术 113

　　8.1　引言 113

　　8.2　制造系统智能体的结构模型设计 113

　　　　8.2.1　智能体的基本特征 113

　　　　8.2.2　智能体的映射方式 114

　　　　8.2.3　智能体的基本结构 115

　　　　8.2.4　智能体的结构模型设计 117

　　8.3　制造系统智能体的模型构建 118

　　　　8.3.1　智能体模型的总体构建思路 118

　　　　8.3.2　智能体模型的模块设计 119

　　　　8.3.3　智能体模型的推理决策模块分类 121

　　8.4　本章小结 123

　　8.5　本章习题 123

第 9 章　多源制造信息感知技术 124

　　9.1　引言 124

　　9.2　多源制造信息的感知需求及信息源分析 124

　　　　9.2.1　智能制造系统对制造信息的感知需求 124

　　　　9.2.2　智能制造系统的多源信息源分析 124

　　　　9.2.3　信息数据特点及分析 127

　9.3　多源制造信息感知的关键技术 128

　　　　9.3.1　多源制造信息感知技术需求分析 128

　　　　9.3.2　传感器技术简介 129

　　　　9.3.3　异构传感器管理 130

　　　　9.3.4　车间定位技术简介 131

　　　　9.3.5　多源信息传输技术简介 133

　9.4　多源制造信息感知系统的构建 136

　　　　9.4.1　多源制造信息感知模型结构分析 136

　　　　9.4.2　事件驱动的实时多源制造信息获取 137

　　　　9.4.3　多源制造信息标准化及信息共享 137

　9.5　本章小结 138

　9.6　本章习题 138

第10章　离散制造资源标准化接入技术 139

　10.1　引言 139

　10.2　离散制造资源 139

　　　　10.2.1　离散制造 139

　　　　10.2.2　离散制造资源分类 140

　10.3　离散制造资源本体建模分析 142

　　　　10.3.1　本体 142

　　　　10.3.2　本体建模原则与方法 143

　　　　10.3.3　基于本体的离散制造资源信息模型 145

　　　　10.3.4　离散制造资源本体建模步骤 146

　10.4　离散制造资源本体建模准备 148

　　　　10.4.1　离散制造资源概念分层 148

　　　　10.4.2　离散制造资源属性分析 149

　　　　10.4.3　资源本体语义化描述语言及工具 150

　10.5　离散制造资源标准化描述模型构建 152

　10.6　离散制造资源标准化接入步骤 156

　10.7　本章小结 157

　10.8　本章习题 157

第11章　物联互通制造技术 158

　11.1　引言 158

　11.2　制造车间物联互通研究现状 158

　　　　11.2.1　研究背景 158

11.2.2　研究现状及其不足 ……………………………………………………159

　　11.3　面向物联制造的底层装备互联互通架构设计 ……………………………………160

　　　　11.3.1　物联制造环境及其底层装备特征分析 …………………………………161

　　　　11.3.2　底层装备互联互通实现基础 ……………………………………………163

　　　　11.3.3　面向物联制造的标准装备模型设计 ……………………………………165

　　　　11.3.4　物联制造环境下底层装备互联互通架构设计 …………………………169

　　11.4　物联制造环境下底层装备适配封装架构设计 ……………………………………173

　　　　11.4.1　装备适配模型基本架构 …………………………………………………173

　　　　11.4.2　装备适配模型工作机制 …………………………………………………176

　　　　11.4.3　装备适配模型功能实现 …………………………………………………177

　　11.5　本章小结 …………………………………………………………………………180

　　11.6　本章习题 …………………………………………………………………………180

第 12 章　网络信息安全管理技术 ……………………………………………………………181

　　12.1　引言 ………………………………………………………………………………181

　　12.2　密码技术 …………………………………………………………………………181

　　　　12.2.1　概述 ………………………………………………………………………181

　　　　12.2.2　对称密码技术 ……………………………………………………………183

　　　　12.2.3　非对称密码技术 …………………………………………………………187

　　12.3　访问控制技术 ……………………………………………………………………188

　　　　12.3.1　概述 ………………………………………………………………………188

　　　　12.3.2　常见访问控制方式 ………………………………………………………188

　　　　12.3.3　认证与授权 ………………………………………………………………190

　　12.4　防火墙技术 ………………………………………………………………………191

　　　　12.4.1　概述 ………………………………………………………………………191

　　　　12.4.2　防火墙作用 ………………………………………………………………192

　　　　12.4.3　防火墙关键技术分析 ……………………………………………………192

　　12.5　区块链技术 ………………………………………………………………………193

　　　　12.5.1　概述 ………………………………………………………………………193

　　　　12.5.2　区块链技术基础 …………………………………………………………194

　　　　12.5.3　区块链对工业互联网发展的价值 ………………………………………196

　　　　12.5.4　应用与展望 ………………………………………………………………197

　　12.6　本章小结 …………………………………………………………………………198

　　12.7　本章习题 …………………………………………………………………………198

第 13 章　车间可视化技术 ……………………………………………………………………199

　　13.1　引言 ………………………………………………………………………………199

　　13.2　背景介绍 …………………………………………………………………………199

13.2.1 数字化车间的发展需求 199

13.2.2 数字孪生技术发展背景 200

13.3 车间可视化技术的发展 201

13.4 车间可视化的关键技术 201

13.4.1 车间可视化数据源感知获取 201

13.4.2 车间可视化数据统一集成 205

13.4.3 车间可视化的信息通信 207

13.5 车间可视化系统中的人机交互 208

13.6 基于数字孪生的可视化技术应用 210

13.6.1 孪生虚拟车间可视化与模型驱动 210

13.6.2 数字孪生车间的生产信息可视化映射 212

13.7 本章小结 213

13.8 本章习题 213

第 14 章 智能制造系统控制机制 214

14.1 引言 214

14.2 智能制造车间架构体系 214

14.2.1 智能制造车间基本结构 214

14.2.2 智能制造车间架构设计 215

14.3 基于多 Agent 的物联制造系统设计 217

14.3.1 Agent 的特点与映射 217

14.3.2 车间设备 Agent 设计 218

14.3.3 工作人员 Agent 设计 219

14.3.4 功能模块智能体设计 220

14.4 智能制造系统人机交互与协作 222

14.4.1 人机交互方式 222

14.4.2 人机交互功能分析 223

14.4.3 人机协作场景 224

14.4.4 人机协作机制 225

14.5 智能制造系统实时动态调度算法 226

14.5.1 多目标约束的调度模型 226

14.5.2 基于事件驱动的决策调整机制 229

14.5.3 基于层次分析法的决策因素权重设计 230

14.6 本章小结 232

14.7 本章习题 232

第 15 章 智能制造系统协同运行策略方法 233

15.1 引言 233

15.2 基于多 Agent 技术的车间调度模型 233

15.2.1 Agent 的特点、映射与结构设计 233

15.2.2 MAS 的组织结构和协商机制设计 236

15.2.3 基于多 Agent 技术的改进型车间调度模型设计 238

15.3 基于合同网协议的 MAS 调度算法研究 242

15.3.1 基于经典合同网协议的传统多 Agent 方法的不足与分析 242

15.3.2 基于简化合同网协议的区间协同拍卖调度策略 246

15.3.3 一种改进的区间协同拍卖调度策略 249

15.4 案例仿真设计 252

15.5 本章小结 254

15.6 本章习题 254

第 16 章 基于多智能体制造系统的混线生产调度案例分析 255

16.1 前言 255

16.2 混线生产调度问题 255

16.2.1 混线生产约束 256

16.2.2 组合加工约束 256

16.2.3 实验算例设计 256

16.3 调度策略自学习实验 258

16.3.1 可行性实验分析 259

16.3.2 优越性实验分析 260

16.4 动态扰动下混线生产调度实验 263

16.4.1 机器故障下的调度实验 263

16.4.2 普通订单扰动下的调度实验 268

16.4.3 紧急订单扰动下的调度实验 270

16.5 组合加工案例实验 273

16.5.1 组合加工案例分析 273

16.5.2 自学习调度决策机制 275

16.5.3 多扰动事件下调度决策机制 276

16.6 本章小结 279

16.7 本章习题 279

第 17 章 面向个性化定制的多智能体制造系统动态调度案例分析 280

17.1 引言 280

17.2 个性化订单系统 280

17.2.1 个性化订单系统的应用开发 280

17.2.2 个性化订单系统架构及功能模块设计 281

17.2.3 个性化订单系统的运行过程 285

17.3　多智能体制造系统构架搭建实例 287
　　17.3.1　智能调度系统框架搭建 287
　　17.3.2　多智能体制造系统开发环境搭建 290
17.4　多智能体制造系统动态调度问题 294
　　17.4.1　问题描述 295
　　17.4.2　实验算例设计 296
17.5　多智能体制造系统动态实时调度实验验证 297
　　17.5.1　无扰动情况 298
　　17.5.2　紧急订单扰动实验 299
　　17.5.3　机床故障扰动实验 300
　　17.5.4　订单优先级调整扰动实验 301
17.6　本章小结 302
17.7　本章习题 302

第1章 个性化定制给制造业带来的机遇与挑战

1.1 引言

经过改革开放的三十余年，中国制造业获得了迅速的发展，并取得了举世瞩目的成就。当前，中国制造业的总产值已占世界总产值的三分之一以上，成为全球第一制造大国。但整体来看，中国制造业和发达国家相比大而不强，仍然存在着很大的差距。近几年，随着全球整体经济环境的下滑，世界制造业中心的不断转移，加上中美贸易战愈演愈烈这一重大突发因素，对我国制造企业的经营和发展造成了猛烈的负面冲击。如何应对当前新常态下的全球化市场竞争，已成为当前我国制造业首先要解决的问题。

一方面，从制造业的发展趋势来看，因为社会生产力的提升和科学技术的发展，同时由于信息时代互联网的普及，用户的需求也在不断发生变化，呈现出多样化和个性化的趋势及特点，这对传统的标准化批量生产方式造成了变革式的挑战。另一方面，挑战也往往伴随着机遇，目前我国制造业正在探索一条创新的制造道路。越来越多的企业借助网络与用户建立联系，通过建立网络应用和云平台将用户聚集在同一平台。用户在网络上使用这些应用时，会产生大量包含有用信息的数据，企业借助这些数据对用户的行为和喜好进行大数据分析，可以准确预测市场，进而进行精准营销。借助互联网、信息分析、云计算等技术，企业建立的网络平台实现了用户与企业之间的对接，使得大规模的个性化定制成为可能。这种制造模式打破了传统制造单渠道的企业-用户关系。

1.2 目前我国制造业存在的主要问题

（1）竞争优势主要依赖人口红利和要素成本。

虽然当前我国制造业的产出占比一直位居全球第一，但市场观点普遍认为中国制造业的发展主要依靠人口红利和要素驱动。图 1-1 所示为各国制造业竞争力驱动因素。然而，随着经济全球化和制造的全球化合作，东南亚的一些国家在中低端制造业方面渐渐展现出实力。同时在我国计划生育政策的施行，以及人口劳动力综合素质提高等因素的影响下，约束我国保持竞争优势的多种要素日益趋紧。在人口红利消失的同时，随着企业内部的人力成本、物料成本和运营成本不断上涨直接导致企业生产成本的上升，中国制造业的劳动力成本优势在全球市场竞争中减弱了，这导致劳动密集型企业面临着激烈地竞争。

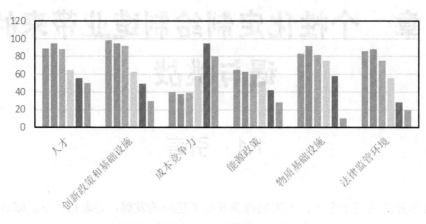

图 1-1　各国制造业竞争力驱动因素

（2）整体产业自主创新能力与国外差距较大。

我国的制造业与西方发达国家相比起步较晚，通过改革开放之后几十年的努力，中国制造业不断发展壮大，在初阶段的仿照学习之后具备了一定的自主创新能力。根据欧盟委员会发布的《2017 年欧盟工业研发投资排行榜》，该报告调查了 2016 至 2017 年间全球两千多家大型企业的年度研发支出情况并对其进行了排名。报告中的数据表明，在 2016 至 2017 年中，这些企业的研发总额增长了 5.8%，连续 6 年实现大幅增长。其中，中国企业的研发投入增加了 18.8%，高于欧盟的 7.0% 和美国的 7.2%。图 1-2 所示为 2010-2017 年中国制造业增加值。

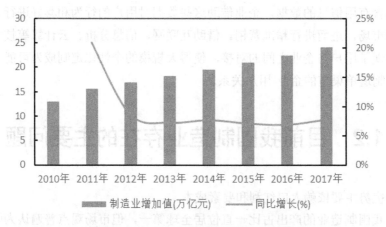

图 1-2　2010-2017 年中国制造业增加值

从目前的实际情况来看，中国制造业与世界发达国家相比仍有一定的差距。总体来说，我国制造企业在产品生产方面通常种类比较单一，对于本企业之外的其他产品往往很少了解，主要存在自主创新能力弱、本土品牌廉价低端、缺乏核心竞争力、关键核心技术与高端装备对外依存度高等较为突出的问题。

（3）批量生产销售，竞争优势层次低下。

我国在工业方面的制造以劳动密集型产业为主，在高科技产业方面缺乏优势。同国外的贸易竞争中具备最大优势的产业就是劳动密集型产业。而在高新技术领域中，如在航空航天技术、电子技术、材料技术等方面的竞争中处于劣势。虽然我国被称为"世界制造工厂"，但其实只是低端产品的生产者和供应商。再加上我国的制造业发展遵循着传统的大规模批量生产和销售的模式，尽管产品的产量和销量巨大，但由于产品水平低，产品严重同质化，各企业只能通过价格进行竞争，这令大部分企业无法获取有效利润，更是形成了国内制造业的一些"尴尬"局面：国内企业购买国外的先进技术和设备，国外企业进行研发和创新，研发的新技术和设备再售卖给国内企业。这导致了中国制造业大部分集中在低水平层次上，增值能力有限，附加值较低。

（4）我国制造业产业组织结构的不合理。

目前，我国的制造业组织结构太分散了。在企业管理方面，由于国有企业的组织架构繁杂、管理水平低下、运营机制不灵活，造成创新力和创造力不强。而大多数私营企业采用家族系统管理模式，缺乏统一标准的管理规章制度。企业缺少标准化的发展能力，导致中国企业竞争力不足。图1-3所示为美国、日本和中国企业的平均寿命比较（年），与国外企业相比，我国企业无法保持长期寿命。

在企业定位方面，一些企业缺乏长期、明确、合理的战略规划，许多在投资管理方面的决定，仅仅出于短期利润的目的，具有投机性和逐利性的特点，盲目追求"大而全"，这导致我国一些企业的主业务不精，副业务又成为累赘，从而失去了核心竞争力。国内企业渐渐开始以价格为竞争方式，打起价格战。同时，国内大部分企业的规模较小，还未形成合理分工的协作局面，企业的专业化生产水平仍然较低，影响了产业竞争效率的提高。

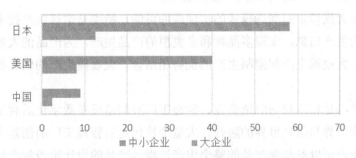

图1-3 美国、日本和中国企业的平均寿命比较（年）

（5）"中美贸易战"为我国出口贸易带来新的挑战。

"中美贸易战"的发生使我国成为遭受贸易调查最严重的国家，国际贸易形势严峻。国际形势的发展可以预见，在未来，我国与发展中国家、发达国家的经贸摩擦可能更加激烈，会造成我国制成品的出口障碍。全球贸易规则正在重建中，美国的一系列推动制造业回流本国的激励措施，将进一步削弱我国工业产品的成本优势，打击我国的制造产业链，也将影响我国制造业实施的"走出去"战略。

对于中国很多主营出口的中小企业来说，在国内人口红利消失和劳动力成本上涨，而且关税提高后，中国出口的产品在价格上难以维持优势。就其本身而言，制造业的毛利率约为20%，而征加的25%关税将直接压榨掉多数主营出口业务企业的利润。

1.3　借助互联网的智能化+个性化定制，形成新业态新模式

近年来，新的制造模式和新的制造服务层出不穷，如个性化定制、智能制造、基于供应链的网络化协同制造等。当前，互联网技术正在加速渗透到传统行业的各个领域，并且出现了各种基于互联网技术、信息技术等不同于传统制造的制造模式。在打破原始产业结构的同时，它向制造业注入了物理-信息融合的制造思想。总之，互联网技术为经济发展注入了新的活力，也带来了新的变革和机遇。

传统制造企业正通过使用互联网平台重塑产业组织和制造模型，并重建企业与用户之间的关系。它不仅提高了传统制造企业和用户之间的互动程度，还促进了互联网与制造业的集成融合，从而使互联网逐渐渗入到制造业的各个方面及产品生产周期的整个过程。"互联网+制造业"概念的提出引发了制造业制造资源优化配置的新方式，带动了制造业生产和经营模式的转变，促进了我国制造业的转型升级。

智能制造是通过集成制造技术、数字技术和新一代信息技术，在产品的全生命周期中进行信息感知、采集、处理、决策和控制执行的系统。智能制造的目的是要高效、高质量、灵活、安全地生产产品并服务于用户。智能制造的内容包括设备智能化、设计过程智能化、制造过程数字化、企业管理集成化和服务远程信息化。

智能制造使得大规模定制制造模式的实现成为可能，特别是柔性生产技术的产生，它能够实时跟踪产品的生产信息，实现多品种和多类型的产品生产，为产品的大规模定制提供了良好的解决方案。大规模生产和定制生产的优势相结合。大规模生产的优势被用于生产个性化产品。

智能制造的核心是将用户与制造企业、制造工厂及制造设备数字化后利用信息技术联系起来，即实现物理世界与信息世界的融合。大型个性化定制智能工厂的创建为用户提供了更多个性化选择。用户可以参与到产品的整个生产过程（产品的设计阶段到产品的完整生产）中，这激发了用户的购买热情，满足了用户的参与欲。此外，产品完成后，通过互联网时代构建起来的物流网络，外包物流公司将产品交付给用户，这种交付模式解决了企业的冗余仓储问题，降低了企业的运营成本，产品价格自然较传统制造模式下降。

多企业参与的网络化协同制造是智能制造的模式之一。网络化协同制造与传统制造模式的不同之处在于以下几点。①传统制造模式以普通用户和制造企业为主体，是简单闭塞的双向关系。在制造过程中，制造企业之间相对孤立，开放性不足，从整体角度来看，这将导致制造资源利用不均，一部分制造资源生产负荷过重，这种情况通常发生在大型知名企业；一

部分制造资源生产负荷过轻，甚至闲置，这种情况通常发生在小型企业。②企业在接收到订单后，设计并制造完整的产品，对于产品中无法自主生产的零部件，企业的传统解决方法是采购部门线下寻找和联系制造商，采购人员通过比较和权衡确定最终的相关零部件制造商。由于采购人员获取信息渠道的狭窄性和信息内容的片面性，外协制造订单往往向宣传度更广的知名企业集中，这同样会导致制造资源利用不均。③从经济方面来看，互联网技术的卓越发展，带来了新的经济形势，即网络经济。借助网络经济的导向，制造环境发生了变化，从单企业制造扩大为跨企业、跨区域、跨国界的合作制造。④同时，我国是网络经济发展繁荣的国家。从制造模式自身演变的角度来看，制造业的发展方向是智能化制造，这也是我国为制造业确立的发展目标。按照《智能制造发展规划（2016-2020 年）》和《智能制造工程实施指南（2016-2020 年）》的要求，国家工业和信息化部明确了智能制造的五大模式，网络化协同制造就是其中之一。

网络化协同制造的企业之间是互联协同的多向关系，能够解决制造资源利用不均的问题，提高了生产效率和企业的竞争力。其主要参与主体是多个制造企业和基于 web 的协同制造平台。制造企业又可分为两种角色：制造资源发布方和制造任务发布方，制造企业可同时拥有这两种角色。制造资源发布方在协同制造平台中详细描述自己的制造资源，将虚拟化后的制造资源发布到平台的共享资源池中；制造任务发布方在协同制造平台中详细描述自己的任务需求，平台依据任务分解标准和领域知识对其进行分解与聚合，得到易与制造资源匹配的可执行任务单元。协同制造平台的决策中心以任务单元为参考，在共享资源池中通过计算寻找和筛选制造资源，并按照匹配优先级得出匹配方案，供制造任务发布方选择。

综上所述，用户的需求变化，即个性化定制需求的增加对于我国制造业来说虽然是挑战，但更是一种全新的机遇。大规模的个性化定制式智能工厂的智能化之路，就是我国未来的制造业发展之路。

1.4 个性化定制及个性化定制面临的问题

在传统的大规模生产模式下，企业与用户之间的信息交互不足，企业内部的生产组织缺乏灵活性，这是企业依靠规模经济进行生产的主流模式。随着互联网平台的发展，企业可以与用户进行深度互动，广泛收集需求，并使用大数据分析来建立生产调度模型，以便它们可以依靠灵活的生产线为用户提供个性化的产品，同时保持经济性规模。图 1-4 显示了大规模生产模式与个性化定制生产模式的对比。

当前，个性化定制正在成为制造业中的常态，国内外已有多家企业探索并实践了个性化定制生产模式。表 1-1 所示为个性化定制的应用案例。

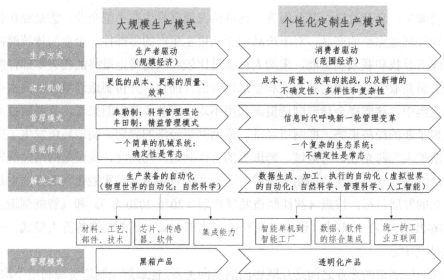

图 1-4   大规模生产模式与个性化定制生产模式的对比

表 1-1   个性化定制的应用案例

代表企业	行业	创新成果
海尔（沈阳冰箱工厂）	家电	目前一条生产线可支持 500 多个型号的柔性大规模定制，生产节拍缩短到10 秒一台，是全球冰箱行业生产节拍最快、承接型号最广的工厂
阿迪达斯讯捷工厂	服装	按照用户需求选择配料和设计，并在机器人和人工辅助的共同协作下完成定制。工厂内的机器人、3D 打印机和针织机由计算机设计程序直接控制，这将减少生产不同产品时所需要的转换时间
红领集团	服装	构建了包含 20 多个子系统的平台数字化运营系统，其大数据处理系统已拥有超过 1000 万亿种设计组合，超过 100 万亿种款式组合
美克家居	家居	通过模块化产品设计、智能制造技术、智能物流技术、自动化技术、IT 技术应用，实现制造端制造体系的智能集成，从而支撑大规模定制商业模式的实现

然而，尽管企业在个性化定制方面看到了良好的市场前景，但是它们也面临着个性化定制带来的问题和挑战。个性化定制迫使企业需要根据用户的个性化需求来组织生产，这与传统生产相对固定的大批量、单品种产品截然不同，这就给企业如何利用相关技术转变生产模式带来了困难。虽然面临着困难，但是在当前背景下，国内制造市场已经出现了适应用户个性化需求的生产模式。这种模式正应用于汽车、服装、电子及其他行业中。有效实施并长期运行个性化定制的生产模式，企业方面要满足以下条件。

（1）企业应运用网络技术构建与用户交互的系统，该系统集成企业自身的制造资源信息及用户的信息。

（2）企业应具备大规模个性化定制的生产技术和能力。

（3）企业应拥有较完善的计算机集成制造系统，应具备物理设备，如加工中心、数控机床、机械手等。在系统上，具备以 MRPII、ERP 等为基础的柔性化生产系统。

（4）企业应具备完善的物流配送系统，保证将定制产品快速准确地送到用户手中。

（5）企业必须具有完整的售后服务体系，以满足用户所需的个性化服务。

个性化定制的操作模式采用的是"设计、销售、设计、制造"的模式顺序，如图 1-5 所示，它是以用户为中心的。企业需要通过销售环节预先设计产品的整体结构，并在用户的参与下进行个性化设计，根据用户的喜好制造产品。就驱动方式而言，个性化定制是一种拉动生产。与批量生产和大规模定制相比，企业难以组织个性化的定制生产。这使得个性化定制生产与大规模生产和定制在实现上更加困难。具体表现如下。

（1）由于企业资源的限制，当不同的用户提出个性化定制需求时，无论是从资金还是技术上来讲，企业都很难在短时间内快速完成从设计到生产最终到销售的所有环节。

（2）与大规模生产相比，个性化定制不具备时间和成本优势，产品一般在完成个性化设计后才能投入到生产中。由于用户需求的多样性导致个性化产品的差异性，这导致企业难以进行连续生产，因此难以控制生产效率和成本。这就要求实施个性化定制的企业必须与其他企业紧密合作，进行网络化协同制造，企业间利用彼此的优势，通过分工协作来降低生产成本并提高生产效率。

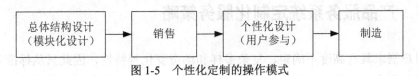

图 1-5　个性化定制的操作模式

目前，个性化定制已被国外公司广泛使用。实践表明，与大规模生产相比，个性化定制的生产模式是未来制造模式的趋势，它可以使企业获得更多的利润并占领更广阔的市场。但是，我国的制造企业通常规模较小，中小型制造企业在整个制造业中所占的比重很大。大多数企业信息应用系统尚未建立，缺乏现代的管理方法和概念，基础管理薄弱；科学技术基础薄弱，对高精度和创新型人才的培训不足，产品创新体系不完善，自主开发能力差；制造水平不高，设备陈旧，生产技术落后，精度高、效率高的数控设备不到5%，现代化的柔性生产体系还不完善。我国的制造业水平与先进西方国家的制造业水平相比，仍然存在很大的差距。由于上述因素的限制，在我国很少有制造企业实施个性化定制。因此，根据我国制造业的实际情况，探索适合我国制造业的个性化定制生产模式尤为重要。

1.5　个性化定制带来的产品服务系统

20世纪中后期，随着制造业的快速发展，物质产品极大丰富，用户的需求趋于多样化，从传统的对产品功能的需求转移到个性化、体验化等更高层次的需求，对专业化服务的需求尤其强烈。传统的制造模式已经不能满足这种需求。从出售产品到提供产品服务系统（Product Service System，PSS）的新模式应运而生。PSS 为可营销产品和服务的组合，能够同时满足用户需求；产品和服务不是孤立地存在，而是相互耦合：PSS 对用户需求的满足程度，不仅与产品、服务对用户需求的满足程度相关，还受到"产品+服务"关系形式与强度的影响。按照服务化程度和交易过程产品交付的所有权转移程度，可将 PSS 分为面向产品的 PSS、面向使用的 PSS 和面向结果的 PSS 三类。

（1）面向产品的 PSS：企业将产品的所有权完全转移给用户，同时为了用户更好地购买和保障产品更好地运行，企业会提供相应的服务。

（2）面向使用的 PSS：产品的所有权归属企业，企业通过租赁、共享等方式为用户提供产品及支持性服务，用户只在某一阶段对产品拥有使用权，并根据使用时长、使用强度、使用形式等付费。相比于面向产品的 PSS，此类 PSS 的服务化程度加深，而用户的产品所有权减少，其优势在于：避免用户大量持有固定资产的风险，增加了产品的利用率，能创造更多的经济价值。

（3）面向结果的 PSS：企业通过产品运行产生的结果（如收益、功能、方案、体验）等为用户提供服务，用户不拥有也不直接使用产品，企业按服务产生的效果来收费。此种 PSS 的服务化程度最高，可使用户直接接触服务的效果，将有利于企业向行业价值链高端转移，显著增强企业的市场竞争力。

1.5.1　产品服务系统定制化服务策略

由于用户需求具有高度不确定、复杂多样和动态变化等特性，因此只从标准化、模块化的产品和服务集合中进行选配和集成的传统策略不一定能满足所有用户的需求，应探索用户参与的、基于深度交互设计的新型 PSS 定制化设计体系。

（1）需求挖掘：基于物联网、大数据等技术，实时获取产品运行、商品交易和用户反馈等数据，挖掘用户现有或潜在的需求及其行为偏好，把握用户所需与产品相关的服务内容甚至是对产品和服务的一体化需求，为 PSS 定制和服务定制化设计提供依据。

（2）PSS 定制或服务定制框架：根据需求挖掘结果，设计并优化与产品匹配的服务模块，或者同时设计产品基础和通用模块以外的可定制模块集及服务模块集。其中应重点关注具有高度拓展性和自适应性的模块设计，使得其自身形态和性能可随具体需求进行一定程度的变化，并能与其他产品或服务模块敏捷地进行适应个性化需求的重组。

（3）用户参与的多主体协同深度交互设计方式：应采用数字化建模与业务协同模式，并借助虚拟现实等技术呈现出贴近实际场景的多维感知效果和虚拟体验，使用户更好地参与产品和服务内容及其耦合方式的全周期迭代，最终实现制造商、零售商、用户共同参与的多主体、协同化、交互式设计，并创造对消费需求具有动态感知能力的设计、制造和服务新模式。

1.5.2　构建面向大规模定制的智能化与柔性化制造系统

发展大批量个性化定制服务，不仅需要 PSS 设计与配置层面的革新，还需要与之相适应的高效、敏捷、智能的制造系统，从而增加用户满意度，并提高服务水平，以及提升企业赢得市场与用户的能力。为了对企业现有生产制造系统实行智能化、敏捷化改造，需要特别关注以下三方面内容。

（1）构建新信息技术支撑的信息化基础设施与平台：企业应建设低时延、高可靠、广覆盖的工业互联网基础设施体系，加快 5G 等新一代信息技术与现有工业信息化体系的融合，并搭建跨企业，跨业务系统的横向、纵向，端到端信息集成和数据共享平台，持续推动企业数字化转型的进程。

（2）建设基于数字孪生的数字化虚拟仿真系统：基于新信息技术支撑的信息化基础设施与平台，可利用数字孪生技术构建数字化虚拟仿真系统。数字化虚拟仿真系统可以将物理系统进行数字化建模和虚拟呈现，让物理系统更加透明化，也使得物理系统与虚拟系统的双向真实映射与实时交互成为可能，并提供更加实时、高效、智能的服务。

（3）设计智能敏捷的生产管理策略：为增强定制设计和敏捷制造能力，并与基于数字孪生的数字化虚拟仿真系统全面集成，需采用智能化、敏捷化的生产管理策略，包括资源自适应动态配置、分布式协同生产计划、前瞻性主动调度。

1.5.3　推进 PSS 定制及服务定制的对策建议

应加大科技投入，建设各类综合性支撑平台，通过制度保障适合企业发展需求的良好环境，同时培育出一批典型龙头企业并发挥其示范和引领作用，大力发展大批量个性化定制服务，增强制造与服务协同能力，推进先进制造业和现代服务业深度融合，从而更好地在新信息技术和智能制造时代实现制造强国之梦。

（1）加大科技投入：在科技部设立服务型制造重大研发计划，针对制约服务型制造的瓶颈问题或短板，系统地开展科技攻关，包括关键技术和信息化平台；在服务型制造研究领域领先或优势明显的高校和研究院所设立工信部挂牌研究机构或实验室；鼓励重点企业和高校成立联合研究机构。

（2）建设综合性支撑平台：建设可以支持两业融合发展的一系列专业化支撑平台，对集聚各方资源，实行专业化、精准化的政策支持，提升大批量个性化定制服务的发展质量，具有十分重要的意义。

① 建设多主体参与的产业链协作平台。

打破信息孤岛，鼓励制造企业与上下游企业、第三方服务企业，实现多场景、多渠道、全生命周期的风险共担和信息共享，并与行业协会、研究机构、产业园区等共同促成跨区域、跨行业、跨领域的新型产业联盟。基于此建设多主体参与的产业链协作平台，促进信息流、资金流和物流的协同整合，以及用户参与的个性化服务创新设计，推进供应链网络协同运作与智慧决策，提升供应链整体效率和效益。

② 建设综合性服务平台。

健全数据共享和信息协同机制，全面对接各界资源，开展并完善金融、法律、会计、咨询、国际交流等方面的服务，建设综合性服务平台。特别地，应支持企业在国外布局研发和服务设计中心，建立面向全球的开放式制造服务化网络，积极拓展与"一带一路"沿线国家的合作，深度融入全球产业链分工体系。

（3）发挥示范、引领作用：在新信息技术背景下实行大规模定制化生产，应考虑到不同企业资源基础和发展程度的差异。因此，首先需要遴选和培育一批处于重点行业价值链顶端、创新能力和品牌影响力突出的示范性骨干企业，然后由这些骨干企业引领业内其他企业积极借鉴、优化创新，最后各企业逐步形成适应自身特色的发展模式和成长路径。应鼓励骨干企业探索"产品+服务+生态"全链路智能生态服务的新型发展模式，加快服务模式创新、技术创新和管理创新。同时企业自身应深化与产业链上下游企业、供应链网络各主体之间的合作，促进发展道路和商业模式的转型升级。政府应鼓励有条件的城市、产业园区，开展区域融合发展试点，在创新管理方式、完善工作机制和创新用地、统计、市场监管等方面先行先试，及时跟踪、评估，总结试验过程中的新情况、新模式和新经验；牵头支持骨干企业进一步突破数字孪生、信息物理系统等关键技术，加快5G等新一代信息技术在服务定制化方面的创新应用。依托产业园区和城市群等载体，发挥骨干企业的示范和引领作用，引导其他企业加快商业模式创新，在细分领域培育一批"专精特新"的新型服务型制造企业，增强产业支撑能力和辐射带动能力，推动区域性产业集群的融合发展。

1.6　本章小结

本章首先分析了我国制造业呈现的特点和形势，在科技发展的刺激和用户需求的驱动下，借助互联网技术、智能化技术产生了更先进的制造模式。随着互联网的普及和用户收入的增加，个性化定制逐渐成为当今的主流生产模式。相比于大规模生产，个性化定制具有用户满意度高、响应时间短、产品生命周期短、利润高等优点，因此，受到国内外诸多企业的青睐，被广泛应用于电子、家电、衣服、汽车制造等行业。行业实践证明，个性化定制在复杂多变的市场中具有更高的竞争力。但是，随着用户定制广度和深度的不断增加，企业在获得市场机遇的同时也面临着巨大挑战。如何以最低的生产成本，以最快的交付速度完成定制产品的生产，成为了企业竞争的焦点。而拥有高的信息化水平、高的设计水平、高的生产柔性能力及完善的物流体系是取得个性化定制竞争优势的关键。当今我国制造企业普遍面临规模小、信息化应用体系不健全、科技基础薄弱、高精尖创新性人才培养不足、产品创新体系不完善、自主开发能力差、制造水平不高、装备陈旧等问题，使其难以满足实施个性化定制的条件。这使得我国制造企业处于两难的选择，因此，探寻适合我国制造企业的个性化定制模式显得尤为重要。

1.7　本章习题

（1）目前我国制造业存在哪些问题？

（2）请简述个性化定制与传统制造模式的区别。

（3）举例生活中你了解的个性化定制案例。

（4）实现个性化定制要解决哪些问题？

（5）如何解决个性化定制中存在的问题？

（6）如何把握个性化定制给中国制造业带来的机遇？

第 2 章 智能制造系统的演变过程

2.1 引言

制造业是国民经济的重要支柱，是衡量一个国家综合国力的标准。进入 21 世纪以来，随着贸易全球化进程的加速，市场环境的日益复杂，产品更新换代的速度加快，用户的需求也变得多样化和个性化，制造系统的模式不断发生着改变。伴随着物联技术、通信技术、嵌入式技术及人工智能等新型技术的发展，智能制造开始走上了"舞台"。随着智能制造战略的持续推进，其内涵也在不断地演进，同时智能制造系统也经历着持续演变的过程。本章首先讨论先进制造系统的分类，介绍各制造系统的概念和组成部分。然后以智能制造系统为重点，叙述其演进过程。最后介绍智能制造系统的新发展和对下一代制造业发展的启示。

2.2 先进制造系统分类

近年来，随着计算机技术、信息技术及传感器技术等的快速发展，社会和用户对于产品的需求愈发趋于多样化、个性化和动态化，企业间的竞争越来越激烈，企业制造模式由大批量生产向小批量甚至单件定制化生产的方式转变，极大地推动制造企业生产制造模式的创新。制造模式按照制造过程利用资源的范围可分为三种：集成制造，强调企业内部；敏捷制造，强调企业之间；智能制造，强调全局。

2.2.1 集成制造系统

计算机集成制造（Computer-Integrated Manufacturing，CIM）这一理念最初是由美国学者 Joseph Harrington 提出的。CIM 是一种概念、一种模式、一种用来组织现代工业生产的指导思想。而计算机集成制造系统（Computer Integrated Manufacturing System，CIMS）是基于 CIM 思想而组成的制造系统，概括地讲，就是将企业所有的经营生产活动集成为一体。借助信息处理工具"计算机"，通过对企业内部的所有信息进行加工处理，进行集成化的制造、生产和管理，从而发挥总体优化作用，达到成本低、质量高和交货期短的目的。

CIMS 主要由管理信息系统（MIS）、工程设计自动化系统、制造自动化系统、质量保证系统、计算机网络系统和数据库系统 6 个部分组成。CIMS 构成图如图 2-1 所示。其中管理信息系统包括上层的经营决策、企业资源计划（ERP）和制造执行系统（MES）。工程设计自动化系统主要包括 CAD、CAPP、CAM、CAE 等。制造自动化系统主要包括自动化制造单元、装配车间、机械加工车间等。质量保证系统主要包括质量检测、质量跟踪、质量规划等。计算机网络系统和数据库系统则是 CIMS 集成的支撑系统，是集成的主要工具平台。

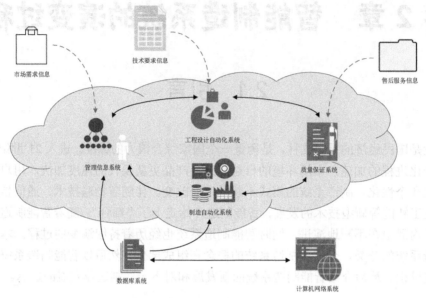

图 2-1　CIMS 构成图

2.2.2　敏捷制造系统

敏捷制造系统（Agile Manufacturing System，AMS）是制造系统为了实现快速反应和灵活多变的目标而采取的新的制造模式。通过借助计算机信息集成技术，构建了由多个企业参与的虚拟制造环境，以竞争合作为主，可以动态选择合作伙伴，组成面向任务的虚拟公司，快速进行最优化生产。图 2-2 所示为 AMS 企业动态联盟示意图。AMS 由虚拟制造环境与虚拟制造企业组成，当接到新的产品 2 时，根据不同的功能，网络上的几个企业（设计公司 A、供货商 A、生产车间 1 等）动态地联合起来，构建新的虚拟企业去完成该任务。若任务完成，该虚拟企业自动解散。

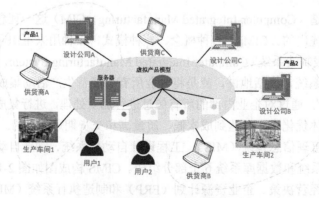

图 2-2　AMS 企业动态联盟示意图

2.2.3 智能制造系统

智能制造系统（Intelligent Manufacturing System，IMS）是一种由智能机器和人类相互协作构成的人机一体化制造系统。现代智能制造系统呈现出数字化、集成化、网络化和智能化的特征，其特点为智能感知、实时分析、自主决策和自适应控制，如图 2-3 所示。智能制造系统的支撑技术由多智能体制造系统（Multi-Agent Manufacturing System，MAMS）、合弄制造系统（Holon Manufacturing System，HMS）、人工智能（Artificial Intelligence，AI）等。

图 2-3　智能制造系统特点

（1）多智能体制造系统：由多个具有单独处理扰动能力的智能体（Agent）构成的系统，一般采用分布式控制。智能体之间通过协商机制进行通信协调，系统在制造网络内部发布加工任务信息（招标），各智能体进行竞标。系统具有自治性、自主性等特点。智能体通过相关协作完成加工任务或者处理各种扰动。优化全局性能目标。

（2）合弄制造系统：在生产过程中，每个 Holon 是系统中最小的组成个体，是一个独立自主的单元，整个系统就是由很多不同种类的 Holon 构成的。合弄制造系统一般由产品 Holon、订单 Holon、资源 Holon 等三种基本 Holon 构成。Holon 具有自治性、协作性的特点，同时也接收上级的命令，可以可靠快速地处理扰动，响应市场的需求，较好地利用资源。

（3）人工智能：主要研究人造的智能机器，通过系统整合，模拟人类活动的能力。主要包括：机器学习、知识获取、推理与决策、知识处理等方面。机器学习是人工智能的重要研究课题，主要有分析学习、遗传学习和归纳学习等。

可以看出，制造系统由原来能量驱动型向信息驱动型转变，不仅要具备柔性，还要智能，否则难以处理如此复杂而大量的信息。面对多变的市场需要和复杂的竞争环境，要求制造系统表现出更高的机动、敏捷和智能，因此智能制造系统越来越成为学者重点关注的问题。

目前，随着互联网、大数据、人工智能等的迅猛发展，智能制造正加速向新一代智能制造迈进。虽然其内涵在不断地演进，但其追求的根本目标是固定不变的，而且从系统构成的角度看，智能制造系统始终都是由人、信息系统和物理系统三部分协同集成的人-信息-物理系统（Human-Cyber-Physical Systems，HCPS）。HCPS 既能揭示智能化的技术原理，又能形成智能化的技术架构。由此可以得出结论，智能制造的本质是在不同的情况下，在不同的层次上设计、构建和应用 HCPS。随着信息技术的进步，HCPS 的内涵和技术体系也在不断地演进。

2.3 HCPS 的演进过程

本节从 HCPS 的角度对智能制造的演化足迹进行综述，深入探讨新一代智能制造系统的含义、特点、技术框架和关键技术。

2.3.1 智能制造系统发展的第一阶段——基于 HPS 的传统制造

人类在两百多万年前第一次学会了制造和使用工具，从石器时代到青铜时代再到铁器时代，这些早期简单的生产制度在人类和动物的推动下持续了一百多万年。随着以蒸汽机的发明为标志的机械化第一次工业革命，以及以电动机的发明为标志的电气化第二次工业革命的发展，人类不断地发明、创造和改进各种机器，并将其应用于工业生产制造各种商品。这些传统的制造系统，由人和物组成的机器取代了大量的手工劳动，极大地提高了制造质量、效率和社会效益生产力。

传统制造装备的构成包括动力装置、传动装置和工作装置等三部分，这种传统制造系统有两个主要组成部分构成，即人和物理系统（如机器），因此是人-物理系统（HPS）。基于人-物理系统（HPS）的传统制造如图 2-4 所示。在 HPS 中，完成工作任务的物理系统充当"执行体"，而人类是"主人"，人类既是物理系统的创造者，又是物理系统的管理者和使用者。在 HPS 中，完成工作任务所需的许多活动，如感知、认知、学习、分析、决策、控制和操作，都必须由人来完成。例如，在使用传统手工操作机床进行工件的加工时，操作者必须通过仔细观察、分析决策、手工控制和操作加工过程，按照预定的轨迹完成加工任务。HPS 的示意图如图 2-5 所示。人类负责管理和控制物理系统，而物理系统代替人类完成了大量体力劳动，两者相辅相成。

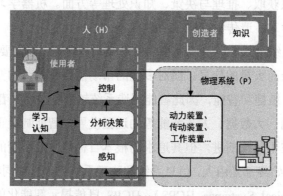

图 2-4　基于人-物理系统（HPS）的传统制造

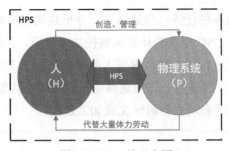

图 2-5　HPS 的示意图

2.3.2　智能制造系统发展的第二阶段——基于 HCPS 的数字化制造

20 世纪中叶，制造业对于信息技术发展的需求愈加强烈，在计算机、通信、数控等信息技术的发展和广泛应用的推动下，制造业进入了数字化制造时代。以数字化为标志的信息革命引领并推动了第三次工业革命。

就传统机械产品而言，主要由动力装置、传动装置和工作装置三部分构成，如图 2-6 所示。主要有两种思路实现对传统机械产品的创新：一种是从机械产品的工作装置出发；另一种是从机械产品的动力装置和传动装置出发，优化产品的驱动和控制装置。所谓的数字化就是第二种创新思路。数控机械产品的构成如图 2-7 所示。数控机械产品主要的核心创新技术路线主要分为两方面：一方面将带有伺服电机的驱动系统代替传统机械产品中的动力装置和传动装置，大大简化和提升了传动的机械传动机构，从而提高机械产品的运动控制能力；另一方面为传统机械产品配上一个"大脑"，即计算机控制系统，通过计算机控制产品的机械运动与工作过程，方便了数控的机械操作，使得数控同时具备了多功能、高柔性、高精度、高效能、高可靠性等特征，为智能化创造了条件。数控技术是以数字化为核心，为实现机械产品创新提供了使能技术，是先进自动化控制技术和机械制造技术相结合的集成技术。它的应用丰富了机械产品的内涵，扩展了产品的功能，提高了产品市场竞争力，为机械产品的智能化创造了条件。其实，一说到数控，就让人联想到数控机床，这是片面的，因为数控机床仅仅是应用数控技术创新机械产品的一个典范案例。数控技术是一种共性使能技术，对各种机械产品的创新升级都有着非常广泛的应用，如交通运输设备、制造专用设备、武器装备及各种非金属加工专用设备等。数控制造装备的核心推动力为数控技术带来了一场动力革命。数控制造装备是基于计算机控制系统实现对数字程序的控制，按照编写和提前存储好的控制程序完成对运动轨迹和时序逻辑的控制，伺服控制装置接收计算机生成处理的微观指令，以驱动电机等执行元件带动设备运行，这样的驱动方式具有柔性高、适应性强、可靠性强、自动化程度高、生产效率高等特点。这种通过微处理器来控制设备运动的方式，可以代替人的部分工作能力，甚至比人的反应更快、精度更高、工作性更稳定。

与传统制造系统相比，数字化制造系统的特点是在人和物理系统之间出现了一个信息网络系统，将以前的二元系统 HPS 转变为三元系统 HCPS。基于 HCPS 的数字化制造如图 2-8 所示。网络系统由软件和硬件组成，其主要功能是通过对信息的计算分析，代替原来使用者去完成以前由使用者执行的各种任务，包括感知、分析决策和控制。例如，与传统的手工操作机床相比，对应了配备有 CNC 系统的计算机数控加工机床。它在人和机器之间添加了一层计算机数控系统，使用者在进行加工时，根据工件的加工工艺需求，将加工过程中需要的刀具与工件的相对运动轨迹、主轴速度、进给速度等按规定的格式编成加工程序，CNC 系统可以根据使用者提供的加工程序自动引导机床完成加工过程。

图 2-6　传统机械产品的构成

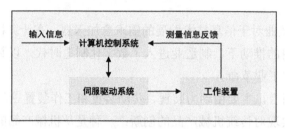

图 2-7　数控机械产品的构成

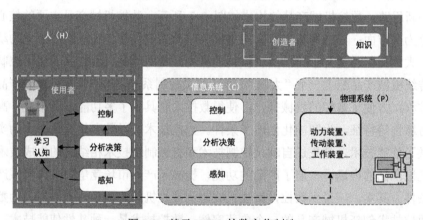

图 2-8　基于 HCPS 的数字化制造

　　数字化制造可以定义为第一代智能制造，用于数字化制造的 HCPS 在本节中称为 HCPS1.0。与 HPS 相比，HCPS1.0 集成了人类、网络系统和物理系统的优势，大大增强了计算、分析、精度控制和感知能力，故基于 HCPS1.0 的制造系统在自动化、效率、质量、稳定性和解决复杂问题的能力等方面都有显著提高。HCPS1.0 不仅可以进一步减少使用者的体力劳动，还可以使部分脑力劳动通过网络系统来完成，从而有效地提高了知识传播和利用的效率。HCPS1.0 的示意图如图 2-9 所示。从二元系统 HPS 到三元系统 HCPS 的升级产生了两个新的二元子系统：人-网络系统和网络-物理系统。美国学术界在 21 世纪初提出了 CPS 的理论，德国工业界将 CPS 作为"工业 4.0"的核心技术。此外，网络系统的引入基本上改变了机器的特性，将机器从一元物理系统转变为二进制 CP（智能机器），从这个意义上讲，第三次工业革命可视为第二个机器时代的开始。在 HCPS1.0 的背景下，虽然物理系统继续充当"执行机构"，但网络系统执行了大量的分析、计算和控制工作，而人类仍然执行以前的工作，仍旧是主宰。首先，物理系统和网络系统都是由人类设计和创造的，其基本的分析、计算和控制模型、方法和规则都是由人类通过借鉴理论知识、经验和实验数据并将其编程到网络系统中来开发的。其次，HCPS1.0 的运行在很大程度上依赖于使用者的知识和经验。例如，使用如上所述的数控机床使用者必须根据自己的知识和经验对加工过程进行适当的编程，对加工过程进行监控，并在必要时进行调整优化。

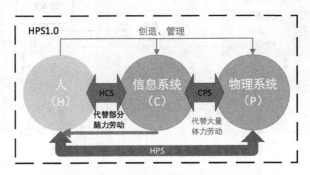

图 2-9　HCPS1.0 的示意图

2.3.3　智能制造系统发展的第三阶段——基于HCPS1.5的数字网络化制造

到了 20 世纪末，新兴起的互联网技术开始广泛应用于制造业，同时"互联网+"推动着制造业的发展，制造技术与数字技术、网络技术的密切结合重塑制造业的价值链，逐渐形成了一种制造业与互联网相融合的数字网络化制造模式。数字网络化制造本质上是"互联网+数字化制造"，可以定义为第二代智能制造，是在数字化制造的基础上实现网络化的。

数字网络化制造系统仍然是基于人、信息系统、物理系统三部分组成的 HCPS，然而，这里将其称为 HCPS1.5，因为它与用于数字化制造的 HCPS1.0 相比具有基本的区别，最显著的区别在于网络系统。基于 HCPS1.5 的数字网络化制造如图 2-10 所示。在 HCPS1.5 的网络系统中，工业互联网和云平台是信息系统的重要组成部分，既是连接相关网络系统、物理系统和人的关键组件，又是系统集成的工具。信息交换和协同集成优化已成为网络系统的重要组成部分。HCPS1.5 中的人已经成为一个具有共同价值创造目标的网络连接社区，包括来自主管系统企业的人，以及供应商、销售代理、用户等。这些变化彻底改变了制造业的模式，既可以将以产品为中心的模式转变为以用户为中心的模式，又可以将生产制造模式转变为以用户为中心的生产-服务制造模式。数字网络化制造的本质是通过网络实现人、过程、数据、物的广泛联系，通过企业内部和企业间各种资源的集成、合作、共享和优化，重塑制造价值链。例如，数控机床制造商及其供应商可以通过网络对自己的产品进行远程操作维护，从而与使用自己产品的企业共同创造价值。使用数控机床的企业还可以通过整合和优化企业内的设计、生产、服务和管理资源来创造附加值。

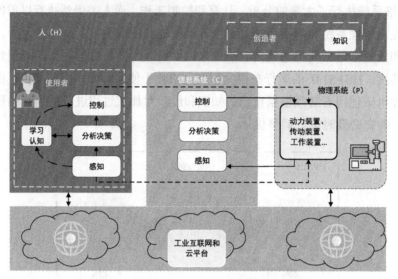

图 2-10　基于 HCPS1.5 的数字网络化制造

先进通信技术和网络技术的应用，实现了人、数据、物联网的互联互通，为企业内部和企业之间架起了桥梁。企业内部和企业之间的合作，有利于社会资源的共享和整合，以优化产业链，提供低成本、高质量的产品和服务。在先进制造技术和数字网络技术的完美融合下，企业面对动态化的市场变化能及时做出反馈，方便收集用户对产品和产品质量的评价信息，从而实现更高柔性的生产水平和信息化管理。

"互联网+"是在产品、制造和服务的不同环节上形成的，与以往的制造模式有着显著的区别，实现了制造系统的连接与反馈。主要特点包括以下几点：①在产品方面，数字技术和网络技术应用广泛。一些产品可以通过网络进行连接和交互，成为网络的终端；②在制造方面，连接和优化了企业内部和企业之间的供应链和价值链。企业可以通过设计制造平台在全社会优化配置制造资源，与其他企业进行业务流程协同、数据协同、模型协同，实现协同设计、协同制造。生产工艺更加灵活，可实现小批量、多品种的混合生产；③在服务方面，企业和用户通过网络平台实现连接和互动，企业通过用户的个性化需求，让用户参与到产品的全生命周期中，拓宽产业链。网络协同制造整合了生产全生命周期追踪、远程协同服务及大规模定制生产等特征并逐渐走上了"舞台"。企业生产开始由以产品为中心向以用户为中心转变，企业形态也逐渐由生产型企业向生产服务型企业转变。

2.3.4　智能制造系统发展的第四阶段——基于HCPS2.0的新一代智能制造

当今世界，现代制造企业普遍面临着提高质量、效率和快速市场反应的强烈需求，这些需求迫使制造业进行革命性的产业升级。在技术层面上，数字网络化制造仍然难以克服制造业面临的巨大困难，因此，制造技术的进一步创新和升级势在必行。进入 21 世纪以来，互联网、云计算、大数据等信息技术取得了巨大进步，并以极快的速度普及应用，形成了群体性跨越。这些技术进一步的融合，正引领着新一代人工智能的战略突破，成为新一轮科技革命的核心技术。新一代人工智能技术与先进制造技术的深度融合，正引领着新一代智能制造系统的发展，成为新一轮工业革命的核心驱动力。新一代智能制造系统的突破和广泛应用将重塑制造业的技术架构、生产模式和产业格局。以人工智能为标志的信息革命正在引领和推动第四次工业革命。

新一代智能制造系统仍然是基于人、信息系统、物理系统三部分组成的 HCPS，然而，这里将其称为 HCPS2.0，因为它与数字网络化制造的 HCPS1.5 相比有本质的区别。基于 HCPS2.0 的新一代智能制造如图 2-11 所示。正如从 HCPS1.0 到 HCPS1.5 的转变一样，HCPS2.0 最明显的变化发生在信息系统中。在 HCPS2.0 的网络系统中引入了一个新的组件，使其能够利用新一代人工智能技术进行自我学习和认知，从而在感知、分析决策、控制等方面获得更大的能力，最重要的是学习和生成知识的能力。HCPS2.0 网络系统中的知识库是由人类和网络系统的自学习认知模块共同构建的，因此，它不仅包含了人类提供的知识，更重要的是包含了网络系统本身所学习到的知识，尤其是人类难以描述和处理的知识。而且，知识库能够在应用过程中通过自我学习和认知，不断地自我升级、完善和优化。用一个比喻来说，人类和网络系统之间的关系已经从"授之以鱼"转变成了"授之以渔"。新一代 HCPS 的示意图如图 2-12 所示。

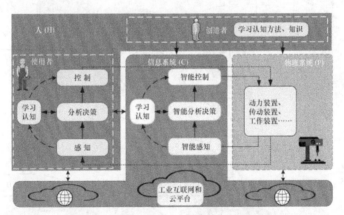

图 2-11　基于 HCPS2.0 的新一代智能制造

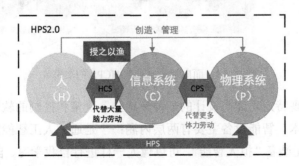

图 2-12　新一代 HCPS 的示意图

面向新一代智能制造系统的 HCPS2.0 不仅可以使制造知识的创造、积累、利用、传授和继承的手段和效率发生革命性的变化，还可以显著提高制造系统处理不确定性和复杂问题的能力，从而导致制造系统建模和决策的巨大改进。例如，在使用智能机床进行加工时，可以通过感知、学习和认知建立整个加工系统的数字模型，然后用于优化和控制加工过程，以获得高加工质量、高效率及低能耗。人作为"主人"的角色在新一代智能制造的 HCPS2.0 中更为突出。人作为智能机器的创造者、管理者和使用者，其能力和技能将得到极大地提高，其智力潜能将得到充分地释放，从而进一步解放生产力。知识工程将使人从大量的智力劳动和体力劳动中解放出来，使他们能够从事更有价值的创造性工作。总之，智能制造将更好地为人类服务。从 HPS 到 HCPS1.0，再从 HCPS1.0 到 HCPS1.5，智能制造正在从 HCPS1.5 到 HCPS2.0，并将逐步推进，螺旋上升，无限扩张。面向智能制造的 HCPS 的演进如图 2-13 所示。

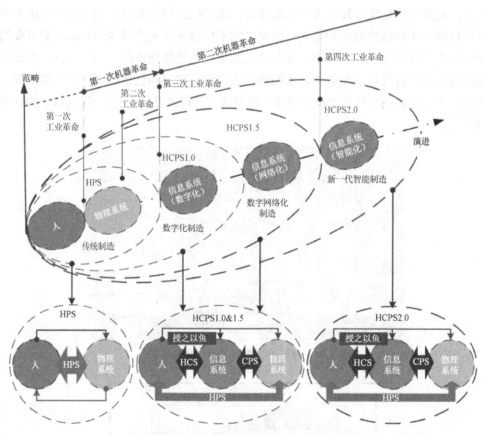

图 2-13　面向智能制造的 HCPS 的演进

智能设备是为实现特定功能而设计的一种集感知、决策和控制的软硬件实体，集成了人工智能技术和信息技术。智能设备主要有两层内涵：一是通过人工智能的理论来解决各种动态处理扰动问题；二是装备"拟人智能"，可以像人一样进行自我学习、自我组织、自我调整、自我协调、自我诊断等。

　　随着工业无线网络技术、射频识别技术、传感器技术、信息技术的进一步发展，制造装备智能化的水平也得到了飞速提升。换句话说，智能设备可以认为是数控技术和智能制造装备的延续和升级。智能设备除了具备自我感知、自主控制、自主决策的能力，还开始有了自我记忆、自我学习、自我分析、自我调整、自我进化的能力。智能设备的特征如图 2-14 所示。它充分将人类智慧与制造装备相融合，将车间内信息（设备工作信息、工作环境信息、工件加工信息及内部变化信息等）动态快速准确地获取，提供了便捷有效的人机交互模式，从而提高了人机交互效率。人想、机知，这是传统数控设备无法比拟的。以数控机床为例，从第一台数控机床的发明到现在，先后经历了电子管数控、晶体管数控、中小型数控、小型计算机数控和微处理器数控。目前，工业化、信息化、网络化、集成化和智能化有效融合（也称为 I5）系列的全智能机床已经成型。机器可以根据工作环境的动态改变，从而选择适合工作环境的生产模式。例如：根据工作环境信息选择手动模式或自动模式；根据零件的尺寸改变，进行自主校正，提高精度；根据互联网技术和人机交互界面，控制机器生产产品；根据云平台，方便用户实时查询生产进度和监督生产过程；通过全国各地的手机或电脑实时清查消耗品等信息，为企业决策提供可靠及时的数据信息。这种将人、机和物有效连接的新型机床，可以作为基于互联网的智能终端，实现智能补偿、智能诊断、智能控制和智能管理。因此，我们将它看作是智能设备的雏形。

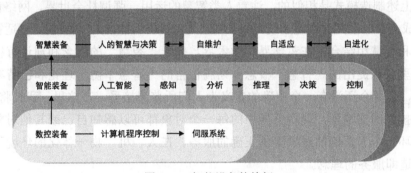

图 2-14　智能设备的特征

2.4　智能制造系统的新发展

　　智能制造提供了智能数字战略、智能数字设计、智能数字处理、智能数字控制、智能数字工艺规划、智能数字维护与诊断的基本理论和方法。信息融合和知识集成是智能制造系统的重要组成部分，直接影响系统功能产品的质量和效率。如何赋予生产制造系统的自组织和自学习能力，提升制造系统的决策水平，已经成为当下智能制造系统的研究热点。所谓智能制造，就是在生产制造的各个环节都采用更加灵活高效的方式，根据生产要求的分析、评价和构思，选出最优的生产策略，通过计算机模拟人类专家的大脑，从而大大解放人类的脑力劳动，并对这些生产事件进行存储、收集、学习、完善和共享。继承和发展人的智能制造可以实现人机协同，智能制造的发展离不开人机之间的相互协作，人类的主观能动性是机器无法取代的，同时机器的高效稳定性，人类也无法替代。智能制造是在数字网络化制造的基础上产生的。

随着社会的发展，人们对产品的需求正从大批量生产向小批量定制甚至单件个性化产品转变，为满足用户多品种小批量的个性化定制需求，企业需要以最低的成本、最短的时间、最高的质量和最好的生产环境作为支撑来与用户进行合作，正是在这种背景下，互动和团队的智慧尤为重要，智能制造应运而生。在工业领域，提出了智能制造、云制造、制造物联网、可重构制造、多智能体制造系统、合弄制造系统、企业2.0（Enterprise 2.0）等制造模式，其中一些制造模式出现了智能制造的身影。例如：可重构制造系统，是指由各种处理模块（包括硬件和软件）组成的制造系统，可根据不断变化的市场需求或技术自行调整生产率，这类系统将为特殊部件提供定制的灵活性，并且是开放的，因此可以对系统进行改进、升级和重组，不断集成新技术，自我完善，并快速重组，以适应未来产品和产品需求的变化；多智能体制造系统的每个部分都是硬件或软件，可以独立移动软件，具有分散性、智能性、复杂性和适应性等特点；合弄制造系统可以看作是一个完整的 Holon 和一个由其他几个 Holon 组成的制造系统。合弄制造系统一般都具备以下的特性：自主性，该系统具备自主控制的能力，且能够采取最优的生产策略；合作性；灵活性，在动态变化的环境下及时调整策略，选择最优子整体。上述制造模式是相似的，注重人类智慧的运用，强调社会世界、网络世界和物理世界，即形成一个社会网络物理系统。智慧制造是将机器智能（人工智能）、普适智能与人类经验、知识和智慧相结合。在哲学界和学术界，关于"智慧"的概念和理论有很多种，如皮亚杰和埃里克森提出的"智慧"概念、斯腾伯格的"智慧平衡"理论和巴特斯的"智慧平衡"理论，但至今还没有一个明确的定义为人们所普遍接受。在这里，我们将智慧视为：在普适智能技术的支持下，现实世界中的每一个对象都可以感知自己或其他对象，并在正确的时间和环境中为正确的对象提供正确的服务。在人、机、物一体化的环境下，智能制造体现了制造即服务的理念。

因此，智能制造是在数字化制造和信息化制造的基础上演化而来的。数字化制造着重于将产品全生命周期的异构数据进行数字化，并进一步与物联网、普适智能等技术相结合，实现对物理世界的信号采集。显性知识只是冰山一角，而隐性知识并不特别重要。人是隐性知识的主要载体，通过人际网络可以获得群体智力，进一步推理和决策。在智能制造环境中，各种传感器通过物联网技术获取制造设备状态数据、现场环境数据、产品生产过程数据等异构数据，并通过网络通信技术将制造系统连接起来，实现异构数据和设备的快速访问，对异构信息进行表示和检索、数据提取、挖掘、推理、融入知识和智慧，借助制造即服务理念，自动积累服务资源，连接各种服务，形成服务资源池（信息世界），共同互动，提供点播服务；通过人际网络、博客、标签、SNS、Wiki、etc 通信软件与互联网相互通信，实现知识（尤其是隐性知识）的传播、共享和积累。因此，智能制造也可以看作是物联网、知识网络、服务互联网（SOA 和云计算）、人际网络和制造技术融合的结果。

2.5　智能制造系统对下一代制造业发展的启示

制造业是国民经济的主体，是一个强国立足于世界的基础。近年来，德美日等制造强国纷纷提出了与智能制造相关的国家发展战略，无论是德国的"工业 4.0"、美国的"工业互联网"、日本的"智能制造系统"，都是为了抢占国际竞争的制高点，力求在全球产业链和价值链中占据有利位置。作为世界制造大国，中国于 2015 年提出了《中国制造 2025》，这是全面推进实施制造强国的引领文件，是中国建设制造强国的第一个十年行动纲领。历史的发展经验告诉我们，一个国家综合国力的衡量标准就是具备强有力的制造业，这是一个强国的必经之路。如果工业互联网及人工智能快速发展，智能制造产业将迎来"春天"。在智能制造的新时代，智能设备、人和物能实现实时连接，多源异构的大数据能进行自组织、自适应、自学习，从而不断激化，不出意外，将会产生以人、机、物三者智能融合的新型制造系统空间。

该节主要介绍在智能制造高速发展的同时，对我们的启示和注意点。

1）发挥智能物联网引领作用

毫无疑问，未来制造业的改革方向就是物联网技术和人工智能技术的智能融合。物联网技术可以说是将所有设备、人员和环境连为一体，是实现智能制造的基础。目前，工业物联网的发展还停留在初级阶段，需要集成先进人工智能技术的高级阶段以此带来生产效率的巨大飞跃。

2）加强从 0 到 1 的基础研究

目前，我国在制造业关键技术应用方面取得了诸多成果，多智能体强化学习、机器人集群协作和自适应连续进化等领域的突破性研究为未来制造业革命提供了丰富的可能性，但基础研究方面仍比较落后，大而不强。因此，必须加强从 0 到 1 的基础研究，从长远看需要不断创新和发展智能制造。

3）注重多学科交叉复合型的人才培养

目前我国高等教育更注重单一学科和方向的人才培养，但是对于制造业而言，集合了物联网、信息通信、人工智能等跨领域的多学科知识。因此，当下的人才培养模式难以满足多学科交叉复合型人才培养的需要。人才培养模式的改革已迫在眉睫。

4）产学研深度协同融合

智能制造的发展，离不开人工智能领域的先进理论和成果，极具新技术密集型。就人工智能算法而言，现在的高校有着最新的理论基础，往往都苦于没有大量的实际工业数据进行验证，而企业具有大量的实际工业数据，却陷入了技术瓶颈。因此，实现高校和企业的有效融合与合作，绝对是一场双赢的改革，能促进产学研深度协作和技术创新。

5）推动新兴技术在制造业的落地应用

如今，多智能体强化学习、迁移学习、神经网络学习、监督学习、边缘计算、云边缘融合计算等智能物联网相关技术已经取得了重大突破。在国家科学研究发展规划中，要注重推动上述关键技术与制造业关键科技问题的结合，产生示范应用效应，进而形成新的产业链，促进制造智慧空间的形成。

2.6　本章小结

本章首先对先进制造系统进行了分类，依次阐述了集成制造系统、敏捷制造系统和智能制造系统。然后基于 HCPS 对智能制造系统的演进过程进行了分析，依次阐述了基于 HPS 的传统制造、基于 HCPS 的数字化制造、基于 HCPS1.5 的数字网络化制造和基于 HCPS2.0 的新一代智能制造。最后，根据当前的制造业环境，分析了智能制造系统的新发展及对于下一代制造业发展的启示。

2.7　本章习题

（1）有哪些先进制造系统？

（2）敏捷制造的含义是什么？敏捷制造设计哪些基础结构？涉及的关键技术有哪些？

（3）HCPS 的含义是什么。

（4）简述 HCPS 的演进过程。

（5）智能制造系统对制造业发展有哪些启示？

第 3 章　大数据技术

3.1　引言

制造行业经营管理过程中会产生大量的数据，包括业务管理的数据、生产执行过程的数据、底层设备产生的数据等多种类型的数据。随着智能制造技术的发展，各种信息系统的上线应用、高档数控设备及检测设备的使用都产生了海量的数据，而且这些数据的形式多种多样，包括结构化的数据，也包括图片、视频等非结构化的数据。如何对这些数据进行有效的收集、分析和利用，并为企业的各项决策提供数据支撑已成为众多企业面临的难题。所以，为满足大数据时代海量数据的计算和分析要求，大数据技术应运而生。相较于传统数据分析技术，大数据技术具有更加高效，以及包容度、融合度高等显著特征。面对大规模的数据量，传统数据分析技术已经难以满足社会的需求，大数据技术的应用范围也正在不断的扩展。

3.2　大数据的概念与特征

3.2.1　大数据的概念

目前的大数据定义是：表示数据集的一个术语，它代表的数据集在其运行时超过了传统软件的收集、管理和数据处理能力。大数据的主要特征是丰富的数据类型、大量的数据和广泛的数据源。这也与现有的数据形式有所不同，当然在大数据领域也不仅仅只是大规模的数据和云计算的简单运用，更是一种从种类繁多的海量数据中快速获取有价值和有预见性信息的能力。根据互联网数据中心（Internet Data Center，IDC）提出的定义，大数据的"4V"特征为：海量（Volume）、多样性（Variety）、速度（Velocity）和价值（Value），如图3-1所示。

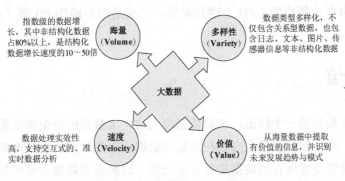

图 3-1　大数据的"4V"特征

3.2.2　海量

当前人类社会正在经历"数据大爆炸"的时代，数据产生的速度和数量已经大大超出了人类可控的范围，因而，"数据爆炸"也就被称之为大数据时代最鲜明的特征。从著名机构 IDC 的预测中可以得知，人类社会的数据量以每年在前一年的基础上增加一半数据量的速度增长，也就是说，每两年人类社会产生的数据都会增加一倍，也称之为"大数据摩尔定律"。

3.2.3　多样性

多样性指的是数据类型多样，这里既包含传统的结构化数据，同时也包含了大量的非结构化及半结构化数据。而且，相较于传统企业中的结构化数据，在大数据环境下有约 20%的结构化数据存储在数据库中，剩余的数据量则属于互联网上的数据，如用户数据、物联网传输数据及社交数据等非结构化和动态变化的数据。

（1）结构化数据，如企业内部生成的数据等，主要包括在线交易数据和在线分析数据。这些数据通常是结构化的静态历史数据，可以通过关系数据进行管理和访问。数据仓库通常用于处理此数据。

（2）非结构化数据包括所有格式的文档、文本、图片、XML、HTML、各类报表、图像和音频信息等。

（3）半结构化数据介于前两者数据类型之间，具有自描述性，数据结构和内容混在一起。

3.2.4　速度

庞大的数据量需要相匹配的计算分析速度，目前已经有许多的机构和公司设计了相应的计算分析系统，应用最为广泛的是集群处理和独特的内部设计方法。以 Google 公司的 Dremel 为例，这是一个可拓展和可实时交互的大数据查询系统，可以用于分析嵌套数据，在结合多级树状图执行过程及列式数据结构的基础上，它可以在几秒内将万亿张表进行聚合查询，同时可以在大规模的 CPU 上进行扩展，以满足用户操作 PB 级（1PB=1024TB）数据的需求。

3.2.5　价值

价值也是衡量数据的一个标准。就价值密度而言，大数据的价值密度是比较低的。原因在于大数据时代，有价值的信息是夹杂在海量的数据库中的。然而要从海量的数据库中获取相应有价值的信息需要对所有的数据进行分析处理，这就需要耗费大量的社会资源，如就监控系统而言有用的信息可能只存在于其中的几帧，但却需要监控系统不间断运作才可以记录到这几帧。因而，尽管大数据看上去前景很好，但是其价值密度却远低于传统关系型的数据库。

3.3 大数据技术体系

在云计算技术和计算能力提高的推动下，人们从大数据中提取有价值信息的能力也在不断地提升。同时，通过网络将人、设备及传感器连接起来，使得数据的生成、传递、分析及分享能力发生了根本性的变化。随着社会的不断发展，产生的数据就类型、深度及广度等方面而言是有极大增长的，这也对数据管理和数据分析技术提出了新的要求。只有在对大数据的容量、多样性、处理分析速度及价值挖掘这四个方面均有应对之策时，才可以从海量的数据里面挖掘出更多有价值的信息。大规模数据的存储、异构数据源融合、分布式文件系统、分布式数据库 HBase、并行计算框架、大数据实时流处理及大规模图数据处理技术等均属于大数据技术的范畴。

3.3.1 大数据存储和管理技术

3.3.1.1 分布式文件系统

随着大数据时代的到来，海量数据在持续产生。为了有效解决存储大量数据的问题，Google 公司开发了一种分布式文件系统 GFS（Google File System），该系统使用网络来实现文件分布式存储在不同位置的多台计算机上，使得对大规模数据的存储需求有了较好的保证。同时针对 GFS 开发了相应的开源系统——Hadoop 分布式文件系统（Hadoop Distributed File System，HDFS），旨在达到可以依托在低成本服务器集群中保证大规模分布式文件存储的目的。

HDFS 在具备良好抗干扰的基础上，还具有兼容成本较低的硬件设备的特性，因而，在保障机器实现大流量及大数据量读写和分析的同时可以兼顾成本的控制。

物理结构上，计算机集群中的多个节点构成了分布式文件系统。大规模文件系统的整体结构如图 3-2 所示。这些节点可以分为主节点和从节点。其中，主节点也称为名称节点（Name Node），从节点也称为数据节点（Data Node）。文件和目录的创建、重命名和删除等由名称节点负责，还要检查数据节点和文件块之间的连接，因此要找到请求的文件块的位置，用户端必须到达名称节点并读取相应的文件块。数据节点负责存储和读取信息。在存储过程中，名称节点首先分配存储空间，然后将用户数据直接发送到需要存储的相关数据节点。传输首先通过名称节点接收用户端、相应的数据节点和文件块之间的连接，然后可以检索所需的文件块。根据名称节点命令和具体的情况查看是否需要进行创建、复制和删除相应数据节点的后续操作。

需要注意的是，分布式文件系统主要是针对大批量数据的存储所设计的，着重用于处理大规模文件（TB 级文件），当处理规模较小的文件时，不但无法发挥全部优势，而且会影响系统的拓展性能。

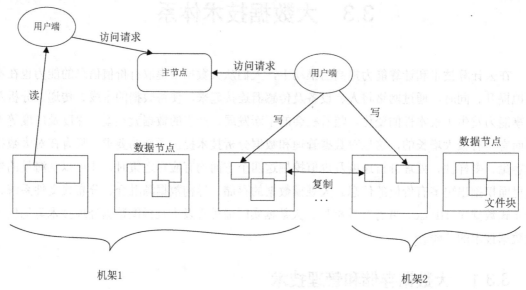

图 3-2　大规模文件系统的整体结构

3.3.1.2　分布式数据库 HBase

针对 Google 公司的 Big Table 开发了分布式数据库 HBase，可以看成前者的开源实现，HBase 以其处理速度快、准确度高、适配列数据处理及延展性好的特性，应用十分广泛，主要用于非结构化或者半结构化数据的存储。同时，HBase 支持超大规模的数据进行分布式存储，主要通过水平拓展的方式，借助低成本的计算机集群对超过数量级为亿行的数据元素所组成的数据进行处理和存储。

HBase 是面向列的数据库，主要适用于批量数据的处理及实时查询，可以大大降低 IO 开销，支持大量用户的并发查询，同时具有较高的数据压缩比。HBase 在数据挖掘、决策支持及地理信息等领域有着广泛的应用。

HBase 与 Hadoop 生态系统中其他部分的关系如图 3-3 所示。HBase 的运行原理就是利用 Hadoop MapReduce 来处理 HBase 数据库中所存储的大规模数据，可以在短时间内完成大批量数据的计算工作；利用 Zookeeper 框架实现协同服务，可以对向外提供的服务进行维护，保证服务的质量，还可以兼顾对执行失败的任务的重录工作；使用 HDFS 作为可靠度高的底层存储，借助低成本的计算机集群进行大规模数据的存储，提高数据的准确性和系统的完整性，从而发挥出 HBase 对大批量数据的处理能力；通过 Sqoop 实现高效、便捷的 RDBMS 数据存储，更为方便地在 HBase 上进行数据处理和分析；HBase 的高层语言则由 Pig 和 Hive 进行保证。

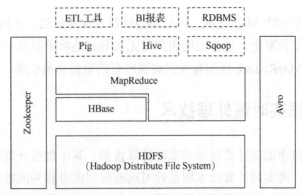

图 3-3　HBase 与 Hadoop 生态系统中其他部分的关系

3.3.2　大数据分布式批处理技术

随着大规模集成电路的制作工艺已经达到一个极限，从 2005 年开始 CPU 性能遵循的"摩尔定律"——大约每隔 18 个月性能翻一番，已经不再适用。因此，把程序运行效率提高的目标放在性能更高的 CPU 上已经不可行。这也就催生出了分布式并行编程，在大规模的计算机集群中，包括大量的低成本服务器，运行分布式程序，可以并行完成大批量数据的处理分析任务，以此来获得海量的计算能力。

分布式存储和分布式计算是大规模数据集中处理的两大核心环节。其中 Google 公司的分布式数据存储的主要方式是分布式文件系统 GFS，整个系统的各个功能部分分别是由不同的模块来实现的，由 MapReduce 负责分布式计算的任务。不同于前者数据存储适用的系统，在 Hadoop 中是使用分布式文件系统 HDFS 达到分布式存储目的的，采用 Hadoop MapReduce 来实现分布式计算。对于 MapReduce 而言，都是在分布式文件系统的基础上进行存储的，集群中的多个节点上存放着这个分布式的文件。

可以用"化整为零"来描述 MapReduce 的核心理念。MapReduce 的工作流程如图 3-4 所示。按照一定的规则，将一个完整的待处理数据集合化整为零，即分解成多个分片，每一个小的分片都有一个 Map 任务与之对应，这些小任务在多台机器上并行处理，而在数据存储的节点上存储相应的 Map 任务，这样数据的计算和存储就可以在同一处运行，不需要消耗额外的数据传输资源。

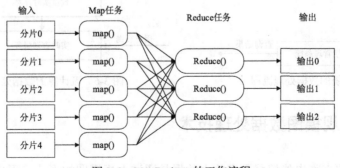

图 3-4　MapReduce 的工作流程

需要注意的是，不同的 Map 任务之间是不会进行直接通信的，不同的 Reduce 任务之间也不会有直接的信息交换发生，这就说明用户是无法显式地将消息从一台机器发送给另一台机器的，意味着需要 MapReduce 框架自身去实现所有的数据交换任务。

3.3.3 大数据实时流处理技术

大数据计算技术包含批量计算技术和实时计算技术，其中批量计算技术只是针对大数据类别中的静态数据类，而实时计算技术则是针对动态数据或者称为流数据的数据类处理计算的。随着大数据处理分析实时性需求的日益增加，如何实时计算海量流数据成为大数据领域新的挑战。由于传统的 MapReduce 框架基于离线处理计算的方式，面对静态数据的处理分析有着独特的优势，但是其离线性也意味着无法满足流数据实时性的要求，因此产生了流计算这种大数据数据处理计算技术，流计算可以很好地符合流数据实时计算的要求。

流数据（或数据流）是指满足时间分布和数量无限的动态数据集合体，数据记录是组成数据流的最小单位。随着 web 应用、传感检测、生产制造等领域的发展，数据流开始兴起，其具备海量、时变、快速的特点。在日常的电子商务活动中，购物网站通过对用户点击流、浏览历史等行为的了解实时分析用户的购买意图，并实时推荐分析后的相关商品，达到提高商品销量的目的，同时也可以提升用户的购物体验，让用户感受到个性化的服务，可以一举两得。

流计算平台实时获取来自不同数据源的海量数据，为了获取有价值的信息需要做到及时的分析处理。在流计算中数据的价值会随时间的推移逐渐降低，因此，收取到数据时需要及时处理，如果缓存起来或是延迟使用批量处理的话就难以获得最有价值的信息。传统的数据处理流程如图 3-5 所示，需要将事先采集到的数据存储在数据管理系统中，之后用户才可以从数据管理系统中进行查询操作，从而获取到需要的查询结果。这也意味着传统的数据处理流程中所存储的数据已经不具备查询的时效性了。流计算的数据处理流程如图 3-6 所示，包含数据实时采集、数据实时计算及实时查询服务，所查询到的结果是具有时效性的，可以实时反映当时的事件状况。

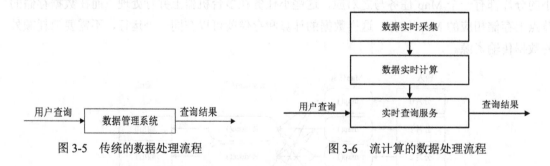

图 3-5 传统的数据处理流程   图 3-6 流计算的数据处理流程

3.3.4 大规模图数据处理技术

大数据时代的来临也伴随着更多的大数据是通过大规模图的形式呈现出来的，如社交网络、气象数据及交通事故等，此外，为了更加方便地进行分析处理，大量非图结构的数据也时常会被转换成图模型。随着需要分析处理的图规模的日益增大，部分甚至达到亿数量级的边和顶点数，这时需要高效的处理分析图模型就会有很大的难度，也就意味着一台机器已经无法满足所有图数据的计算，急需一个分布式的计算环境。

现存的图计算框架和图算法库已经无法适配大规模图计算的需求，此时新的图计算框架应运而生，Pregel 就是代表性的产品之一，这是一种基于 BSP 模型实现的并行图处理系统。在 Pregel 中搭建的一套可扩展的、有抗干扰机制的平台，可以很好地解决大型图计算的分布式计算问题，同时该平台提供了许多应用广泛的应用接口，用以满足不同类别的图计算需求。Pregel 作为分布式图计算的计算框架，主要用于图遍历、最短路径、PageRank 计算等。

Pregel 计算模型以有向图作为输入口，在图数据进入计算模型以后，有向图的每个顶点都会被标签成一个字符串类型的顶点身份 ID，并将用户的自定义值和这些顶点进行关联绑定，而源顶点则链接到每一条有向边，同时记录其目标顶点的身份 ID，并将一个可修改的用户自定义值与之关联起来。

对于顶点之间的信息交互方面，Pregel 舍弃了远程数据读取或者共享内存的方式，转而采用纯消息传递模型，如图 3-7 所示。采用这种做法主要基于以下两个原因。

（1）顶点之间的消息传递是可以包含足够信息内容的，无须使用远距离调用或内存共享的方式。

（2）对系统整体性能的提升具有很大的帮助。具体表现在大规模图计算一般是在一个计算集群环境中进行的，在集群环境中执行远程数据读取会有较大的延时，而 Pregel 采用异步和批量的消息传递方式，可以相对缓解远距离调用和处理产生的延时问题。

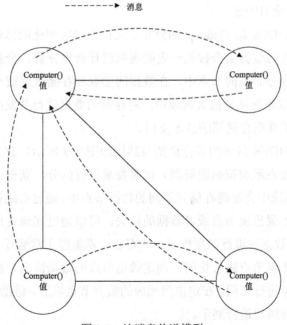

图 3-7　纯消息传递模型

3.4 大数据与智能制造的关系

3.4.1 制造大数据处理架构

3.4.1.1 Hadoop 分布式大数据处理架构

Hadoop 分布式大数据处理系统在运行过程中主要是由一个主控节点和若干个从节点组成的，主控节点主要集成在集群主控节点里面，而从节点则由本地 Linux 文件系统、DataNode 等组成。Hadoop 平台的基本组成与生态系统如图 3-8 所示。其中，整个并行计算集群的运行主要是由主节点负责的，同时适配各个子节点当前的进程情况，以降低计算过程中消耗的数据传输资源。计算集群中的各个子节点兼备储存和计算的能力，目的是尽可能地实现在大数据背景下的本地化计算与操作，用以提高系统的计算和处理性能。Hadoop 系统设计了实时信息回传的心跳机制，以此来应对可能出现的故障，主要的原理是主节点会定时向各个子节点发送命令信息，在运行正常的情况下，子节点在接收到命令消息后会向主节点进行信息反馈，当主节点长时间没有接收到子节点的反馈信息时，该子节点将会被系统判定为失效。

Hadoop 分布式大数据处理系统在应用与解决数据存储及分布式计算算法方面有明显的优势，包括分布式存储系统 HDFS、数据仓库 Hive、非关系型数据库 HBase 及并行化分布式算法架构 MapReduce 等。

1）分布式存储系统 HDFS

分布式存储系统 HDFS 是 Hadoop 的分布式文件系统实例化的体现，该系统设计的主要思想就是将一个待处理的数据集合按照一定的规则进行合理分解，分解成不同的数据块，然后将数据块分别存储到分布式的节点中，在数据的读取和存储时完成一次存储和调取。分布式存储系统 HDFS 可以很好地适应大规模用户对存储的数据进行并发操作和访问的特性，为大数据系统处理提供了数据存储端的技术支持。

分布式存储系统 HDFS 具体的运行框架与结构如图 3-9 所示。首先对事先获取的处理过的数据传入系统（此处表示虚拟制造资源）按照要求进行拆分，获得大小相仿的数据块，这些数据块在 Hadoop 系统中会准确存储到不同的数据节点中，通过心跳机制向主节点实时反馈数据块的状态信息。如果出现节点或者数据的缺失，可以通过冗余备份机制，调用主节点在 Hadoop 下预先备份的数据块进行数据恢复，从而使计算集群正常运行。面对数据的读取和访问，主节点先对多个数据节点进行访问，确定数据节点的数据情况，在正常的情况下，用户通过用户端对系统数据进行访问，在定位到相应的数据节点以后，借助 Hadoop 中的功能模块对数据进行处理，并向用户进行展示。

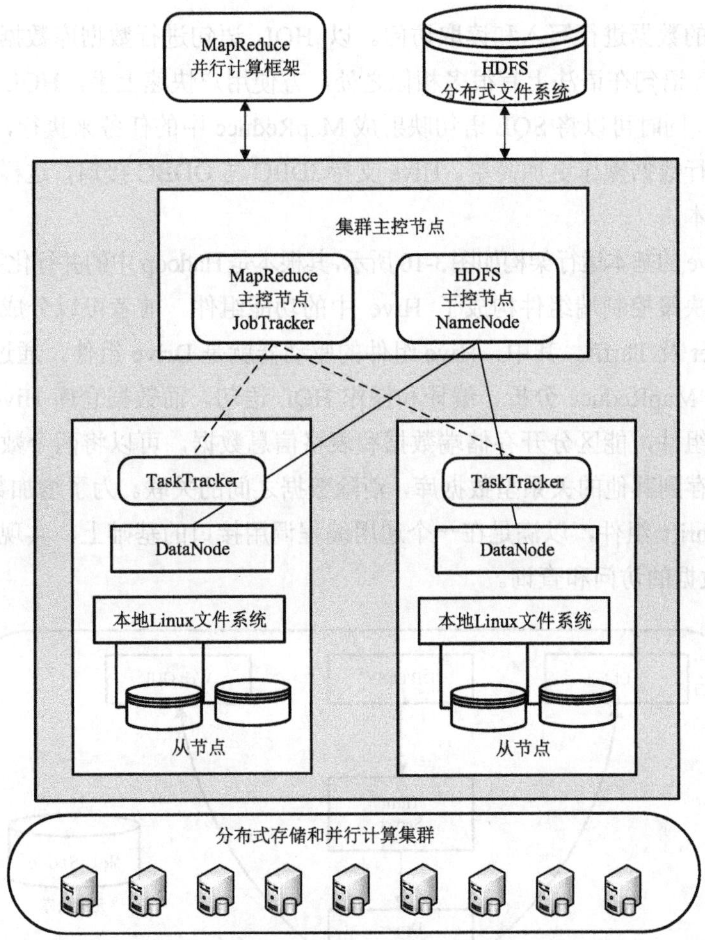

图 3-8　Hadoop 平台的基本组成与生态系统

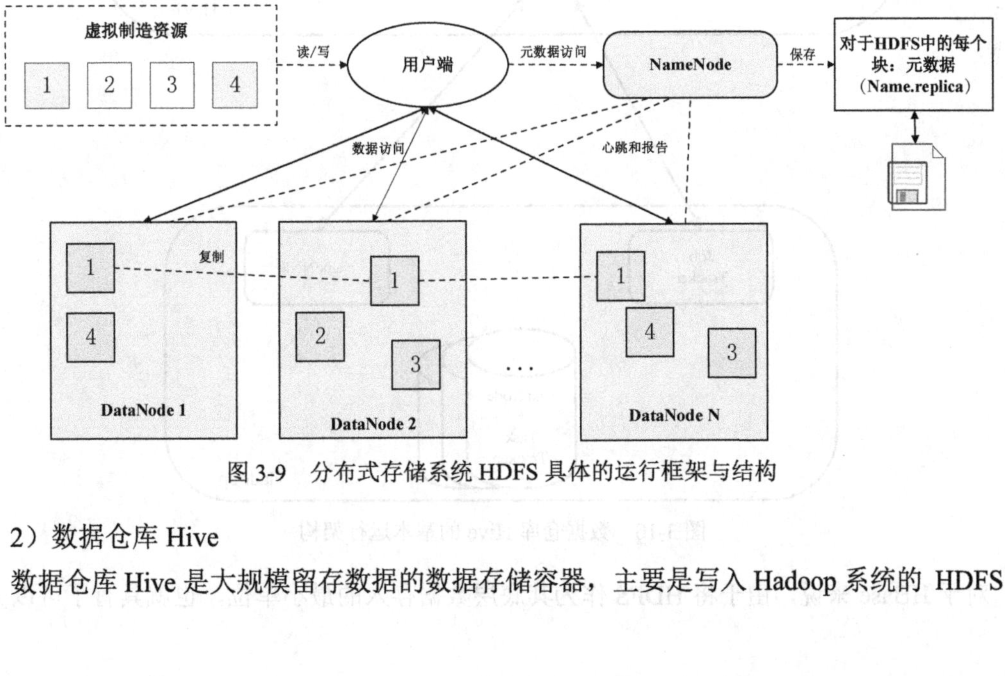

图 3-9　分布式存储系统 HDFS 具体的运行框架与结构

2）数据仓库 Hive

数据仓库 Hive 是大规模留存数据的数据存储容器，主要是写入 Hadoop 系统的 HDFS 之中，针对结构化的数据进行写入和读取访问。以 HQL 语句进行数据库数据的获取和写入，HQL 语句和 SQL 语句在语法上有很多相似之处，方便用户快速上手，HQL 语句可以实现类 SQL 语句的查询，同时可以将 SQL 语句映射成 MapReduce 中的任务来执行，使得 MapReduce 算法在底线中进行数据操作更加简单。Hive 支持 JDBC 与 ODBC 接口，这样相应降低了应用的开发难度和成本。

数据仓库 Hive 的基本运行架构如图 3-10 所示，其根本是 Hadoop 中的并行化算法 MapReduce。数据库服务端和决策控制端组件构成了 Hive 中的功能组件。前者可以分成三大事件架构：MetaStore、Driver 及 Thrift。其中，Hive 组件的驱动器就是 Drive 组件，通过调用 Hadoop 中并行化计算算法 MapReduce 分析、编译和操作 HQL 语句。而数据仓库 Hive 中的 MetaStore 是单位数据管控组件，能区分开存储端数据和表格信息数据，可以将两个数据块存入两个分区或者将数据块存到其他的关系型数据库，消除数据之间的关联。为了增加数据仓库 Hive 的延展性加入了 Thrift 组件，以满足在一个通用编程调用接口的基础上，实现不同编程语言对数据仓库 Hive 数据的访问和查询。

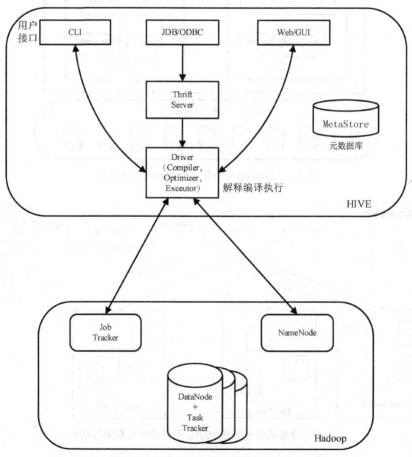

图 3-10 数据仓库 Hive 的基本运行架构

对于 HBase 来说，由于将 HDFS 作为其底层数据存入的最小单位，也就具有了可以分布式写入和读取的功能。同时，HBase 可以实时调用 HDFS 中的功能，使得其在运行过程中可以保障数据的稳定性和完整性。而对 MapReduce 而言，它是一种分布式并行化的编程与计算模式，引入了 Hadoop，极大地简化了并行计算程序的开发难度。

总而言之，Hadoop 分布式大数据处理架构在面对大规模数据的读取、写入及分布式计算时具有明显的优势。但是，由于 Hadoop 的处理框架是基于硬盘计算的，难以适应大规模迭代过程算法的场景，因而在大规模数据集的处理中只采用 Hadoop 中数据存储部分的功能模块，计算部分将采用基于内存计算的 Spark 分布式数据处理架构。

3.4.1.2　Spark 分布式数据处理架构

开发一个完整的生态圈就是 Spark 开发的源头，Spark 生态圈使得一个框架可以完成大数据计算的大部分计算分析工作，如图 3-11 所示。由于主要的算力占用是在 Spark 计算过程中产生的，这也就减轻了硬盘的数据传输负载压力，对于会产生大规模迭代过程的计算算法有明显的优势，同时该生态圈还兼顾了数据筛选获取、流计算和图计算等多种计算范式，因而和基于硬盘计算的 MapReduce 相比较，Spark 在海量、迭代计算及基于 Hive 的 SQL 查询上能够给性能提升带来本质上的变化。

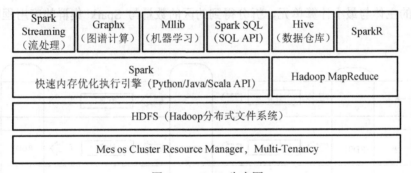

图 3-11　Spark 生态圈

对 Hadoop 而言，其并行计算框架 MapReduce 可以由 Spark 进行补充，同时可以融合分布式存储系统 HDFS 与数据仓库 Hive 等分层存储介质，在加入 Hadoop 体系后，Spark 在计算消耗和拓展性方面会得到较大的提升。与 Hadoop 相比较，Spark 在内存布局、执行策略和中间结果输出、数据格式和任务调度的开销方面有明显的优势。

1）Spark 工作机

Spark 工作机的集群运行框架如图 3-12 所示。Driver 程序就是用户直接进行的操作程序，每个 Driver 程序需要与集群中的 Spark Content 对象进行匹配，从 Driver 程序开始，借助集群管理器，调用工作节点执行分布式弹性数据集（Resilient Distributed Dataset，RDD）操作。分配系统资源主要由 Spark Content 进行控制，将获取到的用户任务进行分配。每一个工作节点对应着一个用户任务，是任务的主要完成者，在得到任务时先创建相应的 Task 执行器，并将任务的执行过程反馈给集群管理器。在集群管理器中完成后续的计算资源合理划分及综合管控，实现并行式分布计算。

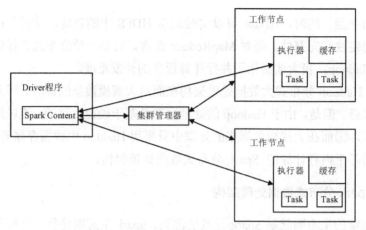

图 3-12　Spark 工作机的集群运行框架

MapReduce 模型是 Hadoop 并行化的计算核心，而 Spark 在并行化中的计算核心是 RDD，RDD 是 Spark 计算框架下各类计算的基础。Spark 集群调用 RDD 进行迭代计算的过程，主要是在各个分区中将相应的 RDD 通过计算进行转化。RDD 计算模型如图 3-13 所示。RDD 有着和 HDFS 相似的对数据集的划分，也就意味着 RDD 中也有不同的区。其数据分区是计算过程中的主体与最小计算单元，拆分得到的区的数量与 Spark 集群的应用程度有着密切的联系。

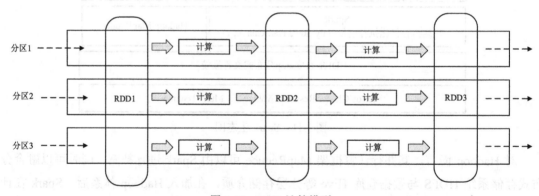

图 3-13　RDD 计算模型

2）Spark Streaming 数据流处理

Spark Streaming 是 Spark 核心接口的一个对外应用，其特性是传输数据规模大、抗干扰能力强，同时也是一个实时数据流处理系统。Spark Streaming 数据流处理模式如图 3-14 所示。Spark Streaming 支持 Kafka、Flume、HDFS/S3 及 Twitter 等数据源，获取数据后可以使用 Map、Reduce 和 Windows 等高级函数进行复杂算法的处理，可以在文件系统、数据库等存储介质储存处理结果。

Spark Streaming 可以将传输进来的数据流进行拆分，将得到的数据段分别进行处理，拆分的主要依据是时间窗口和滑动窗口的值。利用 Spark Streaming 对数据流进行分段处理如图 3-15 所示。

图 3-14 Spark Streaming 数据流处理模式

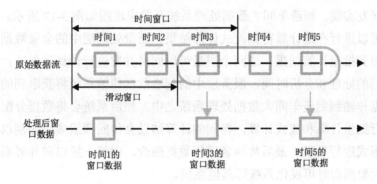

图 3-15 利用 Spark Streaming 对数据流进行分段处理

3）Spark SQL

Spark SQL 是一款利用 Spark 集群进行结构化数据操作的控件。该控件兼容了 HiveQL，甚至可以通过 JDBC 与 ODBC 接口来连接 Spark SQL。Spark SQL 的具体架构如图 3-16 所示。基于 Spark SQL 使用 Hive 本身提供的元数据仓库（MetaStore）、用户自定义函数（UDF）、HiveQL 及序列化和反序列化工具（SerDes），使得不同数据之间的融合性、运算性能及架构延展性得以提升，这是其他结构化数据操作工具所不具备的优势。

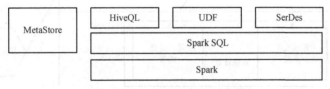

图 3-16 Spark SQL 的具体架构

4）Spark MLlib

MLib 是 Spark 机器学习库，使机器学习的可理解性和可伸缩性更好。其中提供了大量常用机器学习算法，包括分类、聚类、回归和降维等，在 Spark 集群中使用 MLlib 非常便捷，只需直接调用相应的 API 使用即可。Spark MLlib 算法分类如表 3-1 所示。

表 3-1 Spark MLlib 算法分类

分　　类	具 体 算 法
二元分类	线性支持向量机、逻辑回归、决策树、随机森林、梯度提升决策树等
多元分类	逻辑回归、决策树、随机森林、朴素贝叶斯
回归	最小二乘法、决策树、保序回归等

3.4.2　制造车间大数据处理系统

3.4.2.1　系统总体设计

可以将制造车间大数据处理系统划分为批处理层、速度层与服务层三层架构，针对各个架构分别进行开发实现。制造车间大数据处理系统开发原理图如图 3-17 所示。速度层包含的流式处理系统可以进行在线计算得到流式计算结果，而批处理层中的全量数据存储平台可以进行重复计算得到批量计算结果，这两个层是可以同时并发进行计算任务的，这样会缩短制造车间任务数据的处理和分析时间。服务层中的制造数据传输系统将获取到的底层制造车间的制造加工数据传输到制造车间大数据处理系统之中。然后系统会将数据分配到批处理层和速度层分别进行批量计算和流式计算，得到的计算结果会传回到服务层分别以批处理视图和流处理视图的形式进行呈现。最后将两者进行数据融合，由统一接口向外界系统进行传输和展现，如制造大数据实时可视化系统等其他系统。

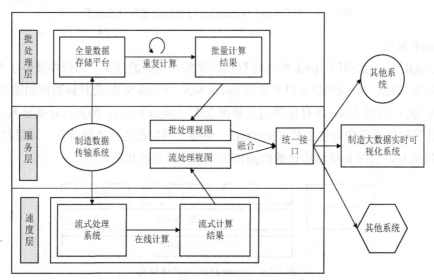

图 3-17　制造车间大数据处理系统开发原理图

3.4.2.2　速度层的设计

速度层的主要任务是完成流式计算，因此处于该层的组件应具备基于时间窗口的数据处理功能。Apache Spark（简称 Spark）中的 Spark Streaming 模块正是为此开发的。此层是在 Spark Streaming 的 Structred Streaming（结构化流）接口的基础上进行开发的。以设备报警数统计为例，其速度层实现原理图如图 3-18 所示，计算不间断进行，并以 5 秒的时间窗口为单位执行一次算法。算法以每台设备的身份 ID 值作为数据流所对应的键值将设备报警数记录下来，同时实时计算输入的数据流并输出结果。数据流的读取使用 Spark Streaming 的 readStream()函数，该函数返回不间断数据流，随后在该数据流上初始化 window 对象，对象中包含时间窗口的长度、滑动窗口的大小等必要参数，最后对流调用 star() 方法开始执行。

3.4.2.3　批处理层的设计

相对于速度层的设计，批处理层的实现难度更大，主要原因是需要在批处理任务开始之前，将底层制造车间传输的制造加工数据处理成数据块写入不同的数据节点上。Apache Hadoop（简称 Hadoop）目前应用场景十分的普遍，它能够同时提供满足要求的大数据文件存储系统 HDFS 与分布式计算资源调度器 YARN（对于 Hadoop 1 则是 MapReduce 框架），因此使用 Hadoop 作为批处理层的主要组件。批处理层实现原理图如图 3-19 所示。

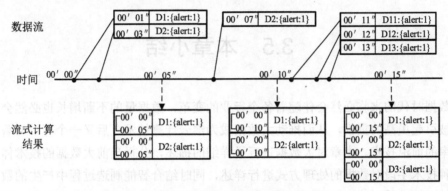

图 3-18　设备报警数统计的速度层实现原理图

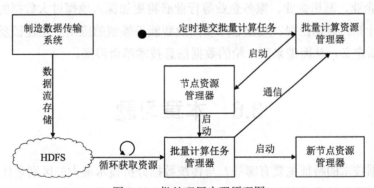

图 3-19　批处理层实现原理图

由图可以看出，制造数据传输系统将获取到的制造加工数据传输到 HDFS。此时，由于将要进行的批量计算会占用大量的算力资源，所以在进行批量计算之前，需要评估将要占用的算力资源，然后批量计算任务管理器循环获取资源，而批量计算任务管理器将会向批量计算资源管理器发送消息，从而启动新节点资源管理器，分配出足够的算力资源供给将要进行的批量计算任务。

3.4.2.4　服务层的设计

服务层是所设计的系统与外界交互的主要平台，也是向外界提供制造车间大数据处理系统服务的窗口，采用 Apache HBase（简称 HBase）来实现。HBase 是一款基于列族的 NoSQL

数据库，具有在随机性读取的情况下还能够保持高性能运行的特点，同时面对数据量的动态变化可以自主地进行空间划分的操作，从而保证较高的调用获取性能，极为适合作为所设计系统服务层的应用组件。HBase 表的列族内容主要是基于数据点计算指标进行设计的，设计的同时需要考虑内容的组成部分，一般是批量计算和流式计算的结果。每次的计算结果都由一条单独的记录进行存储，当在前述两种计算模式下仍然有一部分的任务结果还没有完成，那么本次的记录会将上一次的计算结果作为内容进行存储。在考虑读取调用效率和系统中模式共存性的基础上进行表格的设计，这样的设计策略也是符合制造大数据处理系统要求的。

3.5　本章小结

　　大数据时代的来临必然会伴随着各个行业的变革，数据量的不断增长也必然会使得"大数据"被引起更高的重视，从而推动大数据成为继云计算技术之后又一个可以显著提升生产制造效率的前沿技术。本章对大数据进行了详细的描述，分析当前大数据的技术体系，以及运用各种技术手段对数据的处理方式进行详述，同时结合智能制造过程中产生的数据，运用大数据技术构建数据处理架构及处理系统，实现对数据的收集、处理、分析和应用。在未来的展望中，IT 企业、制造企业、服务企业等行业必将更加深入地探讨大数据的应用和发展问题，也会在云计算、数据挖掘、数据仓库和商业智能等领域的应用产生连锁反应，信息技术格局将会被重新定义，从而带来新一轮的数据信息技术革命浪潮。

3.6　本章习题

　　（1）大数据技术的特征主要有哪些？与传统数据分析技术最大的区别是什么？

　　（2）大数据技术体系中存储和管理技术包含哪些？各有什么特点？

　　（3）试述大数据技术中对数据处理采用的不同方式之间有什么关联和区别。

　　（4）试述制造大数据处理架构中 Spark 数据框架的基本架构。

　　（5）试述大数据与智能制造相结合的处理系统框架。

第 4 章 云计算技术

4.1 引言

协同、物联网和云计算已经被确定是将重塑全球企业的关键技术。在信息技术和相关智能技术的推动下，制造业正在经历重大变革。云计算作为其中关键技术之一，其主要目的是在分布式环境中提供高可靠性、可伸缩性和可用性的按需计算服务。

众所周知，"云"代表的是一个网络，而云计算就是将网络中的资源提供出来并供使用者根据需求进行应用。云计算是把各种资源进行整合，通过软件化的形式进行管理并提供服务，基本的服务类型包括基础设施即服务、平台即服务、软件即服务三种。

云计算的理念是使人们（目前主要是企业）可以像用电一样使用计算资源。云计算将大量的物理服务器的 CPU、磁盘、内存等硬件资源集中起来，将它们组成一个大的逻辑概念上的资源池，即进行逻辑上抽象的"池化"。一个更直观的理解就是将所有的 CPU 抽出来组成一个 CPU 池，所有的内存抽出来组成一个内存池，在这个逻辑抽象的资源池中不再有服务器的存在，它们的资源已经被完全打散。当我们需要计算资源（CPU、内存、磁盘等）时就从各个资源池中取，且需要多少资源就取多少资源。

云制造是云计算技术在制造业方向上的延伸和拓展。它融合了现有信息化制造技术及云计算、物联网、面向服务、高性能计算和智能科学技术等信息技术，将各类制造资源和制造能力虚拟化、服务化，构成虚拟化制造资源和制造能力池，并进行统一的、集中的智能化管理和经营，实现多方共赢、普适化和高效的共享和协同。通过网络和云制造服务平台，为用户提供可随时获取的、按需使用的、安全可靠的、优质廉价的制造全生命周期服务。

4.2 云计算概述

电脑刚刚被发明的时候，还没有网络，每个电脑（PC），就是一个单机。每个用户在单机上处理自己的事务。后来，人们意识到，单机与单机之间联系的重要性，于是出现了网络（Network），用于交换信息。随着单机的进一步发展，性能越来越强，就将性能强大的单机组装成了服务器（Server）。人们把一些服务器集中起来，让用户通过网络，使用集中起来的资源。随着网络的进一步发展，不断壮大的网络，就变成了互联网；不断扩张的机房，就变成了 IDC；不断变多的计算机资源和应用服务（Application）也被部署到了其中，就变成了云计算（Cloud Computing）。无数的大型机房，就成了云端。云计算的发展历程如图 4-1 所示。

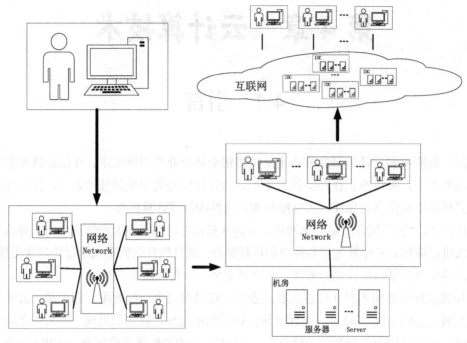

图 4-1　云计算的发展历程

4.2.1　云计算的定义

什么是云计算呢？云计算的定义有许多种，现阶段广为接受的定义是由美国国家标准与技术研究院（NIST）提出的，为"云计算是一种基于互联网的，只需最少管理与服务提供商的交互，就能够便捷、按需地访问共享资源（包括网络、服务器、存储、应用和服务等）的计算模式。"根据 NIST 的定义，云计算具有按需自助服务、广泛网络接入、计算资源集中、快速动态配置、按使用量计费等主要特点。

4.2.2　云计算的发展进程

1）第一时期：集群化时期

在这一阶段中，企业将自己的 IT 硬件资源进行物理型集中，将分散的资源集中起来，组成了一定程度的数据中心，并将这些集中起来的资源提供给各个企业，但是这样的集中对数据传输等也会产生不小的问题。

2）第二时期：网格计算时期

计算网格为计算资源提供了一个平台，使其能组织成一个或多个逻辑池。这些逻辑池统一协调为一个高性能分布式系统，所以也被称为超级虚拟计算机。网格计算与集群化的区别在于，网格系统更加松耦合，也更加分散，因此网格系统可以包含异构、异地的不同技术资源。这些 IT 资源构成一个网格池，实现统一的分配和协调，所以现在也普遍认为网格计算时期是云计算发展的雏形时期。

3）第三时期：传统虚拟化时期

这一时期，最迫切需要解决的问题就是成本过高、IT 运行灵活性较低、资源利用率低下，因此虚拟化技术在这一时期被广泛利用。虚拟化集成了多台服务器，从而无视了底层设备的差异，并提高了资源的利用率。虚拟化打破了软、硬件间的依赖关系，提升了服务器的性能，减少了资源消耗。

4）第四时期：云计算时期

一方面，随着数据量的不断增大，搭建大型的数据中心，以及未来的运营维护，都会给企业带来巨大的压力。另一方面，随着业务需求的不断增加，企业在针对 IT 方面的投入也越来越大。因此，如何构建可以弹性扩展和按需服务的 IT 服务成为了这个时期最主要的核心。

4.2.3　云计算的分类

云计算的分类如图 4-2 所示。按照是否公开发布服务可分为公有云（Public Cloud）、私有云（Private Cloud）和混合云（Mixed Cloud）。

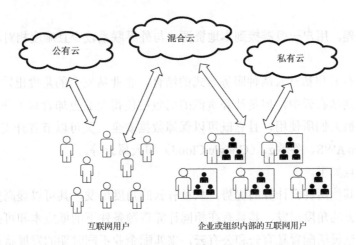

图 4-2　云计算的分类

1）公有云

公有云通常指第三方供应商提供用户能够使用的云。公有云的最大意义是能够以低廉的价格，提供有吸引力的服务给用户，创造新的业务价值。目前主要的公有云包括 Amazon AWS（Amazon Web Services）、Microsoft Azure 和阿里云（Alibaba Cloud）等。

公有云的优点如下。

（1）方便。用户可直接使用供应商的计算资源，且不需要用户去安装和维护。

（2）共享。用户可以通过不同设备来查看公有云中的数据。

（3）易扩展。云计算的资源能够快速地扩展，具有强大的弹性。通过自动化供应，可以达到快速增减资源的目的。

公有云的缺点如下。

（1）安全性。用户对于云端的资源缺乏控制，无法保证隐私和保密数据的安全性。

（2）资源竞争，公有云共享资源的特性，流量峰值期间容易出现性能问题（如网络阻塞），公有云中最需要竞争的资源，如带宽，价格往往最昂贵。

2）私有云

私有云是针对不同的用户需求来开发的，因此能够在很大程度上保障其服务质量。私有云一般直接部署在用户的防火墙内部或相对安全的主机托管场所，因此用户数据的安全性有了极大的提高。目前主要的私有云包括易捷行云（EasyStack）、华为云（Huawei Cloud）和VMware 等。

私有云的优点如下。

（1）安全。私有云资源独享，单个公司是唯一可以访问它的指定实体，提供了更高的安全性。

（2）服务质量好。因为私有云构建在防火墙内部，不是部署在远程服务器中，所以可以有效避免外部流量峰值的冲击。

私有云的缺点如下。

（1）费用高。当一个企业想要构建私有云时，需要考虑到收购、部署、支持和维护等成本费用。

（2）共享性差。用户一般链接到本地资源，与外界联系较少且难度相对较高。

3）混合云

混合云是公有云和私有云两种服务方式的结合。企业从安全的角度出发，会希望将自己的关键数据存放到私有云中。但是计算资源的局限性使得企业更加青睐于使用公有云。近年来，混合云逐渐被人们所使用，且它既可以保障数据安全，又可以节省开支。目前主要的混合云包括 Amazon AWS、谷歌云（Google Cloud）和天翼云等。

混合云的优点如下。

（1）融合了其他两种云计算的优势，从私有云的角度出发，其可以提高安全性能。

（2）从公有云的角度出发，其具有在相同计算资源条件下的低成本和可扩展性的特点。

（3）可以通过灵活配置私有云和公有云，来匹配企业不同时期的发展状况。

混合云的缺点如下。

（1）可使用产品和服务较少。这是因为混合云的发展历程比较短。

（2）运营维护困难。如果要将混合云配置到位，技术人员就需要精通公有云和私有云两种技术，这对于企业来讲，极大地提高了运维的难度。

4.2.4　云计算的特点

云计算具有较好的灵活性、极强的扩展能力及较高的性价比，其具有如下优势与特点。

1）虚拟化技术

云计算和传统的技术相比最大的特点就是冲破了时间和空间的限制，这也是其最明显的优势。

2）动态可扩展

云计算有较高强度的运算能力。不仅可以在已有的服务器中补充元计算的功能，还可以进一步增加运算速度，来实现应用资源的扩展。

3）按需部署

不同的应用所需的资源大小不同，可以通过云计算高强度的计算能力，根据其需求配置来分配所需的资源。

4）灵活性高

目前大多数 IT 资源都支持虚拟化，可将不同的 IT 资源虚拟化后放入资源池中进行统一分配。

5）可靠性高

在云计算技术中，如果单个服务器出现了问题并不会影响用户的正常使用。

6）性价比高

云计算系统资源是被池化以后统一管理的。对于用户来讲，廉价的云服务器是一个不错的选择，而且其计算性能与大型主机相差不大。

4.3　云计算的服务类型

在云计算中，一切都被视为服务，包括软件即服务（Software as a Service，SaaS）、平台即服务（Platform as a Service，PaaS）和基础设施即服务（Infrastructure as a Service，IaaS）。这些服务为云计算定义了一个分层的系统结构。云计算：一切皆服务如图 4-3 所示。

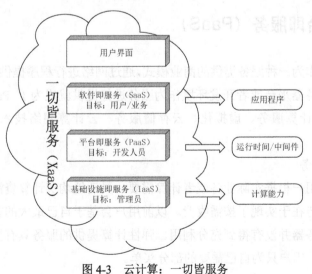

图 4-3　云计算：一切皆服务

基础设施层（IaaS 层）提供网络、服务器、存储等硬件，并且将这些计算资源标准化。中间层（PaaS 层）主要提供软件安装、数据存储工具、系统的资源、平台的维护等。应用程序层（SaaS 层）主要提供完整、可使用的应用程序。顶部的用户界面层可以与这三层无缝交互。

4.3.1　基础设施即服务（IaaS）

IaaS 指把 IT 基础设施作为一种服务通过网络对外提供，并根据用户对资源的实际使用量或占用量进行计费的一种服务模式。用户不需要自己搭建硬件系统，只需要在服务商这里租用即可。

IaaS 的特点如下。

1）租赁

当用户租用基础设施服务时，用户可以随时访问其租用的物理资源，但是该物理资源仍然被存放在服务商的数据中心。用户可以根据自己的需要，租用不同时间的服务并支付费用。

2）自助服务

用户可以通过自助的形式来租取自己需要的资源。服务商通过一定的自主服务手段，而不需要依靠 IT。通过一个自助服务界面，可以轻松处理多个重复性任务。

3）动态缩放

当资源能按照工作负载或任务需求自动伸展或收缩时，这就称为动态缩放。当用户的需求提高，需要更多的资源时，服务商可以立即提供给用户。

4）计量

计量确保用户能按照他们需要的资源和使用收费。从实例的启动开始计费，到实例的终止结束。除了这些基本费用，服务商还可以对额外的服务收费。

4.3.2　平台即服务（PaaS）

把服务器平台作为一种服务提供的商业模式，通过网络进行程序提供的服务称之为 SaaS，而云计算相应的服务器平台或者开发环境作为服务进行提供就成为了 PaaS。其提供的开发环境通常包括弹性计算服务、虚拟化、云存储服务、云计算网络技术、CDN 技术、容器服务等。

1）弹性计算服务

弹性计算是指用户根据实际业务或者计算需要，灵活地购买计算资源。相较于主机托管模式，它最大的优势在于实现了按需收费。以前用户会基于自己最大的容量进行付费，这会导致自己使用的服务器并没有得到充分利用。弹性计算提供的服务具有更高的可用性，而且收费方式较为简单，用户只为自己需要的部分买单。

2）虚拟化

通过弹性计算的方式计算出用户需要服务器的性能后，需要生成一个相应性能的服务器来供用户使用，这就需要通过虚拟化技术来实现。虚拟化（Virtualization）技术是为一些组件（如虚拟应用、服务器、存储和网络）创建基于软件的（或虚拟）表现形式的过程。

虚拟化是实现云计算的一种手段。当用户需要计算资源时，会向云服务器申请资源，云服务器会以虚拟机的形式提供资源。因为我们已经将资源池化了，当用户申请计算资源时，云服务器就会从 CPU 池、内存池、磁盘池等硬件池中取出用户所申请的资源，并将它们封装成一个虚拟机提供给用户使用。从用户的角度上看，一个虚拟机就是一个完整的操作系统，完全可以把它当作一台物理服务器去使用。

虚拟化就是实现虚拟机的技术，它与我们常用的 PC 机上的虚拟化软件不同。云计算的虚拟化是针对多台物理服务器进行管理，而不是针对一台服务器或 PC 机。虚拟化将其封装成虚拟机对外提供服务，每台虚拟机封装有一定的硬件资源，而且各个虚拟机的资源是相互隔离的。

虚拟化的优势如下。

（1）可以提高 IT 敏捷性、灵活性和可扩展性。

（2）大幅节约成本。

（3）有更高的工作负载移动性。

（4）有更高的性能和资源可用性。

（5）自动化运维。

3）云存储服务

云存储是指通过网络技术或分布式文件系统等功能，将网络中大量各种不同类型的存储设备通过应用软件集合起来协同工作，共同对外提供数据存储和业务访问功能的系统。它是从云计算概念上延伸和发展的，是一种新兴的网络存储技术。其具有如下优势。

（1）实现了自动化和智能化。虽然现实中的存储资源是分散的，但是云计算将存储资源整合到一起。从用户的角度来看，它只是一个完整的存储空间，与普通的网盘无异。

（2）提高了存储效率。由于应用了云计算技术，因此解决了存储空间的浪费问题，同时既增加了空间利用率，又兼具负载均衡等功能。

（3）弹性扩展。用户可以根据自己要存储的数据量需求来使用云存储服务，避免资源浪费。

网盘，也可以称为网络硬盘，是由互联网公司推出的在线存储服务，服务器机房为用户划分一定的磁盘空间，为用户提供文件的存储、访问、备份、共享等文件管理功能。网盘与云存储的不同之处如下所述。

（1）存储技术不同。传统网盘上传的资料与服务器空间是一对一的关系。相较于云存储供应商，网盘供应商需要更高的硬件配置。

（2）存储安全性不同。传统网盘一般仅在单一服务器上存储数据，如果由于意外发生服务器故障，数据基本无法找回。对于云存储来讲，如果不是整个数据中心出现故障，数据是不会遗失的。

（3）产品功能差异。云存储与传统网盘最大的差异在于同步功能。云存储可以同步不同设备的数据，这在一人多设备的时代具有极大的优势。传统网盘最多具有共享功能，无法满足数据迁移等要求。

4）云计算网络技术

对于云计算来讲，其主要思想就是将各种物理资源进行池化，通过网络将池化后分散的虚拟资源整合起来，对外提供服务。因此，云计算网络有两个任务：一是将资源池变成一个虚拟资源；二是将所有位置的用户与这些资源相连接。为了完成任务，云计算网络必须满足以下功能。

（1）在需要时增加和降低带宽。

（2）低延迟的吞吐能力。

（3）服务器之间无阻断连接。

（4）延伸到企业和提供商网络中。

（5）能在不断变化的环境中始终提供可见性。

云计算网络技术的解决方案有很多，本章以虚拟局域网和覆盖网络为例进行简要阐述。

（1）虚拟局域网（Virtual Local Area Network，VLAN）。

VLAN 是一组逻辑上的设备和用户，这些设备和用户并不受物理位置的限制，可以根据功能、部门及应用等因素将它们组织起来，相互之间的通信就好像它们在同一个网段中一样，VLAN 就是由此得名的。

不足：面临云计算虚拟化环境，物理服务器上可能运行着多个租户的虚拟机，导致出现一个端口映射了多个 VLAN，租户的数量会超过 VLAN 标签的最大值，导致 VLAN 方法的失效。

（2）覆盖网络（Overlay Network）。

Overlay 在网络技术领域指的是一种网络架构上叠加的虚拟化技术模式，其大体框架是对基础网络不进行大规模修改的条件下，实现应用在网络上的承载，并能与其他网络业务分离，并且以基于 IP 的基础网络技术为主。Overlay 技术是在现有的物理网络之上构建一个虚拟网络，上层应用只与虚拟网络相关。

最常见的 Overlay 技术是 VPN。通过 MAC-in-MAC、IP-in-MAC、MAC-in-IP、IP-in-IP 的形式，将虚拟机的数据封装起来，然后通过数据包最外面的 MAC 或者 IP 地址，完成数据的路由转发功能，在到达目的服务器时，将数据包拆解，保留内部的数据信息，并根据真正的地址信息，转发给目的虚拟机。

不足：需要网络边缘的设备支持相应的 Overlay 技术，并且包装与解封需要大量的计算能力，在网络流量较大时，会影响物理机的性能，进而影响虚拟机的性能。

5）CDN 技术

CDN 即内容分发网络，其目的是通过在现有的互联网中增加一层新的网络架构，将网站的内容发布到最接近用户的网络"边缘"，使用户可以就近取得所需的内容。从技术上全面解决由于网络带宽小、用户访问量大、网点分布不均等原因，导致的用户访问网站的响应速度慢等问题。CDN 技术的工作流程如图 4-4 所示。

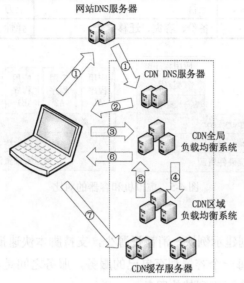

图 4-4　CDN 技术的工作流程

使用 CDN 技术的好处如下。

（1）快速访问。使用了 CDN 技术以后，用户可以通过其附近的 CDN 节点，来访问自己的应用。

（2）成本降低。CDN 技术所需要的成本相对于传统服务器会大大降低。

（3）用户体验的提升也会大大提高应用的使用流量、使用频率等，提高应用的知名度。

6）容器服务

前面我们已经介绍了虚拟化，用户在使用虚拟化一段时间后，会发现它存在一些问题：虚拟机虽然可以完全隔离一个主机的不同程序，但其资源浪费是巨大的；而且对于整个虚拟机来讲，其运行环境也是独立的，这对应用程序的迁移带了巨大的麻烦。为了解决以上问题，引入了容器的概念。容器是一种轻量的虚拟化，它和虚拟机最大的区别在于，容器是进程级的隔离。虚拟机和容器特性对比如表 4-1 所示。从本机的角度来看，运行容器就是在运行一个进程，其消耗的资源比虚拟机要少得多。容器身处的运行环境和主机的主体运行环境是一致的，对数据迁移工作等提供了很大的便利。虚拟机和容器的对比如图 4-5 所示。

表 4-1　虚拟机和容器特性对比

特　　性	虚　拟　机	容　　器
隔离级别	操作系统级别	进程级
隔离策略	Hypervisor	CGroups
系统资源	5%～15%	0%～5%
启动时间	分钟级	秒级

特　　性	虚　拟　机	容　　器
镜像存储	GB-TB	KB-MB
集群规模	上百	上万
高可用策略	备份、容灾、迁移	弹性、负载、动态

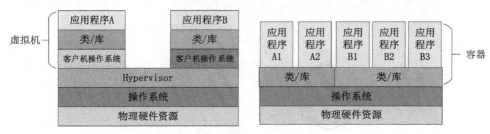

图 4-5　虚拟机和容器的对比

容器的优点如下。

（1）快速敏捷。容器创建示例快，消耗资源少，支持脚本快速批量创建，减小资源成本。

（2）提高生产效率。每一个容器都有自己的服务，服务之间是相互独立互不关联的，因此单个服务的技术升级不会影响到其他服务。

（3）层级控制。容器应用了分层技术，其主要思想是更新后的服务不是开启了新的服务，而是基于先前版本的迭代，由此可以提高服务部署的效率。当最新版本出现异常时，也可以通过回滚到历史版本，来减少损失。

（4）运行环境可移植。容器的主体运行环境和主机环境相差无几，同时自身又封装了示例本身所需的特殊配置，这为服务的移植提供了极大的便利。

（5）标准化。容器开发遵循当前国际标准，可以在目前主流系统中运行。

（6）安全。容器是进程程度上的隔离。单个容器进行更新或出现问题不会影响到其他毫无关联的容器。

容器的缺点如下。

（1）复杂性增加。因为容器更加小巧，所以会导致容器部署的数量增加，复杂性上升。尽管目前已经出现了相关应用程序来辅助管理容器，但对于运维来讲是一个巨大的考验。

（2）原生 Linux 支持。大多数容器技术是基于 Linux 系统的，在其他系统中使用会产生一定的问题。

（3）不成熟。容器作为一门新兴技术，需要一定的时间来获取外界的认可。同时也需要更多的时间来进行完善。

7）PaaS 应用产品

目前市面上有很多 PaaS 平台，其中以 Docker 和 Kubernetes 最为流行。

（1）Docker。

Docker 是 dotCloud 开源的高级容器引擎，它具有容器所有的基本优势，如快速敏捷、安全隔离等。对于 Docker 来讲，它能够持续火爆的原因在于它的镜像设计，如图 4-6 所示。

一个 Docker 容器分为只读部分和读写部分。只读部分包括很多只读层，其中包含了一个容器的最基本配置，被称为镜像。在镜像的外面还有一层读写层，我们需要的特殊环境需求就被写到这一层中。因此，无论开发人员对容器进行什么操作，都不会影响 Docker 的镜像层。

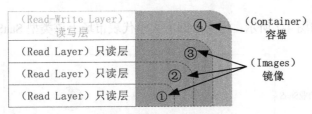

图 4-6　Docker 的镜像设计

Docker 更像个微创新者，但是解决了最大痛点，它为服务从发布到构建再到运行的问题提供了更多的解决方案。

（2）Kubernetes（K8s）。

Kubernetes 是一种容器集群管理系统。它构建于 Docker 技术之上，为容器化的应用提供资源调度、部署运行、服务发现、扩容、缩容等一整套功能。在 Docker 的基础上，Kubernetes 更加注重与容器编排等运维相关的问题，主要功能包括：启动容器、自动化部署、扩展和管理容器应用、回收容器。Kubernetes 还能监控容器内的运行状况、容器间的联系状况等。

4.3.3　软件即服务（SaaS）

软件是这样一种产品，它被制造出来，用于满足很多过去有人想到的，甚至没有人想到的需求。那么不同的软件，其实是满足不同的需求。能否把握、了解、分析、满足这些需求，甚至于创造、激发出过去没有的需求，这是某一软件企业的生命力所在。SaaS 提供商为企业搭建信息化所需要的所有网络基础设施及软件、硬件操作平台，并负责所有前期的实施、后期的维护等一系列服务。企业不再需要自行选购软硬件设备、建设机房、招聘 IT 人员，直接以互联网的形式登陆、使用信息系统。因此，SaaS 服务模型被中小型企业所青睐。

在云制造模式中，SaaS 指通过浏览器、应用程序或小程序等形式，为平台用户提供具有特定功能的服务入口，如面向用户个性化需求的制造资源匹配、高端装备的健康管理等。

1）通用 SaaS 与行业 SaaS

SaaS 可以分为通用 SaaS 和行业 SaaS 两种。通用 SaaS 主要提供通用软件产品，不受不同产业的限制，如北森的 HR 产品等。行业 SaaS 主要提供在特定行业使用的软件产品，对行业具有一定的针对性，如客如云的餐饮企业 SaaS 等。

一般来讲，通用 SaaS 是针对通用群体的特定业务，行业 SaaS 是针对一个行业内的多个业务。

2）工具 SaaS 与商业 SaaS

工具 SaaS 主要是为用户提供一个方便高效的使用工具，这和传统软件的价值一致，它的优势主要体现在按时间收费的机制和软件产品的更新换代两个方面。

商业 SaaS 和工具 SaaS 的出发点不同。商业 SaaS 的目的是帮助企业提高应收。工具 SaaS 主要在既有服务的基础上提高效率，商业 SaaS 是提供更多的服务。商业 SaaS 是一种在模式上的创新，具有的风险也比工具 SaaS 大得多，因此目前来讲，工具 SaaS 占有着更多的市场份额。

SaaS 产品分类如图 4-7 所示，用实心圆的大小代表市场上该类型 SaaS 产品的数量。

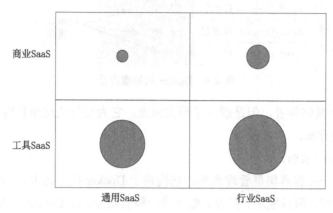

图 4-7　SaaS 产品分类

3）SaaS 应用产品

（1）Salesforce.com。

它是典型的 SaaS 应用程序，Salesforce 提供的用户关系管理解决方案使得企业能够在平台内收集有关用户和潜在用户的信息，使授权员工可以随时访问任何连接设备上的关键数据。

（2）Microsoft Office 365。

Word、Excel 和 PowerPoint 等 Microsoft 应用程序是工作场所中的主要工具，但基于云的 Microsoft Office 365 极大地扩展了 Office 套件的参数。现在用户可以实时创建、编辑和共享任何 PC、Mac、iOS、Android 或 Windows 设备上的内容，并支持在任何位置通过一系列工具（从电子邮件到视频会议）与同事、客户进行协作。

（3）Box。

该在线工作空间使专业人员可以随时随地与任何人协作。用户可以通过传统链接或自定义 URL 安全地共享大型文件，通过权限和密码来保护数据和文档。Box 支持 120 多种文件类型，用户可以在下载之前预览内容。所有内容共享、编辑、讨论和批准仅限于一个集中文件，用户在编辑时会收到实时通知。Box 还可以自动完成员工入职和合同审批等任务，减少重复和缩短审核周期。

（4）Google Apps。

Google 公司很久以前已经扩展到其搜索和广告根源之外，为企业提供了一套全面的生产力工具。Google Apps 包括自定义专业电子邮件（包含垃圾邮件保护）、共享日历、视频会议及 Google 云端硬盘。作为基于云的文档存储解决方案，Google 云端硬盘可让员工在任何设备访问文件并立即与同事共享，从而解决了电子邮件附件及合并不同版本带来的问题。

（5）Amazon Web Services。

亚马逊也已经超越其核心电子商务平台，支持按需提供基于云的 IT 资源和应用程序，并通过按需付费定价选项加以支持。目前 Amazon Web Services 包含计算、存储、网络、数据库、分析、部署、管理和物联网工具等 70 多种服务。

4.4　云制造

云计算是将服务器的计算资源池化后储存起来，再根据用户的需求，封装成指定条件的实例来对外提供服务。如果我们将其与制造业结合起来，把各个工厂中的生产资源存储起来，针对不同的产品形成自适应产线也不失为一种新的思路。

4.4.1　云制造概述

云制造是集成了先进的信息通信技术、高端制造技术及物联网技术等的新型范式，是"制造即服务"理念的直接体现。云制造模式将工业化流程与信息化技术进行深度融合，促进制造业向智能化、网络化、智能化方向发展。

云制造的核心是智能制造，是制造业发展到一定程度的体现。云制造不仅仅包括智能制造，还是一种大制造的思想，其目标是从制造业开始，向外扩展到应用、服务等其他领域。因此云制造是比智能制造更加宽广的概念。

云制造以减少制造资源的浪费为根本目标，利用云计算和信息技术的思想来实现制造资源的高度共享；建立共享制造资源的公共服务平台，连接海量社会制造资源池，对外提供各种类型的制造服务，实现制造资源与服务的开放协作和社会资源的高度共享。在理想情况下，云制造将实现对产品设计、制造、供应、售后等全生命周期的相关资源的整合，提供标准、规范、可共享的制造服务模式。该制造模式使得用户像用水、电、煤气一样简单方便地使用各种制造服务。

4.4.2　云制造的层次结构

本节参考了云计算的层次结构，将云制造也分成了三个层次。制造资源层对应 IaaS，分为虚拟资源层和物理资源层。公共服务层对应 PaaS，分为应用接口层、核心业务层和服务组件层。平台应用层对应 SaaS。图 4-8 所示为云制造体系架构的示意图。

1）制造资源层

制造资源问题是云制造的首要问题。在现实世界中，不同功能、不同种类制造资源的分布是不均匀且混乱的。如果需要将生产资源集中起来，那么制定能够适用于所有资源的统一化管理标准也是其中的关键问题。制造资源层负责将分散的制造资源集成到整个平台中，并且为广泛的个性化制造任务提供服务资源支持。

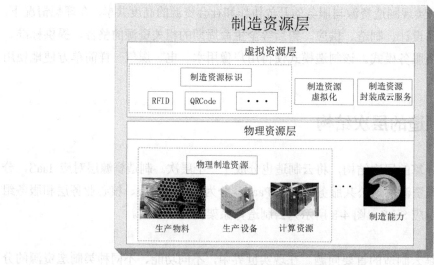

图 4-8　云制造体系架构的示意图

一般来说，根据资源的软硬件属性，将制造资源层划分为物理资源层和虚拟资源层两种形式，以便对制造资源进行统一的规范化管理。将这些制造资源进行服务化封装，使其变为一种具备完成某种任务的制造服务，最终转化为制造云服务集成到云制造资源池中，以便为广泛的个性化用户需求提供合适的生产服务。

物理资源层包括整个制造周期中所需要的全部资源。这些制造资源以物理制造资源和制造能力两种形式存在。物理制造资源主要指产品设计、生产过程中需要的所有软硬件资源。硬件资源包括生产任务所需的各种物料、生产设备（如数控机床、机械手）、检测设备、服务器及其他计算机设备等；软件资源包括各种仿真软件、分析工具、专业技能、数据、标准、人力资源等。制造能力是一种动态多变、表征能力的资源，它表示某个企业或组织完成某种特定任务的能力。比如：产品设计能力、生产制造能力、质量把控能力、模拟仿真能力、设备维护能力等。

在云制造体系架构中，物理资源层处于最后一层。云制造的意义就是将分散于不同地理位置的异构异能制造资源以统一化标准集成到云平台上，用于对广泛用户参与的个性化任务需求提供合适的生产服务。为使得海量制造资源能够实现按需分配，那么就必须将制造资源进行虚拟化封装，使得实体资源成为一个个具有特定功能的生产服务，能够实现任务与资源的语义匹配，最终完成供需高效对接。

虚拟资源层本质上是对物理资源的服务化封装，主要包括制造资源标识、制造资源虚拟化和制造资源封装成云服务三个部分。

（1）制造资源标识。

制造资源标识是指将分布于不同地理位置的海量异构异能制造资源，接入到云平台中进行统一化管理。在制造资源标识中必须要对其进行身份信息的唯一性标识。目前身份标识技术主要包括智能网关、RFID（射频识别技术）、条形码技术、二维码技术、边缘计算、北斗卫星定位、适配器技术等。

（2）制造资源虚拟化。

制造资源虚拟化是将实体资源的功能特性从其底层物理资源中抽象出来，其质量对云平台基础设施的健壮性具有直接影响，也将影响供需匹配效率。云平台将依据制造资源的功能属性采用不同的服务化封装方法进行虚拟化。其中，计算资源与经验性知识可借鉴云计算资源类似的方式进行虚拟化。硬件资源通常被映射成独立于系统的虚拟机，同时使用虚拟机监控器和管理器与下层的低级设备进行通信、协调并进行虚拟机的分配。

Agent 建模技术也是一种有效的虚拟化工具。在分布式系统领域，通常将持续产生作用的、具有自主性、交互性、反应性、主动性的计算实体称为 Agent。在生产过程中，可以通过直接对 Agent 下达控制指令从而实现具体的生产操作。

（3）制造资源封装成云服务。

制造资源封装成云服务是指使用资源描述协议和服务形式化描述语言将制造资源封装成生产服务。其中可能涉及多种本体语言，如可扩展标记语言（XML）、简单 HTML 本体扩展 SHOE（Simple HTML Ontology Extension）和 OWL（Web Ontology Language）等。由于制造资源功能各异，云制造资源的描述模型差别巨大，因此在虚拟资源层要对制造资源进行统一化封装和管理，最终以制造服务的形式提供给制造资源需求者。

2）公共服务层

公共服务层是云制造体系架构的核心部分，主要功能包括：提供资源接入与资源相关的海量数据存储管理，形成云端化制造资源池；向平台应用层提供不同制造服务的调用接口；对于整个平台而言，采用一系列的基础保障措施来保证平台的正常运转，对平台的运行提供核心的运营支持。综上，可将公共服务层分为三个层次：服务组件层、核心业务层、应用接口层。

（1）服务组件层。

服务组件层是对制造资源层提供各种服务化封装方法，以组件形式对其进行管理。在这一层中，所有服务都将被视为一个组件，这些组件不仅包括单个制造任务的服务，还包括对制造任务包进行协同加工，形成符合某种业务逻辑的服务组合。组件化方式为各种云制造服务提供了统一化调用接口与集约化管理方法，实现了制造服务的动态部署，以及灵活的组织形式。起到了承上启下的作用，将下层封装好的服务进行注册，同时为核心业务层提供服务接口，辅助公共服务层进行服务。

（2）核心业务层。

核心业务层是云制造平台的核心部分，为平台运行提供综合性的支持和管理。云平台最基础的核心业务就是面向用户提出的任务需求快速生成服务方案，主要包括制造任务分解聚合、供需高效匹配和服务组合优化。对于制造资源提供方，提供制造资源功能测试、服务共享和设备维护等功能支持；对于制造资源需求方，提供制造任务的分解聚合、供需匹配及服务组合优选等功能支持；对于云平台运营管理方，主要提供运营管理和大部分基础管理功能，如用户数据方面、数据安全方面及运营监控等方面。

（3）应用接口层。

应用接口层也是承上启下的一层。从下层来说，可以通过调用核心业务层已经封装好的服务，来实现由于需求不同而产生的不同的应用要求。从上层来说，将不同的应用要求进行封装并暴露出接口供给平台应用层使用。因为云制造平台属于开放性的平台，因此为了能够支持不同地域、不同领域的用户使用，将对外暴露的接口进行标准化是应用接口层所面临的重要问题。除了提供通用接口外，还可以利用更加专业的知识，为特定的企业提供特制的应用接口，以满足特定的应用需求。

3）平台应用层

平台应用层为制造资源需求方提供一系列操作管理的界面，包括用户端或者计算机终端的工具，以及云制造系统为用户提供的各种应用，可视为云制造中的 SaaS。相比于公共服务层，平台应用层具有更强的专业性，为专业化的企业直接提供可以使用的应用系统，如为设计分析人员提供专门的建模工具、分析工具和仿真工具等。同时，平台应用层也会提供适合应用开发的工具包，用户可以凭借开源的工具包对已有的部分服务进行特殊改良，或自主构建特定应用，使之更契合自己的要求。

4.5 本章小结

云计算和云制造作为当前的新型技术为很多企业解决了资源不足或制造能力不足的问题，极大地提升了企业的发展空间。本章从云计算的基本概念出发，简述了云计算的发展历程、分类和特点，并对云计算的特点进行了分析，论证了其优点和缺点。重点介绍了云计算的三种服务类型，分别从特点、技术需求、分类与应用等角度对这三种服务类型进行重点阐述，分析了三种服务类型中所用的技术、架构、特点，以及各自服务中所用的技术手段和各自的优缺点。最后简述了云制造的相关概念，并参考了云计算的三种服务类型，将云制造分成了三个大层次、六个小层次，来完成云制造的整体制造任务。

4.6 本章习题

（1）联系自己身边的生产生活实践，试举 2～3 个你认为正在运用或者可以运用云计算的例子。

（2）云计算按照是否公开发布服务可以分成哪些部分？每一部分的优缺点如何？

（3）什么是云存储？其主要具有哪些优势？与网盘相比有哪些不同？

（4）什么是虚拟化？什么是容器？虚拟化和容器之间有什么不同？它们本身的优劣势都包括哪些？

（5）云制造的三个大层次、六个小层次都是什么？分别实现了云制造过程中的哪些需求？

第 5 章　物联网技术

5.1　引言

随着工业互联网、"工业 4.0"等国家战略的提出，传感器网络、云计算、大数据、物联网等技术快速发展并日益成熟，其中发展和采用物联网技术是实施智能制造的重要一环，物联网作为未来制造业发展的重要趋势越来越被重视，涉及下一代信息网络和信息资源的掌控利用，是信息通信技术发展的新一轮制高点，正在制造领域广泛渗透和应用，并与未来先进制造技术相结合，形成新的智能化的制造体系。制造物联技术在不断发展和完善之中，不仅可以解决制造业在生产、物流、管理等诸多方面的问题，还可以为制造业的发展提供更广阔的思路，"万物皆可联"正慢慢朝着可实现的方向发展。

5.2　物联网概述

5.2.1　物联网的概念及定义

1）物联网概念的提出

历史上第一次谈及物物相联是在 20 世纪 90 年代中期由比尔·盖茨创作的《未来之路》一书中，但是由于无线传感器网络及各类物理硬件设备的发展限制，并未得到世人的重视。1999 年，美国麻省理工学院的自动识别实验室提出了真正的"物联网"概念，并指出物联网是通过 RFID 和条码等信息传感装置把所有物品按照一定的通信协议与互联网连接起来，构建一张智能化的网络以使物与人、物与物之间能够进行信息交流。

2005 年，国际电信联盟在突尼斯发布了一份名为《ITU 互联网报告 2005：物联网》的报告，其中指出了"物联网"的新概念，并指出以物联网为核心的通信时代即将到来。以互联网为基础，世界万物（如钥匙、手表、楼宇、汽车）通过嵌入一个微型的 RFID 芯片或传感器芯片，就能实现相互交换信息，从而构建一张无处不在的"物联网"。正因这份报告，物联网概念得到前所未有的发展，但是该报告中对物联网并没有给出一个清晰明了的定义。

2）物联网的定义

随着技术和应用的不断发展，物联网的内涵也不断扩展丰富。现代意义的物联网不仅可以对物品进行感知、识别、控制，还可以实现网络化互联和智能处理的统一化，进而达到高智能决策的目的。2011 年工信部电信研究院发布的《物联网白皮书（2011 年）》认为：物联网是通信网和互联网的拓展应用和网络延伸，它利用感知技术与智能装置对物理世界进行感知识别，通过网络传输互联，进行计算、处理和知识挖掘，实现人与物、物与物信息交互和无缝链接，达到对物理世界实时控制、精确管理和科学决策的目的。

根据上述物联网定义，相比传统的互联网，其具有如下特征。

（1）海量利用各类传感技术。将众多不同类型的感知标签和传感器部署在物联网上，每个设备作为独立的信息源，感知到的信息内容和信息传输格式不同，并按照一定的周期不断更新和实时地采集周围环境信息。

（2）基于传统通信网和互联网。物联网技术的核心技术是互联网，采用有线和无线相结合的传输方式与互联网融合，实时并准确地将感知信息通过网络传递出去。物联网上的传感器数量极其庞大，同时按照一定频率不断更新数据，造成了海量的信息。为了保证数据在网络传输过程中的正确性与及时性，必须适应不同种类的异构网络和传输协议。

（3）具备智能决策的能力。物联网将感知信息和智能决策处理相结合，运用各种智能算法与技术，扩大其运用空间。对传感器采集的海量信息进行分析、过滤、加工和处理，以此满足不同用户的需求，探索新的应用领域和模式。

5.2.2　物联网的发展态势

1）产业融合促进物联网形成"链式效应"

产业物联网的进一步发展对产品设计、生产、流通等各环节的互通提出新的需求，而"物联网+区块链"（BIoT）为企业内和关联企业间的环节打通提供了重要方式。链式效应主要体现在两个方面：一是基于 BIoT 完成产品某一环节的链式信息互通，如产品出厂后物流状态的全程可信追踪。二是基于 BIoT 的更大范围的不同企业间价值链共享，如多个企业协同完成复杂产品的大规模出厂，其中涉及产品不同部件协同生产，包括设计、供应、制造、物流等更多环节互通。

2）智能化促进物联网部分环节价值凸显

随着物联网应用的行业渗透面不断加大，数据实时分析、处理、决策和自治等边缘智能化需求增加。根据 IDC 公布的相关数据显示，未来在网络边缘侧进行分析、处理和存储操作的数据会超过总数的一半。边缘智能的重要性获得普遍重视，产业界正在积极探索边侧智能化能力提升和云边协同发展。据 GSMA 最新预测显示，到 2025 年，物联网上层的平台、应用和服务带来的收入将占物联网收入的 67%，成为价值增速最快的环节，而物联网连接收入占比仅 5%，因此物联网连网数量的指数级增加，以服务为核心、以业务为导向的新型智能化业务应用将获得更多发展。

3）互动化物联网向可定义基础设施迈进

可定义基础设施是指用户可基于自身需求定制物联网软硬件基础设施的支撑能力。可定义基础设施包括面向不同行业需求的基础设施资源池，提供应用开发管理、网络资源调度硬件设置等覆盖全面的共性支撑能力。现阶段，运营商等企业已经开始探索以业务需求为导向的网络基础设施自动配置能力，如意图网络、算力网络等。可定义基础设施有助于降低物联网应用开发复杂性，推动物联网规模化应用拓展。而物联网规模应用拓展则反向促进可定义基础设施持续升级、能力完备及整合，形成闭环迭代，实现能力的螺旋式上升。

4）蜂窝物联网网络协同发展

蜂窝物联网网络是基于蜂窝移动通信技术的物联网网络，因覆盖场景不同，主要涵盖面向大部分低速率应用的窄带物联网（Narrow Band Internet of Things，NB-IoT）网络，面向中速率和语音应用的 LTE Cat1 网络，面向更高速率、更低时延应用的 5G 移动网络。与 2017 年《关于全面推进移动物联网（NB-IoT）建设发展的通知》重点布局 NB-IoT 网络不同，2020 年 5 月工信部印发的《关于深入推进移动物联网全面发展的通知》明确要求建立 NB-IoT、LTE Cat1、5G 协同发展的蜂窝物联网网络体系，蜂窝物联网的整合期加速到来。

5）向新的技术演进

对传统技术解决方案中低成本和高成熟度技术进行不断的完善，使其更低成本和更成熟。有线向无线演进、高功耗向低功耗演进是两个典型的物联网解决方案代表。主要体现在两个方面：一方面是运用新技术升级换代早已落地的应用；另一方面是对新用户直接选用新技术进行实施落地。例如，低功耗广域网络技术的成熟发展，逐渐取缔以往高功耗或短距离的无线技术，并在公用事业、消防、环境监测等领域得到广泛应用。

5.2.3　物联网的网络架构

在物联网网络中，信息需要经历感知、传输、处理三个阶段。根据这三个阶段将物联网划分为三层结构，包括感知层、网络层和应用层。物联网的网络架构如图 5-1 所示。

1）感知层

感知层作为物联网的基础环节，主要通过采集各类物理量、音视频、标识等数据信息实现对物理世界的智能感知识别。感知层的关键技术包括检测技术、自组织网络、短距离无线通信技术等（具体技术参考第 10 章）。感知层由感应器件和由感应器组成的网络两大部分组成，其中感应器件包括 RFID 标签和读写器、各类传感器、摄像头、GPS、二维码标签等，感应器组成的网络有 RFID 网络、传感器网络等。

2）网络层

网络层作为物联网的传输环节，负责连接感知层和应用层，将感知层获得的数据信息及时并可靠地通过通信网络传输到应用层，而后应用层根据需求对数据进行分析处理。目前物联网的通信网络主要包括互联网、卫星通信网和有线电视网。因为网络层肩负着大量的设备接入和庞大的数据传输，同时还需要满足较高的服务质量，所以对现有网络进行融合和扩展是非常有必要的，运用新技术以实现更加广泛和高效的互联功能。

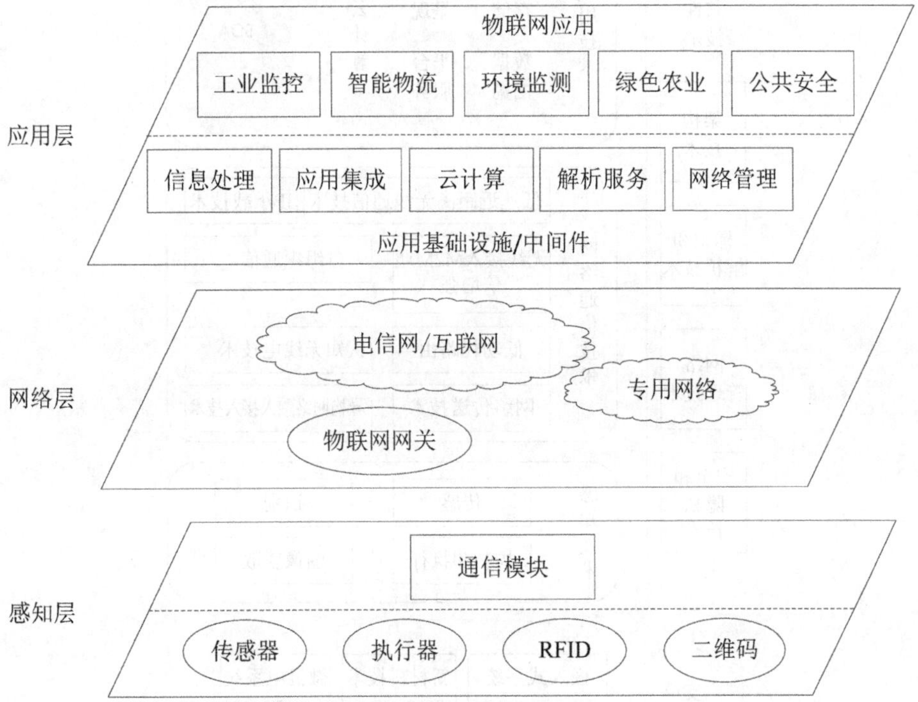

图 5-1　物联网的网络架构

3）应用层

应用层作为物联网的终端环节，主要包括应用基础设施/中间件、物联网应用两方面。前者用于支撑跨行业、跨运用、跨系统之间的信息共享、协同和互通，为后者提供信息计算、信息处理等服务及调用基础设施资源的接口。通过各类终端设备，应用层能够及时获取感知层采集的丰富数据，并进行计算、分析处理和信息挖掘等操作，进而实现对物联网网络的实时控制和科学管理。

5.3　物联网技术体系

物联网涉及的技术领域众多，包括感知、控制、嵌入式系统、微机电、网络通信、微电子等，因此物联网囊括的关键技术也很多。2011 年，工信部电信研究院发布的《物联网白皮书（2011 年）》将物联网技术体系划分为五大关键技术，包括感知技术、网络通信技术、应用技术、共性技术和支撑技术。物联网技术体系如图 5-2 所示。

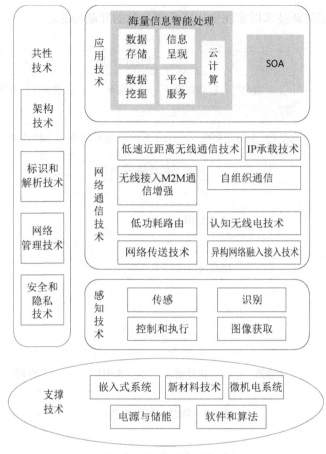

图 5-2　物联网技术体系

5.3.1　感知技术

传感和识别技术是物联网的基础环节，对物理世界的信息进行感知和现实物体进行控制。传感器将物理世界中的各种模拟信号转化成可供处理的数字信号，识别技术则实现对物联网中物品标识和信息获取。感知技术主要涉及 RFID 技术和传感器技术。

1）RFID 技术

射频识别（Radio Frequency Identification，RFID）技术是物联网的关键技术之一，它是一种自动识别和跟踪物体的技术，依赖于使用 RFID 标签等设备存储和检索数据。RFID 技术由 RFID 标签和读写器连接到计算机系统构成。一个典型的 RFID 系统包括三个主要的部件：标签、读写器和 RFID 中间件。标签位于需要被识别的对象上，它是数据载体；读写器有一个天线，可以发射无线电波，标签进入读写器的感应区域就能通过返回数据进行响应；RFID 中间件可以提供通用服务，负责管理 RFID 设备和控制读写器和标签之间的数据传输，同时还有硬件维护。随着 RFID 技术应用的推广，RFID 技术越来越受到各行各业的关注，其中就包括制造业。RFID 技术具有识别唯一性、可重复读写、防水、耐高温等优点。

2）传感器技术

传感器是指能感知预定的被测指标并按照一定的规律转换成可用信号的器件和装置，通常由敏感元件和转换元件组成，用来感知信息采集点的环境参数。例如，声、光、电、热等信息，并能将检测感知到的信息按一定规律变换成电信号或所需形式输出，以满足信息的传输处理、存储和控制等要求。如果没有传感器对被测的原始信息进行准确可靠的捕获和转换，一切准确的测试与控制都将无法实现。即使是最现代化的电子计算机，没有准确的信息或有不失真的输入，也将无法充分发挥其应有的作用。

传感器的类型多样，可以按照用途、材料、输出信号类型、制造工艺等方式进行分类。常见的传感器有速度传感器、热敏传感器、压力和力敏传感器、位置传感器、液面传感器、能耗传感器、加速度传感器、射线辐射传感器、振动传感器、湿敏传感器、磁敏传感器、气敏传感器等。随着技术的发展，新的传感器类型也不断产生。传感器的应用领域非常广泛，包括工业生产自动化、国防现代化、航空技术、航天技术、能源开发、环境保护与生物科学等。

随着纳米技术和微机电系统技术的应用，传感器尺寸的减小和精度的提高，大大拓展了传感器的应用领域。物联网中的传感器节点由数据采集、数据处理、数据传输和电源构成。节点具有感知能力、计算能力和通信能力，即在传统传感器基础上，增加了协同、计算、通信功能，就构成了传感器节点。智能化是传感器的重要发展趋势之一，嵌入式智能技术是实现传感器智能化的重要手段，其特点是将硬件和软件相结合，嵌入式微处理器的低功耗、体积小、集成度高和嵌入式软件的高效率、高可靠性等优点，同时结合人工智能技术，推动物联网中智能环境的实现。

5.3.2　网络通信技术

网络通信技术主要实现对数据与控制信息的双向传递和控制，重点技术包括低功耗路由、自组织通信、低速近距离无线通信技术、无线接入 M2M 通信增强、IP 承载技术、网络传送技术、异构网络融合接入技术及认知无线电技术。

M2M 技术是物联网实现的关键。M2M 技术是机器对机器（Machine To Machine）通信的简称，指所有实现人、机器、系统之间建立通信连接的技术和手段，同时也可代表人对机器（Man To Machine）、机器对人（Machine To Man）、移动网络对机器（Mobile To Machine）之间的连接与通信。M2M 技术使用范围广泛，可以结合 GSM/GPRS/UMTS 等远距离连接技术，也可以结合 Wi-Fi、蓝牙、ZigBee、RFID 和 UWB 等近距离连接技术，此外还可以结合 XML 和 Corba，以及基于 GPS、无线终端和网络的位置服务技术等，用于安全监测、自动售货机、货物跟踪领域。目前，M2M 技术的重点在于机器对机器的无线通信，而将来的应用则将遍及军事、金融、交通、气象、电力、水利、石油、煤矿、工控、零售、医疗、公共事业管理等各个行业。短距离无线通信技术的发展和完善，使得物联网前端的信息通信有了技术上的可靠保证。

网络通信技术为物联网数据提供传送通道，如何在现有网络上进行增强，适应物联网业务的需求（低数据率、低移动性等），是该技术研究的重点。物联网的发展离不开通信网络，更宽、更快、更优的下一代宽带网络将为物联网发展提供更有力的支撑，也将为物联网应用带来更多的可能。

5.3.3　应用技术

海量信息的智能处理主要综合应用高性能计算、数据库、人工智能和模糊计算等技术对感知设备传输的数据进行处理，重点涉及数据存储、数据挖掘、平台服务、云计算等。面向服务的体系架构（Service-Oriented Architecture，SOA）是一种松耦合的软件组件技术。SOA把不同功能的应用程序模块化封装，并通过标准化的程序接口和调用方式将不同的模块连接起来，从而快速高效地实现系统开发和部署。

云计算是应用技术的关键技术之一，它是网络计算、分布式计算、并行计算、效用计算、网络存储、虚拟化、负载均衡等传统计算机技术和网络技术发展融合的产物。它旨在通过网络把多个呈相对较低的计算实体整合成一个具有强大计算能力的完美系统。

物联网要求每个物体都与该物体的唯一标识符相关联，这样就可以在数据库中进行检索，并且随着物联网的发展，终端数量的急剧增长，会产生庞大的数据流，因此需要一个海量的数据库对这些数据信息进行收集、存储、处理与分析，以提供决策和行动。传统的信息处理中心难以满足这种计算需求，这就需要引入云计算。

云计算可以为物联网提供高效的计算、存储能力，通过提供灵活、安全、协同的资源共享来构造一个庞大的、分布式的资源池，并按需进行动态部署、配置及取消服务，其核心理念就是通过不断提高"云"的处理能力，最终使用户终端简化成一个单纯的输入、输出设备，并能按需享受"云"的强大计算处理能力。

5.3.4　共性技术

共性技术涉及多种网络技术，其中主要有架构技术、安全和隐私技术、网络管理技术、标识和解析技术等。物联网为满足异构系统的互操作及异构网络的互通信能力，需具备统一分层清晰的网络架构以此适应物联网的不同业务要求。标识和解析技术是对各类实体赋予一个或者一组特有的属性，包括物理实体、通信实体和应用实体，同时能正确解析该属性的技术。标识和解析技术主要实现不同地区范围的各类标识体系之间的互操作、标识管理及其解析等。安全和隐私技术包括各层面安全体系架构、安全管理机制、用户隐私保护技术及传感设备的海量应用对人类正常生活所带来的不确定性安全威胁等。为对物联网上海量部署的传感设备实现有效管理，网络功能和适用性分析是必不可少的，必须开发适合的管理协议，网络管理技术重点涉及功能、协议、需求和模型的管理。

5.3.5　支撑技术

支撑技术涉及范围很广，主要技术如下所述。微机电系统是传感器节点微智能化的重要支撑技术，主要实现对传感器、执行器、处理器、通信单元、电源系统的集成化；嵌入式系统是实现物体智能化的基础，主要依据设备的功能、成本、体积、功耗等综合因素，轻量化的裁剪嵌入式计算机技术；软件和算法是物联网各功能实现正常运行，以及决定其表现行为的主要技术，主要包括物联网计算系统体系结构与软件平台研发、各种物联网计算系统的感知信息处理等；新材料技术主要是传感器件相关技术，可提高传感器的准确度、稳定性等性能，传感器敏感材料包括湿敏、气敏、热敏、压敏、光敏等材料；电源与储能包括能量储存与捕获、电池技术、极端工况下的发电、能量循环利用等技术。

5.4　制造业与物联网融合的必要性

面向多品种、变批量生产模式的离散制造车间，通常需根据产品的自身特点来个性化地制定加工路线，离散制造过程本身具有的动态性和不确定性，加之多种类型、不同数量产品的混线生产，大幅度地增加了制造车间生产过程管理的复杂性，导致车间订单的生产进度难以把控，严重制约了离散制造车间现代化发展的步伐。面对残酷的市场竞争压力，离散制造业迫切需要采用先进的管理方式，提升自身的信息化水平。目前，离散制造车间的生产过程管理主要存有如下几个问题。

1）车间生产要素管理难度高

离散制造过程涉及多种不同加工路线的产品生产，其制造现场存在的生产要素繁多，包括生产人员、在制品、物料、工装、自动导引车（Automated Guided Vehicle，AGV）转运车辆等。各生产要素按照不同的工艺路线流转在车间各个工位之间，造成制造环境混乱复杂，管理人员难以掌握各生产要素的状态信息。

2）实时可靠信息获取难度大

传统离散制造车间对于生产要素进入/离开工位时间、在制品加工时长、生产要素位置信息、设备运作状态等信息的记录一般采用纸质记载或者扫码枪录入的方式，对于实时生产过程信息的获取存在很大的延迟性，加上人为操作存在的缺失和失误，信息的准确性和完整性也较难得到保证。当车间现场出现设备故障停机、物料工具短缺、紧急任务插入等生产异常时，由于缺乏及时、准确的实时生产过程信息，生产异常会逐渐蔓延，对生产进度造成重大影响，最终导致订单不能按时交付。

3）生产过程信息利用率低

车间现场采集到的生产过程信息总量庞大，但大都以某具体生产要素对应的时间和位置数据单独呈现，通常车间人员只是对其进行简单记录。而对于车间管理人员更加有用的车间生产事件信息蕴藏在这些零散的数据中，需要对其进行进一步的分析处理才可获得。对生产过程信息进行充分挖掘，使其得到充分有效地利用，用于对车间生产进行调度决策，是提高离散制造车间信息化水平、推动车间智能化转型的基础。

离散制造车间的生产过程管理中存在的上述问题都在不同程度地影响企业的生产能力和经济效益。企业若要满足市场激烈竞争环境下生产能力的需求，需摆脱传统的"黑箱"制造模式，全面获取车间生产过程信息，通过多种信息挖掘方法对信息进行准确分析，以提取生产过程中的异常情况，实现对离散制造车间的生产过程的精细化管控。可见，向实时化、信息化和智能化车间的转型已是离散制造车间未来一致的发展方向。

随着德国"工业4.0"的提出，传统意义上关于制造业产业模式的概念发生了改变，同时引起了全世界范围内的改革热潮。"工业4.0"是以工业互联网为技术基础，以智能制造为中心的工业革命战略，目的是形成一个"数据-信息-知识智慧-决策"的生产制造智能闭环。为抢先抓住市场机遇，中国随之提出了深度融合工业化及信息化的实施中国制造强国战略，全面推动制造业转型智能化，其中，制造物联技术正是实现2025目标的关键使能技术。制造物联技术的本质概念为一种能使制造车间现场所有物理资源相连互通的技术，它以RFID、超宽带（Ultra Wide Band，UWB）、嵌入式传感器网络为技术支撑，通过约定的通信协议，以高可靠性、高安全性的传输方式进行实时信息交互，打破了制造车间中"人员-设备-物料"三者之间的信息交互壁垒，实现了车间生产过程中海量实时信息的感知与采集。

制造物联技术可实现对车间所有底层制造资源信息的实时信息化管理。但由于离散制造现场环境的复杂性和物理资源的混杂性，在很短的时间内即可获得大量的制造物联数据。例如，在一个部署了30台RFID读写器、10组UWB定位设备的离散制造车间，在正常运行情况下，每秒会采集上万条数据。这些数据大多为重复、不可靠数据，所表示的信息语义层级较低且相互之间缺乏联系，无法被车间管理人员直接使用。管理人员更关注的是生产过程中是否发生了物料配送错误、缓存区堆积、资源短缺等可能会影响车间生产进度、破坏生产过程动态平衡的生产异常。因此必须对原始制造物联数据进行信息提炼，精确、实时地提取生产过程中存在的异常信息，才能为上层管理决策提供有效的信息支撑。

从原始制造物联数据中提取到的生产异常信息可使车间管理人员直观地了解到离散制造过程中发生的异常，然而由于离散制造系统的复杂性和自身的调节性，一些生产异常，如个别产品加工时间过长、生产资源短时间内未按时到达某工位等，它产生的影响可能会随生产过程的进行而自行消失，不会影响生产任务的正常执行，且频繁处理生产异常极容易导致生产系统震荡而影响生产顺利进行。另有一些生产异常，如机床设备故障、工位物料长期堆积、工人操作不熟练等，若不关注，则可能会导致其影响程度蔓延，最终导致生产任务难以按时完成。只有对生产异常进行准确分析，评估生产异常会对整个生产过程产生的影响程度，才能使管理人员根据生产异常及其影响程度进行及时精准调控，提高对生产异常的实时响应能力。

5.4.1 生产现场对物联网的需求分析

离散制造业生产现场对物联网的需求有以下几个方面。

1）车间信息采集和实时监控

在离散制造车间现场制造数据的采集一直是一个难题，传统的以纸质文档作为载体、手工记录的数据采集方式存在着明显的缺陷，纸质文档容易遗失、损坏，手工记录难免出错，数据查找起来困难；条形码技术的识别距离很短、读取的方向性要求高、读取速度慢、能携带的数据量小且不可重写、易污损等缺点，限制了其在离散制造车间的广泛使用；像机械打标、激光刻字及喷码技术都曾用在离散制造车间进行在制品的标识，但都因为各自的局限性不能在车间进行全面的使用。RFID 技术由于其特有的非接触远距离识别、电子标签信息存储量大等优点，特别适合对离散制造车间的制造资源和在制品进行自动标识，实现对离散制造车间现场制造数据的实时采集。

对于车间的每个生产工位，在对在制品进行加工的过程中，通过可视化技术第一时间向操作工人发放所需要的工艺文件、零件图纸、数控程序及检验标准等，同时将机床运转的状况、工装配备状况及物料的准备状况进行实时反馈，指导操作工人进行每道工序的生产加工，当出现机床故障、物料不足的情况，及时进行工位的报警，提醒现场操作工人及时处理，避免质量隐患，从而提高制造过程的生产效率和加工质量。对于离散制造车间的管理人员，可以实时的监控物料从投入到产品入库全过程的制造数据，包括生产设备的信息和状态、生产的工人、采用的工装、每道工序的质检数据和时间等，使得管理人员能够针对目前的生产状况做出正确的生产决策。

2）车间对象的实时定位

随着无线通信技术、云计算和物联网应用的不断发展，基于地理位置信息的服务越来越受到人们的青睐。与此同时，为各种室内外服务提供基础位置信息的定位系统的相关研究也获得了越来越多的关注。现如今，自动感知定位技术已经成为相关学术界的一个研究热点，各种各样的定位系统正被深入应用到物流、煤矿、制造、军事等生产和生活的各个领域中。自动位置感知及相关的位置服务正在改变我们以往的社会生活方式。

作为蓬勃发展的物联网核心技术，RFID 技术是继条形码技术、磁卡技术、视觉识别技术及声音识别技术之后，出现的又一种非接触式自动识别技术。RFID 技术未来的应用空间将更为广阔。由于 RFID 读写器读写距离灵活可调，RFID 定位已成为当前室内定位研究中的焦点。近年来，RFID 技术广泛应用于仓库和供应链管理、航空行李包裹处理、门禁控制管理、交通管理、防伪防盗、图书馆管理、煤矿人员定位、电子门票和道路自动收费等方面，这也大大推动了 RFID 技术在室内定位领域的应用。RFID 定位系统具有自组网特性，不依赖于卫星和网络信号，其精确度在于 RFID 读写器与电子标签的分布情况，这大大提高了定位系统的适应性，用户完全可以根据自己的特殊环境，布置特定的 RFID 定位系统以满足实际的定位需要。调查显示，仅 2006 年一年时间，RFID 读写器与电子标签的市场销售额同比增长了 300%，在大型超市、图书馆、医疗部门、部队训练等需要定位及导航的领域，都可以看到 RFID 定位系统的应用。丰田汽车将 RFID 定位系统应用在汽车零配件物流供应链中，该系统不仅节约了人工成本，缩短了流程，还提高了整个生产流程的自动化水平。

区别于流程型制造，离散制造主要是通过对毛坯原材料的间断性加工，使其物理形状依次改变，生成所需零件，最后完成产品的组装。将 RFID 定位系统引入离散制造车间领域填补了 RFID 定位系统在底层制造车间应用的空白，一方面能够实现人员与生产要素的快速定位，提高车间的可控能力；另一方面能够满足用户对基于地理位置的提醒和兴趣服务的需求。基于 RFID 技术的离散制造车间定位系统将大大加快我国打造智能化制造车间的进程，对拓展中国制造业信息化具有深远的意义。

5.4.2　生产管理对物联网的需求分析

制造业生产管理对物联网的需求有以下几个方面。

1）物联网对生产调度规划的促进

在大多数生产制造情况下，来自原材料、零件、组件、在制品及最终产品的物理和信息流往往是相当复杂的。对生产过程中的延误或干扰如果没有获得及时完整的信息，企业将面临诸多问题，如有效的生产计划、调度和控制，丢失物品，产品质量低或高缺陷率等，这些也都是制造企业遇到的问题。虽然当前我国制造企业信息化水平有了较大的提高，但是仍存在生产制造的监控、企业信息系统的支持等无法解决的难题。而物联网的出现，为制造企业遇到的问题提供了很好的解决方案。通过传感器网络、RFID 等物联网的关键技术，对制造业的生产调度规划带来新的促进作用。

在传统的离散制造生产管理系统中，计划员制定生产调度表，并由车间管理人员以纸质的任务卡形式发放给工人，定期返回生产报告。一方面，任务卡的制定是计划员根据他们以往的经验而不是标准化的规则，因此没有完全合适的计划。另一方面，从车间管理人员处返回的报告往往是滞后的、不准确的。这往往导致车间管理人员指责计划员制定了无法实现的计划，而计划员抱怨计划没有适时地被执行和报告。因此，这样的滚雪球效应引发了诸如在制品库存量大的情况。

传统的离散制造生产调度无法实时解决生产计划与执行不一致的问题。在生产调度规划方面，物联网技术改变了传统的调度模式，使得生产调度更具有实时性。通过结合物联网技术、IT 技术和企业信息系统，实时反馈生产作业计划执行情况，为离散制造动态调度提供更为准确的决策依据，使得离散制造生产调度系统从开环变为半闭环，对制造过程进行监控、检测、预测、信息共享等，高效地组织并运行生产活动。

通过建立一个统一的数据模型，全面统筹整个制造车间所需要的基础数据和现场采集到的数据。基础数据是指车间所有制造资源的属性数据和生产制造过程中涉及的文件，包括机床、人员、工装等的基本信息，工位生产计划，工艺文件，质检文件，零件图纸等，它是各种编码信息转化为可以理解的实际意义的基础，同时，将现场采集到的半结构化的数据与结构化的基础数据相互融合进行统一的数据建模，使车间管理人员对车间的资源状况有全局的认识，为实现基于物联网的车间生产调度规划提供全面可靠的实时数据支持。通过物联网技术能获取丰富全面的离散制造车间的实时数据，基于这些准确的制造数据进行统计分析，使得车间管理人员可以准确清晰地获得在制品、机床、工人的状况，轻松掌握每道工序的工时，对整个产品及订单的进度现状做出科学的判断和决策，合理安排车间的制造资源，优化资源配置。

随着制造物联网的提出及关键技术的发展，基于 RFID 传感器网络技术的网络化制造、实时制造、无线制造等智能制造技术，对传统制造企业的转型升级起到了关键性的推动作用。物联网技术应用在制造领域，为车间现场采集实时制造数据提供了技术条件。因此，这些实时反馈的确定的动态事件，可以为动态自适应调度提供更加精确的决策依据。这将促使动态调度领域研究从理论研究走向应用实践，并为之提供技术支撑。

2）物联网与企业信息系统的结合

物联网是实现企业管理信息化核心技术理论之一，近年取得了迅猛的发展。作为信息化技术中的一项前沿、核心技术，物联网已经引起了各国政府、研究机构、企业和学术界的广泛重视，尤其是在美国、欧盟、日本、韩国等国家的积极研发与推动下，近年来已取得了一定的进展。物联网直观上是一类连接物品的互联网，是下一代网络和互联网发展的必然产物。

传统离散制造企业生产物理底层与企业信息系统之间存在断层，缺少制造过程生产数据的实时反馈、快速应对生产情况的能力及企业信息系统的生产优化管理等。基于物联网中 RFID 等技术的实施，一些成熟但成本较高的生产解决方案开始出现。利用先进的 RFID 系统，为企业信息系统提供来自制造过程底层的数据支持，通过 Web Service 技术实现系统之间的信息交换和数据集成，与上层的信息管理系统协同运作，进一步加速企业信息化发展。

基于物联网技术的发展，高度的信息共享促使企业可以通过优化业务流程和资源配置强化运行细节管理和过程管理，追求持续改进，推动企业不断适应内外环境的变化，提高核心竞争力和创造能力，达到精益管理，从而提高制造业生产力。基于物联网技术的泛在信息系统将实现专业分工更加细化、明确，同时，物联网通过全面感知、可靠传递、智能处理使信息到达不同目标，实现共享，因而高度共享的信息资源、高度细化的专业化分工，极大地提高了工作效率，帮助企业节约成本，提高竞争力。

通过与 MES、CAPP 系统的应用集成接口，物联网管理系统获取车间工位生产任务和产品的工艺文件，经工位任务下达，将每个加工工位的物料配送计划和工位任务，连同相应的工艺文件和质量检验标准一起下发到物联网车间的各个工位，每个车间工位可以通过电子看板和手持式多功能数据终端对文件数据进行接收。同时在生产过程中，RFID 读写器和多功能数据采集终端对生产过程中的在制品数据、人员数据、设备数据、质量数据实时地进行采集，经过实时数据的融合处理后，有效的过程数据被相应的数据流程控制和数据统计分析相应的功能模块提取和处理，并通过可视化接口实时地反馈给车间管理人员，形成物联网车间生产管理的闭环控制。

5.5　本章小结

作为近些年发展最为迅速的技术之一，物联网的重要程度已毋庸置疑，本章首先对物联网的发展背景、物联网的概念和定义、物联网的由来、物联网的发展趋势进行了描述，通过对物联网的网络架构进行分析，清晰勾画了物联网感知层、网络层、应用层各层次的定义及相互之间的关系。然后重点介绍了物联网的感知技术、网络通信技术、应用技术、支撑技术、共性技术五大技术体系，并通过框架图的形式展示各关键技术之间的关系，同时对每个关键技术所涉及的具体技术和应用场景进行了详细的说明。最后对当前制造业存在的若干问题进行了剖析，以及这些问题对当前制造业造成的影响也进行了详细描述，并通过说明制造业与物联网的融合对生产现场和生产管理带来的优势，强调了制造业与物联网融合的迫切性。

5.6　本章习题

（1）简述物联网的定义与结构层次。

（2）物联网的关键要素和关键技术有哪些？

（3）物联网当前面临的难点和挑战有哪些？

（4）简述物联网与传感器网络、互联网的区别和联系。

（5）简述物联网与制造业融合的必要性和发展。

第6章　移动互联网技术

6.1　前言

目前，移动互联网是信息技术通信领域最热门的主题之一，它把发展最快和最活跃的移动通信和互联网两个领域紧密地连接起来，并凭借庞大的用户群体，开辟着信息通信行业又一里程碑式的新时代。移动互联网实现了移动终端通过无线接入的方式访问互联网，并与之进行数据交换。但它不仅是改变了接入方式或是简单复制了桌面互联网，还创造出一种新思想、新能力和新模式，并不断衍生出新的商业模式、产业形态和业务形态。移动互联网作为移动通信网络和传统互联网技术的有机融合体，如今被视为信息通信行业发展和创新的重要方向。

6.2　移动互联网概述

6.2.1　移动互联网的定义

目前，关于移动互联网在学术界和业界并没有一个统一的定义，而是众说纷纭。其中，有观点认为无线应用协议即移动互联网；也有观点认为只要在移动终端设备上使用了数据服务，那就是移动互联网；还有观点认为移动只是接入方式的一种特殊形态，移动互联网即互联网。2011 年 5 月，工信部电信研究院发布了《移动互联网白皮书（2011 年）》，其中给出的定义是：移动互联网是以移动网络作为接入网络的互联网及服务，包括移动终端、移动网络和应用服务三大要素。这个定义说明移动互联网是移动通信网络与传统互联网技术的有机融合，终端设备用户接入传统互联网的方式是通过移动通信网络（如 4G 或 5G 网络、WLAN 等）连接的，同时移动互联网具有广阔的新型应用服务和业务，并结合终端设备的便携、移动及可定位等特性，为终端用户提供多样化的、个性化的服务。

6.2.2　移动互联网的体系

移动互联网的体系结构如图 6-1 所示，包括移动终端和移动子网、接入网络、核心网络。移动互联网的体系架构主要包括业务体系和技术体系。

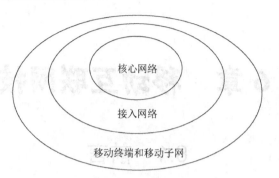

图 6-1 移动互联网的体系结构

1）移动互联网的业务体系

目前，移动互联网的业务体系主要有如下三大类，如图 6-2 所示。

（1）固定互联网业务向移动终端的复制，作为移动互联网的业务基础，进而达到移动互联网与固定互联网体验相似的目的。

（2）移动通信业务的互联网化，如移动 VoIP 业务。

（3）移动互联网的业务创新，它融合了移动通信与传统互联网的功能而区别于固定互联网业务的创新，其关键技术是如何将移动通信的网络能力有效地整合到互联网的网络和应用能力上，从而创造出移动终端设备所适应的互联网业务，如移动位置类互联网业务等。

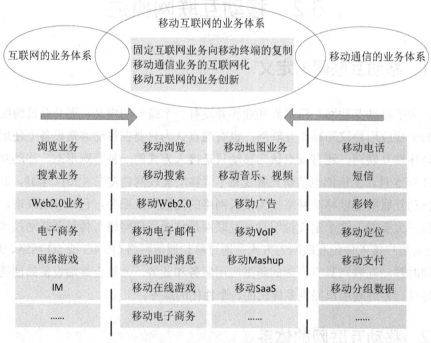

图 6-2 移动互联网的业务体系

2）移动互联网的技术体系

移动互联网涉及的技术和产业极度广阔，融合了众多行业领域。从当前的移动互联网业务和技术发展来看，其主要包含六大技术产业领域。移动互联网的技术体系如图 6-3 所示。

图 6-3 移动互联网的技术体系

6.2.3 移动通信系统的发展历程

1）1G 模拟语音

20 世纪 70 年代，第一代模拟移动通信系统史无前例地出现在社会生活中，人类正式步入个人移动通信时代。1981 年诞生的第一代蜂窝移动通信系统（1G）采用的是模拟调频技术，仅支持模拟语音通信。1G 时代的通话质量极度不稳定，最大传输速率只有 2.4kb/s，受制于交换技术的落后，无法被普遍使用；各国之间也没有统一的通信标准，跨洋电话等漫游业务也不存在；保密性较差，信息非常容易被非法截获。

2）2G 数字语音

由于模拟移动通信系统的种种缺陷，欧洲邮电管理大会（CEPT）决定开发第二代移动通信系统（2G），也是至今依旧还在商用的全球移动通信系统（Global System for Mobile Communications，GSM）。从 20 世纪 90 年代开始，GSM 在世界范围内得到广泛部署，全球漫游基本得到实现。同时，GSM 还采用了混合的多址方式，即时分多址（TDMA）和频分多址（FDMA）技术。2G 的出现标志着从模拟技术向数字技术的转变，使得系统的用户容量得到极大提升，抗干扰能力也更强，传输速率达到 64kb/s。GSM 是至今为止使用覆盖面积最广、时间最长（跨度近 40 年）、最稳定的通信系统。2G 虽然为移动通信的普及做出了突出贡献，但是它的缺陷也不少，其中最大的问题是无法满足终端用户对移动宽带流量和传输速率的需求。

3）3G 移动互联

随着通信科技的不断发展，人们意识到第三代移动通信系统（3G）的发展必将在全球范围内快速普及，并形成了第三代合作伙伴计划（3GPP）。之后，国际电信联盟（ITU）颁布了 TD- SCDMA、WCDMA 和 CDMA2000 三大技术标准。全球通信运营商均依据此标准部署 3G 移动通信系统。WCDMA 的第一个标准版本（R99）在 1999 年就已问世，之后又不断演进，但是因为在很多发展中国家手机并没有被广泛地普及使用，这就导致初期部署 3G 网络的国家并不多。相比 2G 时代，3G 时代移动通信系统的容量更大、抗干扰能力更强、传输速率大大提高（最大 5376kb/s）、支持的业务范围更加广阔。

4）4G 数据通信

随着使用智能手机的人日益增多，人们对更快、更好的移动通信网络及更低的流量资费标准的需求更加迫切。3GPP 在 2009 年底开始部署全球第一个长期演进技术（Long Term Evolution，LTE）商用网络。4G LTE 系统最开始是为分组数据业务而生的，并且早期的 4G 系统是不支持语音功能的，直到后期发展了 VOLTE，才解决了 4G 网络的语音通信问题。移动宽带是 4G 发展过程中的焦点，其对高速率、低延迟和大容量都有严格的要求。相较于 3G 网络，4G 时代网络的传输速率大幅增长，使用了更高的频段，静态传输速率达到 1Gb/s，高速移动状态下也能达到 100Mb/s，不同网络间可无缝提供服务，兼容性更加平滑。

5）5G 万物互联

5G 是移动通信系统向高速、稳定、可靠、安全发展的又一历史性演进。互联网的高速发展对传统的通信方式产生了强烈的冲击，特别是一些交流应用软件 App 的应用，对移动运营商的基础电信业务（如语音、短信）造成了重大影响。在移动通信领域，5G 绝对是颠覆性的变化。如果说 1G、2G、3G 和 4G 只是改变了人们的通信与社交方式，那么 5G 则彻底改变了整个社会。2019 年 6 月 6 日，中国移动、中国联通、中国电信、中国广电获得了工信部授予的 5G 商用牌照，这标志着我国正式进入 5G 商用部署阶段。5G 在组网方式上主要采用独立组网（SA）和非独立组网（NSA），前期依托现有 4G 基础设置以 NSA 为主。此外，运营商能够利用 5G 网络具备的网络切片技术和网络虚拟化技术进行开源节流。网络切片能够提供给用户定制化与个性化的服务，实现用户价值增值；网络虚拟化可以为运营商节省基础设施成本，还能确保快速升级部署。

随着越来越多的移动终端设备接入云端，5G 也通过加大传输带宽、利用毫米波、大规模多输入多输出 MIMO、3D 波束成形、小基站等技术，实现比 4G 更快的用户体验速度。5G 将高速推动物联网的发展，实现万物连接。ITU 给 5G 定义的三大应用场景如图 6-4 所示。

eMBB 增强型移动宽带	mMTC 海量机器类通信	URLLC 低时延高可靠通信
3D/超高清视频 GB/秒移动通信 高清语音 云办公 云游戏 AR	智能家居 智能交通 智慧城市 M2M	工业自动化 自动驾驶 高可靠应用 移动医疗

图 6-4　ITU 给 5G 定义的三大应用场景

（1）增强型移动宽带（eMBB）。

移动通信在 3G 和 4G 时代的首要任务是支撑移动宽带互联网发展。5G 时代，移动宽带依旧是最核心的应用场景。该场景以高速率为中心，不仅能提供超高的传输速率，同时还保证在广域覆盖下的移动性和无缝体验感，这些都是最直观的移动网络性能指标，未来许多领域对移动网速的需求都将得到满足，它极致的网速峰值可以达到10Gbps。

（2）海量机器类通信（mMTC）。

海量机器类通信的主要特征是连接大量的设备，这些设备传输数据量较小，对时延性要求不高，但连接密度非常高，并要求较低的成本及超长的电池寿命和可靠性。它是单纯以物物连接为中心的用例。5G 所具备的这种强大的连接能力可以迅速促进各垂直行业的融合。

（3）低时延高可靠通信（URLLC）。

在该场景下包括以人为中心和以机器为中心的通信，对时延、可靠性和可用性有严格的要求。设备连接时延为 1ms 级别，同时，还要确保高速移动（500km/h）环境下的高可靠性（99.999%）连接。这一场景主要面向工业领域，如车联网、工业设备无线控制、远程医疗和电网配电自动化等应用，这些应用的潜在价值都极高，同时对网络的安全性、可靠性要求也极高。

6.3 5G 网络架构设计

根据 IMT-2020（5G）推进组在 2016 年 5 月发布的《5G 网络架构设计白皮书》中指出 5G 在网络架构设计方面包括系统设计和组网设计，其中，前者主要考虑两点，首先是不同逻辑功能的实现，其次是各逻辑功能之间的信息交互过程，以此划分出科学合理的功能平面统一架构。后者则聚焦于设备平台和网络部署的实现，并基于 SDN/NFV 技术彻底发挥出 5G 网络在组网灵活性和安全性方面的潜力。

1）5G 系统设计

5G 网络逻辑视图包括接入面、控制面和转发面三个层面，如图 6-5 所示。接入面引入多连接机制、多站点协作和多制式融合技术，通过协同控制构建更加灵活的接入网络拓扑结构来满足不同应用场景下的不同需求，涉及接入设备有基站和无线接入设备等；控制面通过可重构的、集中的网络控制功能提供精细化的按需接入、移动性和会话管理，提供统一的网络接口为新空口和传统空口同时使用；转发面通过分布式的部署方式实现业务数据转发和边缘处理。

基于整体的逻辑架构，5G 网络采用功能模块化的设计模式，可以通过不同功能组件组合构建出不同应用场景所需的专用逻辑网络。5G 网络以网络接入和转发功能为基础，以控制功能为核心，向上提供网络开放和管理编排服务，形成图 6-6 所示的 5G 网络功能视图。

（1）管理编排层。

主要包括能力开放、管理编排和用户数据三部分。能力开放功能负责对网络信息进行统一收集和封装，并提供 API 接口给第三方。管理编排功能则基于 NFV 技术，根据不同需求创建不同的网络切片和编排，实现网络功能的灵活性。用户数据功能负责存储相关信息，包括用户签约、网络状态和业务策略等。

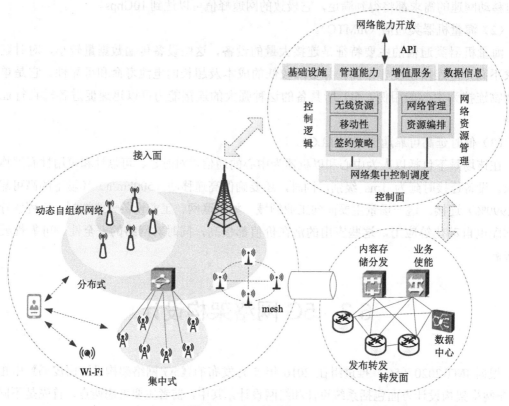

图 6-5   5G 网络逻辑视图

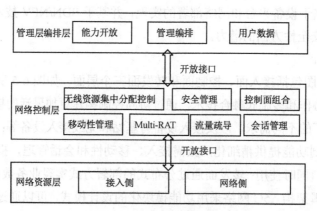

图 6-6   5G 网络功能视图

（2）网络控制层。

负责网络控制功能的重构和模块化实现，包括无线资源集中分配控制、控制面组合、会话管理、安全管理、Multi-RAT、移动性管理和流量疏导等功能组件，这些功能组件根据管理编排层的要求，进行灵活组合实现资源的优化调度。

（3）网络资源层。

负责实现流量优化、转发数据和内容服务等功能，包括接入侧和网络侧功能。其中接入侧包括分布单元（DU）和中心单元（CU）两级单元。DU 主要负责为终端设备提供数据接入点，包含射频及部分信号处理功能，而 CU 主要负责为接入侧提供业务汇聚功能。通过分布式的接入锚点和灵活多变的转发路径设置，可以将数据包引流至相应的处理节点，进而实现数据的高效转发和处理，如内容计费、流量压缩等。

2）5G 组网设计

5G 引入 SDN/NFV 技术，5G 网络平台视图如图 6-7 所示。在广域网层面上，SDN 控制器负责不同层级数据中心之间的广域互连，NFV 编排器负责实现不同数据中心的资源调度和功能部署。在城域网层面下，通过利用支持软硬件解耦的 NFV 基础设施部署单个数据中心，再运用 SDN 控制器实现该中心内部的资源灵活调度。

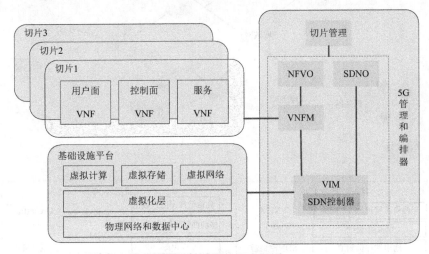

图 6-7　5G 网络平台视图

SDN/NFV 技术在接入网平台的应用是移动通信发展的重要方向。利用网络虚拟化技术，不仅可以在同一基站平台上同时承载多个不同类型的无线接入方案，还可以实现接入网内部不同功能实体动态的无缝连接，灵活配置用户所需的接入网业务模式。此外，SDN 与 NFV 技术融合将极大提升 5G 组网的灵活能力。SDN 技术实现各虚拟机之间的逻辑连接，构建数据流和承载信令的通路，进而实现接入网与核心网功能单元间的动态连接，使组网更加灵活多变；NFV 技术将底层物理资源映射到虚拟化资源，构造虚拟机，加载网络逻辑功能（NLF），虚拟化系统对虚拟化基础设施平台实现统一管理和资源的动态配置。

5G 组网功能元素一般可分为四个层次，其分类如图 6-8 所示。

中心级：在全国节点上按需部署，实现网络环境的总体监控和维护，其核心功能包括管理、控制和调度，如广域数据中心互连、虚拟化功能编排等。

汇聚级：在省份一级网络上按需部署，主要功能是控制面的网络功能，如移动性管理、用户数据和会话管理等。

边缘级：在地市一级网络上按需部署，主要涵盖数据面网关功能，重点聚焦于承载各类业务数据流。其他功能也可下沉在此一级，如移动边缘计算功能等。

接入级：包括接入网的 DU 和 CU 两个功能，DU 就近部署在用户端，CU 部署在接入汇聚层或者回传网的接入层。DU 与 CU 间通过增强型低时延网络实现多点协作，组网方式可以是分离式，也可以是一体化站点。

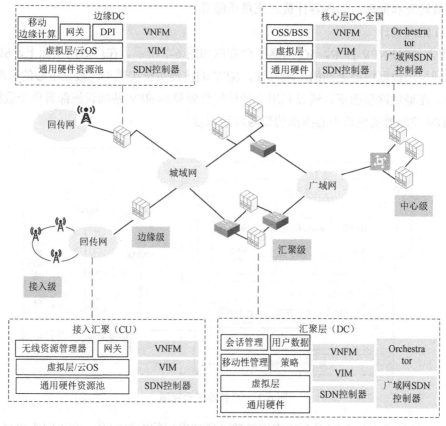

图 6-8 5G 组网功能元素的分类

在实现 5G 组网的过程中，以上组网功能元素的部署位置不必与实际地理位置严格绑定，而是根据各运营商的业务需求、网络规划、流量优化、传输成本和用户体验等因素进行综合性考量，并借助 SDN/NFV 技术对不同层级的功能整合优化，实现跨地域和多数据中心的功能部署。

6.4 5G+智能制造总体架构

在工业应用领域，5G 凭借其独有的大带宽、低时延、高可靠等特性，使得无线网络技术在工业现场上的应用成为现实，如设备的实时控制、远程操控及维护，高清图像处理等，同时也为柔性制造打下坚实基础。5G 技术因其特有的优势正逐步向智能制造渗透融合，同时伴随国家加快制造强国战略的实施，5G 将更加广泛而深入地在智能制造领域上应用。中国信息通信研究院华东分院于 2019 年 9 月发布的《5G+智能制造白皮书》指出：5G+智能制造的总体架构主要包括数据层、网络层、平台层和应用层四个层面。5G+智能制造的总体架构如图 6-9 所示。

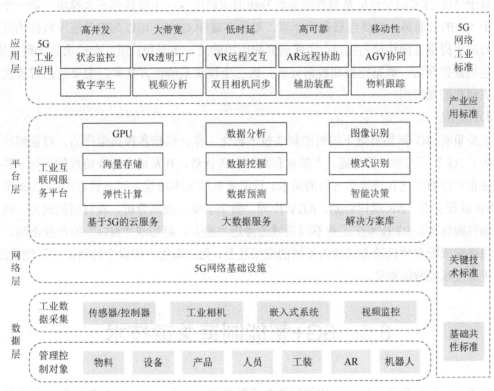

图 6-9　5G+智能制造的总体架构

1）数据层

主要利用传感技术对工厂内的多源设备状态、异构系统、车间工况、生产数据及管理人员等各类信息要素进行采集和云端聚集，进而搭建出一个高效实时且精准的数据感知体系。此外，通过异构协议转换和边缘计算技术，将获取的部分数据直接在边缘侧进行分析处理，并将处理结果反馈给现场设备，指导其运行；其余部分的数据则上传至云端进行综合分析处理，进而实现优化决策。数据层为制造资源的优化配置提供了充足的数据源，是实时分析与科学决策的起点，更是搭建工业互联网智能制造服务平台的基础。

2）网络层

网络层可以为平台层和应用层提供更好的服务。随着 5G 网络基础设施的施行，这种低时延且可海量连接的无线网络将推动工厂内大量设备的互联互通，提高工厂数据的感知时效性，为企业生产流程优化与能耗管理提供强有力的网络支撑。通过 5G 网络，工厂内各类传感器能够在极短的时间内上传信息，并将高分辨率的监控室视频同步至控制中心，使企业管理人员对工厂内的环境进行精细化调控；为企业中产品质量检测、精密测量等视频图像识别场景提供高保真实时传输，提高机器视觉系统的识别精度和速度；实时监测远端生产设备的全生命周期工作状态，使得设备维护工作不再局限于工厂内部，远程实现跨厂、跨地域的设备故障诊断和维修服务。

3）平台层

基于 5G 技术的平台层是智能制造再升级的关键所在，主要包括三大模块：第一个模块是基于 5G 的云服务，主要包括弹性计算、海量存储和 GPU，可以为工业应用软件的开发、测试与部署提供方便快捷的接口，实现研究和应用的进一步升级；第二个模块是大数据服务，主要包括数据预测、数据挖掘和数据分析；第三个模块是解决方案库，主要包括智能决策、模式识别和图像识别。

4）应用层

主要负责 5G 网络背景下的智能制造技术转化工作，包括各种典型产品、行业解决方案等。基于 5G 的高可靠、低时延、大带宽和高并发等优势，开发适合行业特性的应用软件，进而满足企业在数字化和智能化方面的需求。目前常见的应用场景主要有状态监控、VR 透明工厂、VR 远程交互、AR 远程协助、AGV 协同、数字孪生、视频分析、双目相机同步、辅助装配、物料跟踪等。5G 技术在工业不同领域的渗透与融合，将形成"5G+"的行业格局，并利用应用终端或配套软件等方式切入不同的应用场景，为终端用户提供个性精准的智能化服务，进一步深度赋能智能制造。

6.5 5G+智能制造关键技术

随着新一代信息通信技术和传统制造业不断地加速融合，大力推动新型制造体系的构建步伐，包括数据驱动、平台支撑、智能主导等。工业互联网是信息技术与工业技术相融合的产物，也是制造业向网络化、数字化、智能化方向发展的重要基石。而 5G 所具有的优势特性能很好地满足工业互联网的网络需求，是工业互联网新业务和新模式发展的重要技术支撑。5G+智能制造的关键技术包括 5G 时间敏感网络技术、网络切片技术和移动边缘计算三种。

6.5.1 5G 时间敏感网络技术

由于标准以太网运用基于竞争方式的信道接入手段，数据在传输过程中存在排队阻塞等不确定性情况，属于一种"尽力而为"的服务机制。尽管传统的工业以太网协议（如 Ethernet/IP、Profinet、EtherCAT 等）针对确定性时间传输问题提出了各自的解决方案，但是各异构协议之间的兼容性太低，严重阻碍了实时网络的发展。如今大数据、云计算与工业通信领域的快速融合发展，传统工业协议已经无法很好地满足低时延和高可靠的工业场景（如工业控制、自动驾驶）对网络传输的需求。时间敏感网络（Time Sensitive Networking, TSN）正是在这种情况下产生的，它是一种低抖动、低时延的确定性数据传输标准，为工业场景下的时间敏感型数据制定一个统一的数据链路层协议。

TSN 技术通过高精度的流量调度、网络时钟同步和智能化的网络管控等手段为时间敏感型应用提供准确而可靠的数据传输保障，同时解决两个问题，其一是标准以太网的不确定性，其二是工业以太网的复杂性。

以工业为典型代表的垂直行业对 5G 网络在业务体验、效率及性能方面提出了严苛的要求，然而，TSN 技术因其特有优势可以保障 5G 网络下数据安全可靠的传输。首先，TSN 技术基于现有以太网的 QOS 功能，根据业务流量的特点增加了时间片调度、抢占、流监控、过滤等流量调度特性，确保了 5G 网络流量传输的高质量与确定性。然后，TSN 技术还基于标准的以太网协议体系，使得其具备互操作性强、开放性好、性能佳等优势，能够更完美地支持 5G 网络设备间的精密协作与互联互通。最后，TSN 遵循 SDN 体系架构，能够实现设备和网络的灵活配置与管理。

对比以往的工业网络技术，TSN 在网络管控能力上做了多维度的增强，可以支撑更大规模、更复杂流量模型下网络的自动化配置，降低人为配置和运维的复杂度。在工业物联网（Industrial Internet of Things，IIOT）领域中，TSN 的功能架构遵循 SDN 技术思路，其网络管理采用集中式控制模型。TSN 与工业互联网的整体架构如图 6-10 所示，包括网络节点、中心用户控制器（Central User Controller，CUC）、中心网络控制器（Central Network Controller，CNC）、网关四个部分。

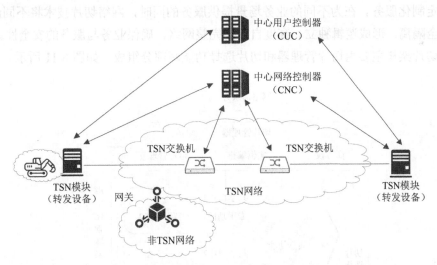

图 6-10　TSN 与工业互联网的整体架构

1）CUC 节点

网络系统用户侧界面，用于管理各类工业应用系统，借助 UNI 接口为 CNC 提供端到端应用系统之间的网络业务配置服务。

2）CNC 节点

具备 TSN 相关特性的综合配置能力，通过接口向网络节点下发相关配置。

3）转发设备节点

负责对报文进行实际转发，并支持相关 TSN 特性的执行。根据不同的工业场景和网络中网元所在位置，可将 TSN 转发设备分为三种类型，包括网关、网桥设备和端设备。网关主要部署在 TSN 域边缘，支持在数据链路层、网络层及应用层，实现跨 TSN 域、TSN 域与非 TSN 域之间的互通。网桥设备主要部署在 TSN 域内部，实现 TSN 域内部业务单元（如车间、产线、设备）的互联互通，工厂内部则以接入、汇聚、核心三层架构部署网桥设备。接入层部署在生产现场，实现设备、各种传感器等异构通信接口的协议转换，以及与控制器、检测、监控装置的互联互通；汇聚层部署在车间一级的机房，在车间内部层面上实现不同产线之间或集控器与设备之间的互联互通；核心层则部署于工厂一级的机房，实现工厂内部不同车间之间的互联互通。端设备是指具备 TSN 功能的工业设备，如控制器、PLC 和伺服等。

4）网关节点

在物理层面上能与 CNC 节点共同部署，主要负责对网络设备进行故障监控及其资源管理。

6.5.2 网络切片技术

在 5G 网络通信系统中，3GPP 强调网络架构的业务适应性与灵活性。网络切片是一种提供特定网络能力的、端到端的逻辑专用网络，通过 NFV 技术将网络中的基础物理设施资源抽象成虚拟资源，并根据不同业务场景的应用需求，按需分配与之对应的网络资源和功能，实现网络的定制化服务。在为不同的业务场景提供服务的同时，网络切片技术将不同的网络切片相互安全隔离，形成逻辑独立、高度自控的完整网络，确保业务与服务的安全性。

网络切片架构主要由切片管理器和切片选择功能两部分组成，如图 6-11 所示。

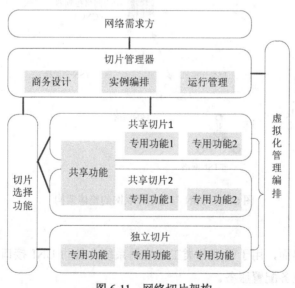

图 6-11 网络切片架构

其中，切片管理器包含如下三个阶段。

1）商务设计阶段

网络切片需求方采用切片管理功能所提供的模板和编辑工具，对切片的相关参数与业务指标进行设置，如功能组件、交互协议、网络拓扑结构、性能指标、硬件要求等。

2）实例编排阶段

切片管理功能将切片描述文件发送到 NFV MANO（Management and Orchestration）进行处理实现对应切片的实例化，并通过与切片之间的接口下发网元功能配置，再进行连通性测试，最后实现切片向运行态的迁移。

3）运行管理阶段

在运行模式下，切片拥有者能够通过切片管理器实现切片的动态维护，如资源的动态伸缩，切片功能的删除、增加和更新。同时，还能对切片进行实时监控和警告处理等。

切片选择功能主要负责终端用户与网络切片间的接入映射，根据业务签约和功能特性等因素，综合评价后为终端用户提供最合适的切片接入选择。用户终端除了能接入不同切片外，还可以同时接入多个切片。用户终端同时接入多切片的场景存在两种切片架构变体。

（1）独立架构：在逻辑资源和逻辑功能上不同切片实现完全隔离，共享物理资源，每个切片包含完整的控制面和用户面功能。

（2）共享架构：多个切片间可以共享部分网络功能。一般而言，对移动性管理等终端粒度的控制面功能可以进行共享，而对业务粒度的转发和控制功能则属于各切片的独立功能，能实现特定的服务。

6.5.3　移动边缘计算

移动边缘计算（Mobile Edge Computing，MEC）是指在距离移动用户终端或者数据源较近的无线接入网内部署 IT 服务环境及计算能力，并面向用户提供底层通信服务的调用接口。欧洲电信标准化协会给出的定义是：MEC 为通过在无线接入侧部署通用服务器，为移动网边缘提供 IT 和云计算的能力，强调靠近用户，其示意图如图 6-12 所示。

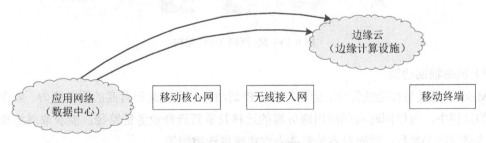

图 6-12　MEC 示意图

传统的无线互联网络主要包含无线接入网、移动核心网和服务/应用网络三个部分，并通过统一的接口相互连接。在这样的网络架构中，核心网处于高位部署，无法满足超低时延应用下的业务需求；业务终结也并非需要完全在云端进行，特别是不在本地终结的某些区域性业务，不仅浪费了传输带宽、增加了传输时延，还浪费云端算力。MEC 的出现则恰好解决了这些问题，首先，MEC 部署在无线接入网边缘侧位置，在终端设备上运行边缘服务，使得反馈更加敏捷，有效解决了传输时延与汇聚流量过大的问题。其次，MEC 还将内容与计算能力下沉，使得业务本地化终结，云端不必再处理某些区域性业务，有效降低云端的计算负载，提升用户的业务体验。

2016 年 5 月 IMT-2020（5G）推进组发布的《5G 网络架构设计白皮书》中指出 MEC 的核心功能主要包括三大模块。5G 网络 MEC 架构如图 6-13 所示。

1）服务和内容

MEC 能够和网关功能进行联合部署，从而构建一个灵活分布的服务体系。尤其是对本地化、高带宽和低时延的业务提供更好的服务环境，如车联网、移动办公、高清视频等。

2）业务链控制

MEC 功能并不仅限于简单的就近缓存和业务服务器下沉，而是随着转发节点与计算节点的融合，基于控制面功能集中调度的模式，灵活控制业务数据流在应用间路由，实现动态业务链技术。

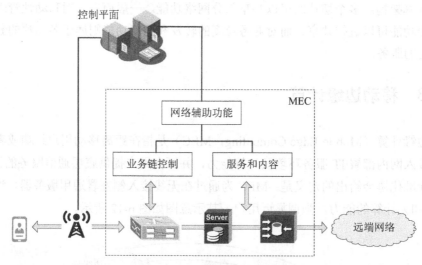

图 6-13　5G 网络 MEC 架构

3）网络辅助功能

MEC 能通过与移动性管理、会话管理等控制功能结合提高运营商的服务能力，如在用户移动的过程中，可以同时实现应用服务器的迁移及重新选择业务链路径；能获取网络负荷和用户等级等相关参数，进而对本地服务内容实现灵活控制等。

MEC 部署方式非常灵活，不仅可以采用集中式部署，还能在不同区域位置进行分布式部署，前者与用户面设备耦合，提供增强型网关功能，而后者通过集中调度实现服务能力。MEC 所具有的种种业务体验优势和创新型服务模式，使其成为 5G 的原生能力之一，并在 5G 的三大应用场景中发挥着极其重要的作用。

6.6　5G 网络安全

1）智能终端安全

智能终端安全是 5G 无线通信系统网络安全的首要问题。5G 网络在应用中所表现出的独特优势吸引了越来越多的终端用户，因而需要支持采用不同接入方式和技术的各类终端接入，故而安全需求也不尽相同。智能终端安全在通用要求上主要涉及用户隐私、用户信令数据的机密性及签约凭证的安全存储与处理等。智能终端安全在特殊要求上针对不同应用场景有所区别，对于应用于 URLLC 场景的终端，需要具备支持高可靠性、高安全性的机制；对于应用于 mMTC 场景的终端，需要能够支持轻量化的协议和安全算法；对于制造行业，需要使用专用的安全芯片和定制的操作系统。安全架构从终端自身和外部两方面分别为终端安全提供保障。终端自身通过构建可信存储和计算环境来提升终端自身的安全防护能力；终端外部则使用外部标准化的安全接口，不仅支持引入第三方安全服务和安全模块，还支持基于云的安全增强机制，从而为终端提供安全监测、分析和管控等辅助安全功能。

2）网络信息安全

网络信息安全包括数据接入安全、平台安全和访问安全三个方面。数据接入安全是通过工业防火墙技术、工业网关技术和加密隧道传输技术保障数据在源头处和传输过程中的安全，防止出现数据泄漏、被侦听或篡改的情况。平台安全是通过网络安全防御系统、平台入侵实时检测、恶意代码防护、网页防篡改等技术手段实现工业互联网平台的代码安全、应用安全、数据安全、网站安全。访问安全则是通过构建统一的访问机制，限制用户的访问权限和所能使用的计算资源和网络资源实现对云平台重要资源的访问控制和管理，避免被非法访问。

6.7　本章小结

本章主要对移动互联网的定义、体系进行了简要概述，并对移动通信系统（1G～5G）的发展历程和各自的特点进行了详细介绍。针对当前制造业的发展态势与需求，对 5G 网络架构的逻辑架构、功能架构、组网技术和各架构、技术中的特点进行介绍，同时根据《5G+智能制造白皮书》对 5G+智能制造总体架构及每层的功能进行说明。重点分析了 5G+智能制造的关键技术，包括 5G TSN 技术、网络切片技术、MEC，并对每个关键技术的特点、架构、功能及起到的效果进行详细的描述。最后对 5G 网络安全（包括智能终端安全和网络信息安全）方面可能存在的问题提出了解决方案，保证 5G 网络的安全性。

6.8　本章习题

（1）移动互联网是什么？全球最早开展的移动互联网业务是什么？

（2）移动互联网体系包括哪些层次？分别对应的功能是什么？

（3）简要叙述 5G 网络如何实现灵活组网。

（4）5G+智能制造包括哪些关键技术？

（5）相比传统网络架构，MEC 具备哪些优势？

第7章　人工智能技术

7.1　引言

"工业4.0"战略规划给中国制造业带来了良好的发展机遇。国内很多企业开始开设智能工厂，建设智能车间。智能制造要求可以满足个性化定制的需求，因此企业需要根据市场需求调整生产线的制造系统。以往的生产线可以满足大批量生产的需要，而新的生产线可以实现多品种、小批量定制生产。新的生产线既要具备刚性制造系统大批量生产的优势，又要具备柔性制造系统柔性加工的优势，即实时重构自身结构的能力。

随着科学技术的快速发展，人工智能技术被广泛应用于各个领域，为各个行业生产效率和质量的提高做出了巨大贡献。特别是对于工业生产来说，人工智能技术解放了人类的双手，实现了远程监控，有效控制了生产环节，在很大程度上促进了工业生产的发展。

对于企业生产线结构的确定，CPS技术和物联网工程技术的发展使得智能车间信息交互更加方便。企业管理者可以利用人工智能的机器学习研究方法挖掘车间数据，为决策提供支撑模型，并根据市场需求和生产线的实时状态进一步确定重构生产线的最佳方案，并且进一步更新原有的决策支持模型，使生产线变得更加智能。

人工智能的出现为工业领域注入了新鲜的血液，工业领域开始由机械生产制造向智能化生产迈进。与历史上的任何一场变革相同，在变革中谁能更好地将人工智能应用在自己的工业生产领域，不断地推动企业向智能化迈进，谁便能具备巨大的优势，从而成为这场革命的胜利者。

7.2　概述

早在50多年前，人工智能的概念就被提出，科学家希望可以制造出与人类拥有类似智慧的机器。几十年来，这个概念已经传播到各行各业，但是，目前行业内真正的人工智能还处于技术的早期阶段，或者说是弱人工智能阶段。人工智能主要研究、开发用于模拟、延伸和扩展人类智能的理论、方法、技术及应用系统。本章主要介绍人工智能的一些方法及其应用。

搜索算法是人工智能的重要组成部分，它是人工智能研究的早期成果。在人工智能中用于求解问题的最常用的方法：搜索、知识表示和学习。在知识获取之前即知识贫乏期间，需要通过搜索技术解决问题，通过适当的搜索算法在状态空间中搜索。常规的搜索算法有深度优先搜索、广度优先搜索等，这些算法不依赖任何问题领域的特定知识，并且搜索过程需要大量的空间和时间，但当问题的规模大到一定程度时，运用常规搜索算法对问题进行求解就有些吃力了。本章将介绍一些新的智能搜索算法，如遗传算法、模拟退火算法、蚁群算法、粒子群算法等，这些算法的共同特点是引入了随机因素，进行多次随机搜索，经过多次运行之后，一般总能得到一个近似最优的满意解。

机器学习（Machine Learning）是实现人工智能的一种重要手段，也被认为是实现人工智能较为有效的手段。机器学习本质上是通过数学算法分析数据的规律，学习相关规律，并利用这些规律进行预测和决策。机器学习按照学习方式的不同可以分为监督学习、无监督学习和半监督学习三种。在算法方面，主要有贝叶斯分类、决策树、线性回归、随机森林、主成分分析、流行学习、k-均值聚类、高斯混合模型等。

深度学习（Deep Learning）是一种机器学习算法，由于在目前机器学习中的巨大比重和价值，深度学习往往被单独提及。原有的深度学习网络是利用神经网络解决特征层分布问题的学习过程。通常我们所说的深度神经网络、卷积神经网络、递归神经网络、长短期记忆网络属于深度学习的范畴，这也是现代机器学习中最常用的一些技术手段。通过这些技术手段，深度学习在视觉识别、语音识别、自然语言处理等方面取得了使用传统机器学习算法所无法取得的成就。

强化学习（Reinforcement Learning）也是一种机器学习算法。强化学习就是通过智能系统从环境到行为映射的学习，使奖励信号（强化信号）的函数值最大化。由于外界的信息很少，强化学习必须依靠自己的经验数据进行分析自我学习，通过这种学习获取知识，并改进行动计划以适应环境。强化学习的三个关键影响因素是状态、行为和环境奖励。强化学习和深度学习最典型的例子是 Google 公司的 AlphaGo 和 AlphaZero。前者利用深度学习中的深度、卷积神经网络在训练约 3000 万组人类围棋数据的基础上建立模型；后者利用强化学习通过与自身下棋来建立模型。而且最后的实验结果也很震撼，AlphaGo 打败了人类顶尖围棋专家，AlphaZero 打败了 AlphaGo。

7.3 智能搜索算法

7.3.1 定义

若算法在采样方式上通过拟物或仿生等手段使算法的搜索优化行为呈现出一定的自适应、自组织、自学习等"智能"特征，则称这种方法为智能优化方法。例如，遗传算法通过模拟生物进化过程的宏观和微观规律来实现优化问题的求解，其中选择算子体现了达尔文进化论的"优胜劣汰、适者生存"的思想；交叉和变异算子则模拟了微观层面的基因操作。与遗传算法这种仿生学算法（Bionic Optimization Algorithm）相比，模拟退火算法则模拟固体退火过程中的粒子能量与状态变化规律，尤其是温度对状态变化的调节机制，属于典型的拟物型优化算法。

7.3.2　类型

由于思想来源的多样性和众多学者的深入研究，智能优化方法目前已发展成一类门类非常庞大的优化方法。根据算法设计思想的来源不同，可以把智能优化方法分为仿生型算法和拟物型算法。仿生型算法以模拟生物的进化规律或智能行为为主，包括各种进化算法、群智能算法和声搜索算法等，还可以进一步分为模拟生物个体行为的算法和模拟社会性生物群体行为的算法。拟物型算法以模拟自然界中各种物质变化规律为主，如模拟退火算法、电磁力算法等。除各种具有独立思想来源的算法之外，还有大量集成了不同算法特征的混合型智能优化方法。根据用于构成混合型智能优化方法的母体算法的性质差异，可以把混合型智能优化方法分为非智能优化方法与智能优化方法的混合算法、不同智能优化方法的混合算法，其中非智能优化方法包括各种未受自然机制启发的优化方法，如各种数学规划方法、邻域遍历搜索方法、变邻域搜索方法等。

7.3.3　常见算法

7.3.3.1　遗传算法

遗传算法是 J. Holland 于 1975 年提出的一种通用的优化算法，该算法需要通过编码实现对个体的表示，并利用适应度函数对个体优劣进行评价，还要通过选择、交叉和变异等进化操作实现优化搜索。以下给出算法的具体实现模型。

（1）编码方法：在遗传算法中，如何表示待处理问题的解，即如何把问题的解空间映射到算法的搜索空间是算法设计的一个关键步骤。目前，可以利用编码将解通过染色体来表示。一个染色体由一个一定长度的字符串表示，字符串的每一位对应一个基因。在算法中，一个染色体可视为一个个体，而多个个体就可以组成算法的搜索群体。遗传算法的编码方法有二进制编码、自然数编码、实数编码和树形编码等，其中，最常见的是二进制编码。

（2）适应度函数：在算法中，每个个体都有一个适应度函数值。通过比较适应度函数值的大小来定量评价个体的优劣情况。个体越优，其适应度函数值越大。适应度函数是算法执行"适者生存、优胜劣汰"的依据，直接决定搜索群体的进化行为。令 $g(x)$ 表示目标函数，$G(x)$ 表示适应度函数，从目标函数 $g(x)$ 映射到适应度函数 $G(x)$ 的过程称为标定。基本标定方法如下。

对于最大值优化问题，可直接将目标函数 $g(x)$ 设置为适应度函数 $G(x)$，即

$$G(x)=\max g(x) \tag{7-1}$$

对于最小值优化问题，可在目标函数 $g(x)$ 前加负号再将其设置为适应度函数 $G(x)$，即

$$G(x) = -\min g(x) \tag{7-2}$$

在遗传算法中，规定适应度函数值为正值，但是式（7-1）和式（7-2）不能保证这一点，需要进一步转换，令 $F(x)$ 表示转换后的适应度函数，具体方法如下。

对于最大值优化问题，令

$$F(x) = \begin{cases} G(x) + C_{\min}, & \text{当} G(x) + C_{\min} > 0 \\ 0, & \text{否则} \end{cases} \tag{7-3}$$

式中，$C_{\min}$ 是足够小的常数。

对于最小值优化问题，令

$$F(x) = \begin{cases} C_{\max} - G(x), & \text{当} C_{\max} > G(x) \\ 0, & \text{否则} \end{cases} \tag{7-4}$$

式中，$C_{\max}$ 是足够大的常数。

（3）选择操作：选择就是从当前群体中选择适应度函数值大的个体，使这些优良个体有可能作为父代来繁殖下一代。选择操作直接体现了"适者生存、优胜劣汰"的原则。在该阶段，个体的适应度函数值越大，被选择作为父代的概率越大；个体的适应度函数值越小，被淘汰的概率越大。实现选择操作的方法有很多，最基本的是轮盘赌算法。计算每个个体被选择进入下一代群体的概率，即

$$P_i = \frac{F_i}{\sum\limits_{i=1}^{N} F_i} \tag{7-5}$$

式中，P_i 表示第 i 个个体被选择的概率；F_i 表示第 i 个个体的适应度函数值；N 表示群体规模。

根据概率 P_i 将轮盘分成 N 份，第 i 个扇形的中心角为 $2\pi P_i$，转动轮盘一次，假设参考点落入第 i 个扇形中，就选择第 i 个个体。

首先计算每个个体的累积概率，即

$$Q_i = \sum_{j=1}^{i} P_j \tag{7-6}$$

式中，Q_i 表示第 i 个个体的累积概率；规定 $P_0 = 0$；然后在 0 到 1 之间随机产生服从均匀分布的数 r，当 $Q_{i-1} < r \leqslant Q_i$ 时，则选择个体 i。最后重复上述过程 N 次，就可以选择 N 个个体。

（4）交叉操作：在生物进化中，两个个体通过交叉互换染色体部分基因而重组产生新个体。在遗传算法中，交叉是产生新解的重要操作。要进行交叉操作，首先需要解决配对问题，采用随机配对是最基本的方法。一般情况下，对于二进制编码的个体，在两个配对字符串中随机选择一个或多个交叉点，互换部分子串，从而产生新的字符串。

（5）变异操作：在遗传算法中，变异是产生新解的另一种操作。交叉操作相当于进行全局探索，而变异操作相当于进行局部开发。全局探索和局部开发是智能优化方法必备的两种搜索能力。对二进制编码的染色体进行变异操作，等价于进行补运算，即将字符 0 变为 1，或者将字符 1 变为 0。个体是否进行变异由变异概率决定：变异概率过小，部分有用的基因就难以进入染色体，不能有效提高算法解的质量；变异概率过大，子代较容易丧失父代优良

的基因，导致算法失去在过去搜索经验中进行的学习能力。

综上所述，给出遗传算法的主要流程如下。

（1）产生初始群体。

（2）计算每个个体的适应度函数值。

（3）利用轮盘赌算法选择进入下一代群体中的个体。

（4）两两配对的个体通过交叉操作产生新个体。

（5）新个体进行变异操作。

（6）将群体中迄今出现的最好个体直接复制到下一代中（精英保留策略）。

（7）反复执行（2）到（6），直到满足算法终止条件。

遗传算法的流程图如图 7-1 所示。

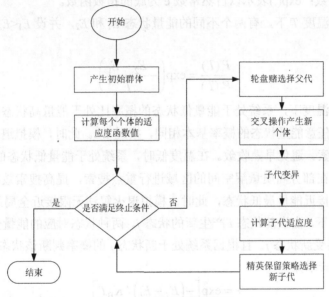

图 7-1　遗传算法的流程图

7.3.3.2　模拟退火算法

在热力学和统计物理中，将固体加温至融化状态，再缓慢冷却使其最后凝固成规整晶体的过程称为物理退火（也称为固体退火）。物理退火过程可以分为升温过程、降温过程和等温过程三个过程。以下对这三个过程进行介绍。

（1）升温过程：在加热过程中，随着温度的不断升高，固体粒子的热运动逐渐增强，能量也在增加。当温度升高至溶解温度时，固体溶解为液体。此时，粒子可以自由运动，排列从较有序的结晶态转变为无序的液态，这一过程有助于消除固体内可能存在的非均匀态，使得随后进行的降温过程以某一平衡态为起点。

（2）降温过程：在冷却时，随着温度的降低，液体粒子的热运动不断减弱，并逐渐趋向有序状态。在冷却过程中，系统的熵值不断减小，能量也随温度降低逐渐趋于最小值。

（3）等温过程：等温过程可以保证在每个温度下系统都能够达到平衡态，最终达到固体的基态。退火过程应该遵守热平衡封闭系统的热力学定律——自由能减少定律，即对于与周围环境交换热量而温度保持不变的封闭系统，系统状态的自发变化总是朝着自由能减少的方向进行。当自由能达到最小值时，系统达到平衡态。在模拟退火算法求解优化问题时，解和目标函数类似于退火过程中物体的状态和能量函数，而最优解就是物体达到能量最低时的状态。以下给出退火过程的数学描述。

假设热力学系统 S 有 n 个离散的状态，其中状态 i 的能量表示为 E_i。设在温度 T_k 下系统达到热平衡，此时处于状态 i 的概率为

$$P_i(T_k) = C_k \exp\left(\frac{-E_i}{T_k}\right) \tag{7-7}$$

式中，C_k 是已知参数；exp( )表示以自然常数 e 为底的指数函数。

假设在同一个温度 T 下，有两个不同的能量状态 E_1 和 E_2，并设 $E_1 < E_2$，根据式（7-7），可以得到

$$\frac{P_1(T)}{P_2(T)} = \exp\left(-\frac{E_2 - E_1}{T}\right) \tag{7-8}$$

这说明在相同温度下，系统处于能量低状态的概率比处于能量高状态的概率要大。在温度高时，系统处于任意能量状态的概率基本相同，接近 $1/n$。此时，模拟退火算法可以在解空间任何区域进行搜索，避免早熟收敛。在温度低时，系统处于能量低状态的概率较大。此时，模拟退火算法可以在部分高质量解空间的区域进行重点搜索，提高搜索效率。当温度趋向于零时，系统将无限接近能量最低状态，此时，模拟退火算法无限接近全局最优解。

假设在温度 T 下，由当前状态 i 产生新的状态 j，两种状态对应的能量分别为 E_i 和 E_j。如果 $E_i > E_j$，那么就接受新状态 j，且根据系统处于新状态 j 的概率判断该状态是否为"重要"状态。上述概率用 r 表示如下

$$r = \exp\left[-\left(E_j - E_i\right) / K_B T\right] \tag{7-9}$$

式中，K_B 为 Boltzmann 常数。在[0,1]之间产生随机数 ξ，如果 $r > \xi$，那么新状态 j 为"重要"状态，接受该状态；否则仍然保留状态 i。模拟退火算法的主要计算步骤如下。

① 设置初始温度和终止温度，任意选择初始解 x。

② 内循环，在当前温度下随机产生一个邻域解 $y \in N(x)$，$N(x)$ 表示 x 的邻域，根据 Metropolis 准则，判断是否接受新解 y。如此反复进行直到达到满足内循环的停止条件。

③ 外循环，若满足外循环的停止条件，则算法停止；若不满足，则降温，返回②。

7.3.3.3 蚁群算法

蚂蚁之间通过释放特有的分泌物信息素进行通信，当一条路上通过的蚂蚁越来越多时，一条最佳的路径就会逐渐形成。蚂蚁 $k(k=1,2,\cdots,m)$ 在爬行当中，每一条路径上信息素的强度决定了其移步的方位；为了方便研究，用 $\text{tabu}_k(k=1,2,\cdots,m)$ 来表示第 k 只蚂蚁目前已爬行过的全部节点，然后称存储节点的表为禁忌表。存储节点的集合体随着蚂蚁的转移状态进行调

整。在蚁群算法中，蚂蚁非常智能地选取下一步要爬行的一条路径。设蚂蚁数目为 m，节点 i 和节点 j 间的间距为 $d_{ij}(i,j=0,1,\cdots,n-1)$，在 t 时刻 ij 连线上的信息素强度记为 $\tau_{ij}(t)$。在最开始的时候，m 只蚂蚁被随便放置，每一条路径上的信息素的初始浓度是一样的。在 t 时刻，蚂蚁 k 从节点 i 移动到节点 j 的状态转移概率为

$$p_{ij}^{k}=\begin{cases}\dfrac{[\tau_{ij}(t)]^{\alpha}[\eta_{ij}(t)]^{\beta}}{\displaystyle\sum_{k\in \text{allowed}_k}[\tau_{ij}(t)]^{\alpha}[\eta_{ij}(t)]^{\beta}}, & j\in \text{allowed}_k\\ 0, & \text{其他}\end{cases} \tag{7-10}$$

式中，$\text{allowed}_k=\{c-\text{tabu}_k\}$ 代表蚂蚁 k 下一步能够选取的全部节点，c 为全部节点集合；α 为信息启发因子，反映蚂蚁爬行轨迹的重要程度，表示蚂蚁爬行路径上的信息素对选取路径的影响程度，该值越大，蚂蚁间的合作性就越强；β 为期望启发因子，反映能见度的重要程度；η_{ij} 是启发函数，代表由节点 i 移动到节点 j 的期望程度，一般取 $\eta_{ij}=1/d_{ij}$。

在算法搜索中每一只蚂蚁将按照式（7-10）运行查找。在蚂蚁移动过程中，为了防止路径上存留过量的信息素，把启发信息覆盖，在每一只蚂蚁遍历完之后，会更新并处理遗留的信息素，故在 $t+n$ 时刻，路径 (i,j) 上信息素强度调整如下

$$\tau_{ij}(t+n)=(1-\rho)\tau_{ij}(t)+\Delta\tau_{ij}(t) \tag{7-11}$$

$$\Delta\tau_{ij}(t)=\sum_{k=1}^{m}\left[\Delta\tau_{ij}(t)\right]^{k} \tag{7-12}$$

式中，$\rho\in(0,1)$ 是信息素挥发因子，代表道路上的信息素总量的损耗水平，ρ 与算法的全局搜寻能力和收敛率有关，可以用 $1-\rho$ 表示信息素残留因子；$\left[\Delta\tau_{ij}(t)\right]^{k}$ 代表一次寻觅完成之后路径 (i,j) 的信息素强度的增加。在初始时刻 $\left[\Delta\tau_{ij}(0)\right]^{k}=0$，$\left[\Delta\tau_{ij}(t)\right]^{k}$ 代表遍历完成后第 k 只蚂蚁的路径 (i,j) 的信息素强度。

蚁群算法的流程图如图 7-2 所示。

7.3.3.4 粒子群算法

在粒子群算法中，将优化问题的搜索空间类比作鸟的飞行空间，所需要找到的最优解相当于要搜索的食物。算法将每只鸟抽象为一个没有质量的粒子，每个粒子有位置和速度两个特征向量。粒子的位置表示问题的候选解，且解的优劣通过适应度函数值的大小进行评价；粒子的速度决定其飞行的方向和速率。在优化过程中，每个粒子的位置和速度首先被随机初始化，然后通过迭代进行位置和速度的更新。在每一次迭代时，需要通过两个极值进行更新。第一个极值是每个粒子当前找到的最优解，称为个体极值；第二个极值是整个群体当前找到的最优解，称为全局极值。每个粒子根据其自身经验和群体经验对其位置和速度进行更新，上述过程反复进行，直到找到问题的最优解或满意解。

粒子位置：粒子是粒子群算法的基本组成单位，粒子位置表示解空间中的候选解。设解空间为 d 维空间，即候选解由 d 个变量组成，则第 i 个粒子可以表示为 $X_i=(x_{i,1},x_{i,2},\cdots,x_{i,d})$。

粒子速度：粒子速度表示为 $V_i = (v_{i,1}, v_{i,2}, \cdots, v_{i,d})$，代表粒子在一次迭代中位置的变化，其向量和粒子位置的向量相对应。

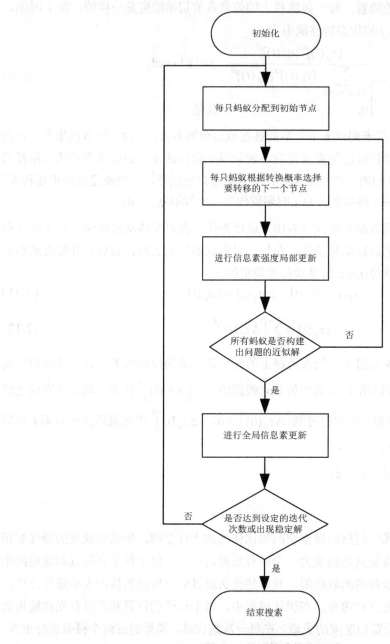

图 7-2　蚁群算法的流程图

个体最优位置：个体最优位置是粒子从搜索开始，到当前迭代次数时经过的最好位置。对于第 i 个粒子，其个体最优位置为 $P_i = (p_{i,1}, p_{i,2}, \cdots, p_{i,d})$。

全局最优位置：从搜索开始到当前迭代次数时整个群体所经过的最优位置为全局最优位置，表示为 $P_g = (p_{g,1}, p_{g,2}, \cdots, p_{g,d})$。

在每个时刻 t，种群中的所有粒子会按照式（7-13）和式（7-14）进行速度更新和位置更新，然后移动到下一个新的位置。

$$V_i^{t+1} = V_i^t + c_1 r_1 \left(P_i^t - X_i^t \right) + c_2 r_2 \left(P_g^t - X_i^t \right) \tag{7-13}$$

$$X_i^{t+1} = X_i^t + V_i^{t+1} \tag{7-14}$$

在算法中引入惯性权重 ω，用 ω 的大小调整粒子局部搜索能力和全局搜索能力。改进后的速度更新公式为式（7-15），即

$$V_i^{t+1} = \omega V_i^t + c_1 r_1 \left(P_i^t - X_i^t \right) + c_2 r_2 \left(P_g^t - X_i^t \right) \tag{7-15}$$

式中，c_1 和 c_2 是两个加速度常数；r_1 和 r_2 是两个均匀分布在[0,1]区间内的随机数。粒子在每一维飞行的速度不能超过算法设定的最大速度 V_{max}。

以下给出粒子群算法的基本流程。

（1）初始化每个粒子的速度和位置。

（2）计算每个粒子的适应度函数值。

（3）计算并更新每个粒子的最好位置。

（4）计算并更新整个群体或邻域内的最好位置。

（5）根据式（7-13）和式（7-14）对粒子的速度和位置进行更新。

（6）若未达到停止条件，则转（2）；否则算法停止，输出当前最好结果。

7.3.4 应用

7.3.4.1 车间调度

车间调度问题作为 NP-hard 问题，想要精确求出最优解是十分困难的，而遗传算法对于求解此类问题具有比较明显的优势。与传统优化方法相比，遗传算法具备以下优点。

（1）遗传算法搜索和操作的都是问题的解集，而不是问题参数，即使适应度函数不规则、不可微，也能以极大的概率搜索到全局最优解，适用范围广。

（2）遗传算法的搜索是对可行解的集合进行的，而不是单个解，因此具备并行性，从而提高了搜索效率。

（3）遗传算法是有方向的启发式搜索，相较于完全随机的搜索算法具有更高的效率。

（4）遗传算法便于结合其他算法提高搜索的性能。

7.3.4.2 图像处理

人工智能算法包括遗传算法、模拟退火算法、蚁群算法和粒子群算法等，在图像边缘检测、图像分割、图像识别、图像匹配、图像分类等领域有广泛应用。

7.3.4.3 信号处理

在实际工程上的信号处理问题中，模糊理论一向被广泛应用。而在模糊理论的应用中，最为重要的步骤之一就是建立模糊集的隶属函数。然而，隶属函数的选取与建立在很大程度

上是取决于人的主观心理的，这导致学者们很难总结出比较系统的求解隶属函数的方法。虽然目前已总结出统计法、例证法、专家经验法等应用较广的隶属函数建立方法，但在许多领域仍无法满足需求。

自 1956 年人工智能概念在 Dartmouth 会议上被提出后，这门科学迅速成为 20 世纪发展最快的学科之一，衍生出神经网络、蚁群算法、遗传算法等多种算法，并被广泛应用于各个技术领域。现在，人工智能技术也被应用到求取及优化模糊系统的隶属函数当中，它们在解决非典型的、较复杂的问题上有着很大优势。以下便是几种人工智能技术在模糊系统中的典型应用。

7.4 机器学习

7.4.1 定义

学术界对机器学习没有统一的定义。但有两个定义特别值得我们了解。

第一个定义来自著名计算机科学家、卡内基梅隆大学机器学习教授 Tom Mitchell。定义如下：对于某类任务 T 和性能度量 P，如果一个计算机程序在 T 上以 P 衡量的性能随着经验 E 而自我完善，那么称这个计算机程序在从经验 E 中学习。Mitchell 的定义在机器学习领域是众所周知的，并且经受住了时间的考验。

第二个定义来自 Goodfellow、Bengio 和 Courville 合著的《深度学习》。定义如下：机器学习本质上属于应用统计学，它更多地关注如何利用计算机对复杂函数进行统计、估计，而较少关注为这些函数提供置信区间。《深度学习》中对机器学习的定义在本质上要规范得多，它指出计算能力应当得到充分利用（实际上强调了对计算能力的使用），而传统的统计概念置信区间则不再需要强调。

7.4.2 类型

机器学习可以根据学习方式的不同分为三个大类——监督学习、无监督学习和半监督学习。

监督学习：通过分析经过人为标注的训练数据集，学习产生出一个函数，可以根据这个函数来预测新数据的结果。监督学习的训练数据集要求包括输入和输出，也就需要事先对数据进行人为的标注。

无监督学习：与监督学习的不同之处在于，无监督学习的训练数据集没有人为的标注。

半监督学习：介于监督学习和无监督学习两者之间，半监督学习不需要事先给定训练数据集，每次预测都会通过强化信号进行反馈，并以此更新自身模型。

7.4.3　常见算法

7.4.3.1　决策树

决策树（Decision Tree）是一种基于已知不同情况发生概率的决策分析方法。通过构造决策树，计算净现值期望值大于等于零的概率，评估项目风险，判断其可行性。决策树的结构如图 7-3 所示。

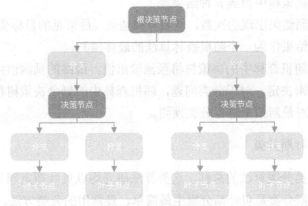

图 7-3　决策树的结构

作为数据挖掘分支中最常用的一种经典算法，决策树通常用于对未知数据进行分类和预测。自 20 世纪 60 年代以来，决策树在规则提取、数据分类、预测分析等领域有着广泛应用，因其简洁、高效的决策选择过程使得决策树在不同新兴应用领域得到了持续应用及巨大发展。决策树实例如图 7-4 所示。

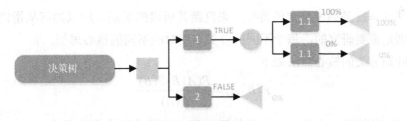

图 7-4　决策树实例

决策树是用尽可能少的是/否问题做出尽可能正确的决策。它让我们可以通过这样一种结构化、系统化的方式来解决问题，得到一个有逻辑的结论。

与其他数据挖掘算法相比，决策树在以下几个方面具有优势：易于理解和实现；可以同时处理数据类型和常规属性；很容易推导出相应的逻辑表达式；通过静态测试很容易评估模型；可以在相对较短的时间内为大型数据源提供可行且良好的决策。

7.4.3.2　随机森林

随机森林是一种灵活易用的机器学习算法，即使没有超参数调整，在大多数情况下也会带来不错的效果。

随机森林的工作原理如下。

（1）从数据集（表）中随机选择 k 个特征（列），共 m 个特征（其中 k 小于或等于 m）。然后根据这 k 个特征建立决策树。

（2）重复 n 次，这 k 个特征经过不同随机组合建立起 n 个决策树（或者是数据的不同随机样本，称为自助法样本）。

（3）将随机变量转移到每个决策树中，以预测结果。存储系统所有预测的结果（目标）数据，就可以从 n 个决策树中得到 n 种结果。

（4）计算每个预测结果出现的次数，然后获得结果（最常见的目标变量）。换句话说，将出现次数最多的预测结果作为一个随机森林算法的最终预测。

对于回归问题，随机森林中的决策树将预测输出值。最终的预测值由随机森林中所有决策树预测值的平均值来决定。对于分类问题，随机森林中的每个决策树都会预测最新数据属于哪个分类，最后，对最新数据进行分类预测。

7.4.3.3 朴素贝叶斯分类

贝叶斯分类是一类分类算法的总称，这类算法研究均以贝叶斯定理为基础，故统称为贝叶斯分类。朴素贝叶斯分类是贝叶斯分类中最简单、最常用的分类方法。

既然是贝叶斯分类，那么进行分类的数学问题又描述为什么呢？分类问题定义：已知集合 $C = \{y_1, y_2, \cdots, y_i\}$ 和 $I = \{x_1, x_2, \cdots, x_i\}$，确定映射规则 $y = f(x)$，对任意 $x_i \in I$ 有且仅有一个 $y_i \in C$，使得 $y_i = f(x_i)$ 成立。C 叫作类别集合，其中的每一个元素是一个类别。而 I 叫作项集合（特征集合），其中的每一个元素是一个待分类项。f 叫作分类器。分类算法的任务就是构造分类器 f。

分类算法的本质是通过给定的特征，来判断其所属的类别。所以如何从指定的特征中得到最终的类别是需要研究的，每个不同的分类算法对应不同的核心思想。

朴素贝叶斯分类的核心算法如下

$$P(B \mid A) = \frac{P(A \mid B)P(B)}{P(A)} \tag{7-16}$$

式（7-16）表示在 A 事件发生的条件下 B 事件可能发生的条件概率。其中，$P(B)$ 也叫作先验概率，$P(B|A)$ 叫作后验概率。

朴素贝叶斯分类算法在解决实际问题中的应用实例：通过一些给定的训练数据，来判定一个人是男性还是女性。训练数据如表 7-1 所示。其中 1ft=0.3048m，1lb=0.454kg，1in=2.54cm。

表 7-1 训练数据

性别	身高/ft	体重/lb	脚的尺寸/in
男	6	180	12
男	5.92（5'11"）	190	11
男	5.58（5'7"）	170	12

续表

性别	身高/ft	体重/lb	脚的尺寸/in
男	5.92（5'11"）	165	10
女	5	100	6
女	5.5（5'6"）	150	8
女	5.42（5'5"）	130	7
女	5.75（5'9"）	150	9

表 7-2 所示为待分类的测试样本。

表 7-2 待分类的测试样本

性别	身高/ft	体重/lb	脚的尺寸/in
未知性别的样本	6	130	8

首先，假设人的身高、体重、脚的尺寸都满足高斯分布，分别计算各个特征的均值和方差，如表 7-3 所示。

表 7-3 各个特征的均值与方差

性别	均值（身高/ft）	方差（身高/ft）	均值（体重/lb）	方差（体重/lb）	均值（脚的尺寸/in）	方差（脚的尺寸/in）
男性	5.855	3.5033e-02	176.25	1.2292e+02	11.25	9.1667e-01
女性	5.4175	9.7225e-02	132.5	5.5833e+02	7.5	1.6667e+00

其次，认为先验概率是男性或女性是等概率的，即 $P(\text{male}) = P(\text{female}) = 0.5$（male 代表男性，female 代表女性），或者将统计样本中男女比例作为先验概率也是可以的，与本例得到的结果是一样的。

判断待分类的测试样本的性别属于男性还是女性，就等价于比较男性的后验概率和女性的后验概率哪个大（height 代表身高，weight 代表体重，footsize 代表脚的尺寸）。

$$\text{posterior(male)} = \frac{P(\text{male})p(\text{height}\,|\,\text{male})p(\text{weight}\,|\,\text{male})p(\text{footsize}\,|\,\text{male})}{\text{evidence}}$$

$$\text{posterior(female)} = \frac{P(\text{female})p(\text{height}\,|\,\text{female})p(\text{weight}\,|\,\text{female})p(\text{footsize}\,|\,\text{female})}{\text{evidence}}$$

由于分母是个常数，故只需要比较分子的大小。这里给出分母的值：

$$\text{evidence} = P(\text{male})p(\text{height}\,|\,\text{male})p(\text{weight}\,|\,\text{male})p(\text{footsize}\,|\,\text{male})$$
$$+ P(\text{female})p(\text{height}\,|\,\text{female})p(\text{weight}\,|\,\text{female})p(\text{footsize}\,|\,\text{female})$$

计算男性的后验概率：$P(\text{male}) = 0.5$，其中

$$p(\text{height}\,|\,\text{male}) = \frac{1}{\sqrt{2\pi\sigma^2}}\exp\left[\frac{-(6-\mu)^2}{2\sigma^2}\right] \approx 1.5789$$

式中，$\mu = 5.855$；$\sigma^2 = 3.5033\text{e}^{-2}$。计算值大于 1 是因为男性后验概率是概率密度函数，而不是概率分布函数，所以大于 1 也是合理的。

$$p(\text{weight}\,|\,\text{male}) = 5.9881\text{e}^{-6}$$

$$p(\text{footsize}\,|\,\text{male}) = 1.3112\text{e}^{-3}$$

$$\text{posterior\_numerator(male)} = 6.1982e^{-9}$$

$$P(\text{female}) = 0.5$$

$$p(\text{height} \mid \text{female}) = 2.2346e^{-1}$$

$$p(\text{weight} \mid \text{female}) = 1.6789e^{-2}$$

$$p(\text{footsize} \mid \text{female}) = 2.8669e^{-1}$$

$$\text{posterior\_numerator(female)} = 5.3778e^{-4}$$

由以上计算可得女性后验概率的分子比较大，所以预计待分类的测试样本的性别是女性。

7.4.4 应用

7.4.4.1 物联网

物联网上的机器学习是最热门的话题内容之一。在物联网中，可以应用机器学习构建专家系统，能够开发一个"学习"系统。此外，可以利用这些知识控制和管理物理对象。以下是机器学习在物联网领域的一些价值：在工业物联网中，机器学习可以实现设备的预见性维护；在消费物联网中，机器学习可以使设备更加智能化，通过调整可以使设备更加适应人们的习惯等。

7.4.4.2 自动驾驶

自动驾驶是目前人工智能最热门的方向之一，也将对人类未来的生活产生巨大影响。在路径规划上，人工智能的 Dijkstra 或 A*搜索算法，给出了一种计算图中两个节点之间最短距离的方案。机器视觉系统中的物体跟踪帮助人们准确地跟踪人、车辆、动物等运动物体的运动轨迹，估计它们的速度和方向，从而做出决策。

7.4.4.3 聊天机器人

现在很多网站在导航页面提供在线客服聊天选项。但是，并不是每个网站都有真正的客服来回答问题。在大多数情况下，用户是在与聊天机器人交谈的，聊天机器人倾向于从网站提取信息并将其呈现给用户。同时，聊天机器人也会随着聊天的深入而变得更加人性化，它们倾向于更好地理解用户的查询，并为用户提供更好的答案，这是由它们的底层机器学习算法驱动的。

7.5 深度学习

7.5.1 定义

深度学习是机器学习领域一个新的研究方向，它被引入机器学习，使其更接近人工智能的最初目标。

近年来，深度学习在语音识别和计算机视觉等多种应用领域取得了突破性进展。在处理图像、语音和文本信号时，通过多个变换阶段对数据特征进行分层描述，并给出数据解释。以图像数据为例，灵长类视觉系统处理图像信号的次序：首先检测边缘、初始形状，然后逐渐形成更复杂的视觉形状。深度学习通过结合低层特征给出数据的层次特征表示，形成更抽象的高层表示、属性类别或特征。

深度学习是学习样本数据的内在发展规律和表示层次，在学习过程中获得的信息对文本、图像、语音等数据的解读非常有帮助，它的最终目标是使机器具有与人类相似的分析和学习能力，能够识别文本、图像、语音等数据。深度学习是一种复杂的机器学习算法，在语音和图像识别中取得了比以往相关技术更好的效果。

深度学习在搜索技术、数据挖掘、机器学习、机器翻译、自然语言处理、多媒体学习、语音、推荐、个性化技术等方面取得了很多成果。深度学习使机器能够模仿人类的视听、思考等活动，解决了许多复杂的模式识别问题，在人工智能技术方面取得了长足的进步。

图 7-5 所示为人工智能、机器学习和深度学习三者之间的关系。

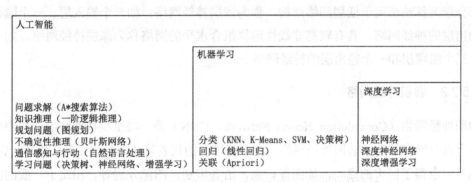

图 7-5　人工智能、机器学习和深度学习三者之间的关系

7.5.2　常见算法

7.5.2.1　人工神经网络

深度学习的概念起源于人工神经网络的研究。人工神经网络（ANN）是模仿生物神经网络（动物中枢神经系统，尤其是大脑）的结构和功能，用来对函数进行估计或近似的数学模型或计算模型。

对人类中枢神经系统的观察启发了人们，由此提出人工神经网络技术这个概念。在人工神经网络中，简单的人工节点，称为神经元，连接起来形成类似生物神经网络的网络结构。人工神经元示意图如图 7-6 所示。

其中，$a_1 \sim a_n$ 为输入向量的各个分量，$w_1 \sim w_n$ 为神经元各个突触的权重，b 为偏置，传递函数通常为非线性函数。

可以看出，神经元的作用是在获得输入向量和权向量的内积后，通过非线性传递函数得到标量结果。这些可调整的权重可以视为神经元之间连接的强度。人工神经网络和生物神经网络的相似之处在于，它可以实现集体并行计算函数的所有部分，而不需要描述每个单元的具体任务。

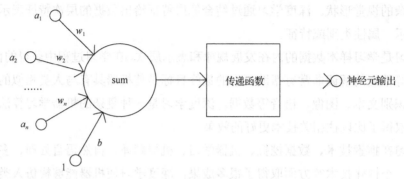

图7-6　人工神经元示意图

对于神经网络，深度是指网络所学习的函数中非线性运算的组合层数。目前，神经网络的大部分学习算法都用于低层网络结构，称为浅层神经网络，如一个输入层、一个隐藏层和一个输出层的神经网络。具有较高非线性运算组合水平的网络称为深层神经网络，如一个输入层、三个隐藏层和一个输出层的神经网络。

7.5.2.2　卷积神经网络

卷积神经网络（Convolution Neural Network，CNN）是一类至少在网络的一层中使用卷积运算且具有深度结构的前馈神经网络，是深度学习的代表算法之一。目前，CNN已在很多研究领域中取得了巨大的成功，如图像识别、语音识别、图像分割等。相比于一般的前馈神经网络，CNN具有以下两个不同的特性。

（1）CNN的神经元之间的连接是非全连接的。

对于图像的空间联系，一般是局部的像素联系较为紧密，而距离较远的像素之间的相关性则较弱，因此每个神经元不需要对全部的图像进行感知，只需感受局部的特征，然后在更高层将这些局部信息综合起来就可得到全局的信息。因此，CNN的神经元之间的连接是非全连接的，一个神经元只是与上层的局部节点进行连接，这样也大大减少了连接权重参数的数目。

（2）某些神经元之间连接的权重是共享的。

在CNN中每个神经元之间的权重参数相同，也就是说，每个神经元用同样的卷积核进行卷积操作，其权重是共享的，这样可以有效减少需要求解的参数。一种卷积核可以提取图像的一种特征，使用多种滤波器就可以提取多种不同的特征。

CNN是一个多层神经网络，其基本网络结构一般由一个输入层、多个卷积层、多个采样层、全连接层和一个输出层五个部分组成，其中卷积层和采样层一般会取若干个进行交替设置，即一个卷积层连接一个采样层，采样层再连接一个卷积层。CNN 中的每一层都由多个二维平面组成，每个二维平面又由多个独立的神经元构成。一种典型的 CNN 是 LeNet-5，其网络结构示意图如图 7-7 所示。其中包含一个输入层（Input），三个卷积层（C1、C3、C5）、两个采样层（S2、S4）、一个全连接层（F6）和一个输出层（Output）。

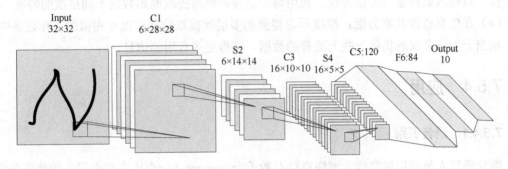

图 7-7　LeNet-5 网络结构示意图

7.5.2.3　递归神经网络

递归神经网络（Recurrent Neural Network，RNN），也称为循环神经网络，其与多层神经网络（MLP）的区别是，多层神经网络是将输入向量映射成输出向量，而递归神经网络的隐含层中存在递归连接，即递归神经网络的输入不仅包括上一层的输出，还包括前一时刻隐含层节点的输出，从而映射成当前的输出。这种递归结构有利于更好地学习特征之间复杂的关系，从而更好地模拟真实复杂的特征关系。递归神经网络模型示意图如图 7-8 所示。可以看出，该模型不是简单的从输入层向输出层进行单向流动，而是产生了环结构，即当前时刻隐含层的输出向量变成了下一时刻的输入向量。

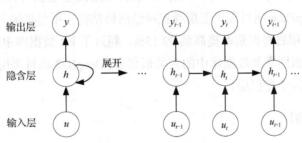

图 7-8　递归神经网络模型示意图

7.5.3　优势

深度学习与浅层学习相比具有许多优点。

（1）在网络表达复杂目标函数的能力方面，浅层神经网络有时不能表达复杂高维函数等，但深层神经网络可以很好地表达。

（2）在网络结构的计算复杂度方面，网络结构的深度为 K 时表达的函数，在网络结构的深度小于 K 时再次表达，就可能需要增加指数规模的计算因子个数，大大增加了计算的复杂度。此外，需要使用训练样本调整计算因子中的参数。当一个网络结构的训练样本数量有限，计算因子数量不断增加时，其泛化能力会变得很差。

（3）在仿生学中，深度学习网络结构是对人类大脑皮层最好的模拟。深度学习和大脑皮层一样，对输入数据进行分层处理，利用每一层神经网络提取原始数据不同层次的特征。

（4）在信息资源共享方面，深度学习得到的多层次提取特征可以在相似的工作任务中重用，相当于为任务求解提供一些无监督的数据，获得更多有用的信息。

7.5.4　应用

7.5.4.1　语音识别

微软研究人员利用深度信念网络直接对数千个 senones（一个比音素小得多的建模单位）进行建模，提出了第一个上下文相关的深度神经网络——隐马尔可夫混合模型，并成功应用于大词汇量语音识别系统。与最先进的基于传统 CD-GMM-HMM 的大词汇量语音识别系统相比，隐马尔可夫混合模型是一个相对较新的系统，错误率降低了 16% 以上。然后在 300h 的语音训练数据集上评估 CD-GMM-HMM 模型，基准字错误率为 18.5%，比最先进的常规系统少 33%。

7.5.4.2　人脸识别

基于卷积神经网络的学习方法，香港中文大学的 DeepID 项目及 Facebook 公司的 DeepFace 项目对人脸识别（Face Recognition，FR）数据库中室外人脸的识别准确率分别为 97.45% 和 97.35%，仅略低于人类的 97.5%。DeepID 项目采用四层卷积神经网络结构（不包括输入层和输出层），DeepFace 项目采用五层卷积神经网络结构（不包括输入层和输出层）。香港中文大学的 DeepID2 项目将识别率提高到 99.15%，超过了 FR 数据库中所有领先的深度学习和非深度学习算法的识别率及数据库中的人类识别率。DeepID2 项目采用了与 DeepID 项目类似的深度结构，包括四个卷积层。

7.5.4.3　行人检测

将卷积神经网络应用于行人检测，提出了联合深度神经网络（Unified Deep Neural Networks，UDNN）。输入层有三个通道，都是通过 YUV 空间的相关变换得到的。实验结果表明，在该实验平台的前提下，该输入方式的准确率比灰度像素输入方式高 8%。第一层卷积使用 64 个不同的卷积核，初始化使用 Gabor 滤波器；第二层卷积使用不同尺度的卷积核来提取人体不同部位的特定特征。最终的实验结果表明，加州理工学院 ETH 数据集的错误率明显低于传统的人体检测 HOG-SVM 算法，且比目前最好的算法低 9%。

7.6　强化学习

7.6.1　定义

强化学习是机器学习算法的一种。强化学习是基于试错（Trial and Error）的智能体训练方法，具体来说，这种方法根据智能体在探索环境时获得的奖惩来对智能体进行训练。

强化学习主体框架由环境和智能体两部分组成。智能体在没有任何先验知识的基础上通过采取随机动作开始，这些动作会改变智能体的状态，同时根据环境反馈结果的好坏，给予智能体一个正或负的奖励值，用作智能体的反馈。在此反馈的基础上，智能体学习到能够使智能体获得长期累计回报最大的动作序列，将这个序列作为最优解。

为方便加强对强化学习的理解，对关键的三个部分进行描述。

（1）状态（State）：状态指智能体所处的环境信息。根据不同的情况，环境的形式也不同，如视频、图像和数组等。环境的状态能够对环境进行准确描述，充分包含环境的有效信息。对于算法的训练和学习来说，环境信息越充足越能提高算法的准确性和广泛性。状态既可以作为智能体策略和价值函数的输入，也可以作为智能体学习模型的输出。状态可以看作环境传递给智能体的一种信号，它告诉智能体当前环境的情况。

（2）动作（Action）：动作是智能体在感知到所处的环境信息后，对当前状态采取的行动，可以是离散的动作，也可以是连续的动作。

（3）奖励（Reward）：智能体针对环境采取相应的行为后会得到奖励值，奖励值是强化学习系统学习的主要目标。奖励值包括正向奖励和负向奖励，而智能体的目标就是最大化长时间的奖励值。正向奖励会激励智能体学习当前动作，负向奖励则使智能体在之后的选择中避免采取该动作，也就是说奖励值决定了智能体对于动作好坏的评价。

在强化学习环境中，智能体在时间 t 时刻从所处环境观察状态 s_t，并通过在当前状态 s_t 中执行动作 a 对环境产生响应。智能体执行完动作 a 后，环境会根据所选的动作将环境转换到新的状态 s_{t+1}，状态是对环境信息的充分统计，其中包括了智能体选取最优动作的必要信息，也包括智能体自身信息的一部分。环境提供的奖励决定了智能体最优的动作顺序，每当环境转换到新状态时，会向智能体提供标量类型的奖励值 r_{t+1} 作为反馈。智能体学习的目标是找到一种策略 $\pi: S \rightarrow A$，使得累积折扣奖励最大化，其中 S 为环境状态的集合 $S = \{s_1, s_2, \cdots, s_t, s_{t+1}, \cdots\}$，$A$ 为动作集合 $A = \{a_1, a_2, \cdots, a_k\}$。当给定状态后，智能体根据策略返回要执行的动作，最优策略是任何能够使环境预期回报最大化的策略。强化学习需要智能体采取试错的方式来学习在环境中采取动作后产生的结果。因此，智能体无法动态地获得状态转换模型。智能体每次与环境进行交互都会产生对应的信息，利用这些信息来完善自身的知识。智能体与环境交互循环模型如图 7-9 所示。智能体通过与环境进行交互来感知环境，

依靠策略 π 选择动作，从而获得最大累积奖励值，智能体通过 $(s_t, a_t, s_{t+1}, r_{t+1})$ 的形式使用状态转换的知识来学习和改进其策略。

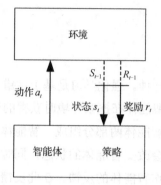

图 7-9 智能体与环境交互循环模型

7.6.2 马尔可夫决策过程

马尔可夫决策过程（Markov Decision Process，MDP）模型是强化学习的模型，是序列化决策的一种经典表示。马尔可夫决策过程中存在智能体和环境两个对象，智能体能通过采取行动与环境进行交互，智能体在每一阶段的行动不仅会对环境产生即时影响，还会产生延时影响。

具体来说，马尔可夫决策过程是一个五元组 $\langle S, A, \boldsymbol{P}, R, \gamma \rangle$。

S：表示一个有限的状态集合。s_n 表示智能体在阶段 n 处所观察到的环境状态，对任意 s_n，均有 $s_n \in S$。

A：表示一个有限的行动集合。a_n 表示智能体在阶段 n 处所执行的行动，对任意 a_n，均有 $a_n \in A$。

$\boldsymbol{P}$：表示一个转移矩阵，其中，$P_{ss'}^a = p(s_{n+1} = s' \mid s_n = s, a_n = a)$ 表示智能体在状态 s 处采取行动 a 后，状态转移到 s' 的概率。

R：表示奖励函数，其中，$R_s^a = E(R_{t+1} \mid s_n = s, a_n = a)$ 表示智能体在状态 s 处采取行动 a 后，所能获得奖励的期望值，此时奖励值是随机数。如果奖励值是定值，用 r 表示，r_n 表示环境对智能体在阶段 $n-1$ 处的行为给出的奖励。

γ：表示折扣系数，设定折扣系数是为了保证求解结果存在上界，也可以视作智能体的远见程度。

马尔可夫决策过程如下：智能体的初始状态为 s_0，首先，需要从动作集合中挑选一个动作 a_0。执行动作 a_0 后获得瞬时奖励 r_0，并且智能体按概率 $P_{s_0 s_1}^{a_0}$ 随机转移到了下一个状态 s_1。然后，从动作集合中挑选一个动作 a_1，执行动作 a_1 后获得瞬时奖励 r_1，且状态转移到了 s_2。从动作集合中挑选一个动作 a_2，执行动作 a_2 后获得下一个瞬时奖励 r_2，依次类推。马尔可夫决策过程如图 7-10 所示。

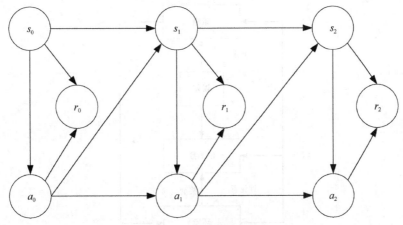

图 7-10　马尔可夫决策过程

7.6.3　DPG 算法

确定性策略梯度（Deterministic Policy Gradient，DPG）算法是 Silver 等人提出的用于解决连续动作空间问题的一种算法。DPG 是动作值函数的期望梯度，通常情况下它在状态空间上积分。而在随机情况下，DPG 在状态空间和动作空间上都进行积分。大多数政策梯度方法使用的是似然比方法，以无模型的方式对与环境互动的回报进行抽样；而值梯度方法是通过反向传播来估计梯度的。

策略搜索方法的目标是通过无梯度或基于梯度的方法直接优化策略。在这种方法中，策略直接以 $\pi(a,s,\theta)$ 的形式进行参数化，其中 π 是观察状态下动作的概率分布，由 θ 参数化，可以表示神经网络的权重。在 DPG 算法的训练过程中，智能体在环境中应用此策略并收集经验样本，这些经验样本通过估计 θ 实现更新。

7.6.4　Actor-Critic 算法

Actor-Critic 算法是深度强化学习算法的一种。Actor-Critic 学习模型如图 7-11 所示。Actor-Critic 算法的特点是它应用了两个神经网络，分别是 Actor 网络和 Critic 网络。Actor 网络称为参与者网络，它根据概率选择要执行的行为。Critic 网络称为评论者网络，负责对参与者的行为进行打分，判断参与者采取行动的好坏。参与者网络通过接收环境的状态产生下一个动作，评论者网络则接收当前状态和奖励值，并产生目标值和当前值的误差，即 TD 误差。由于 TD 误差的原因，参与者网络会按照评论者网络推荐的方向更新参与者-评论者算法中的值函数用来自举，减少方差并加快学习速度。目前为止使用最多的就是异步优势参与者-评论者（A3C）算法。

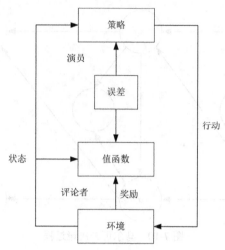

图 7-11　Actor-Critic 学习模型

7.7　人工智能应用

7.7.1　计算机视觉

7.7.1.1　概述

计算机视觉是一门研究如何让机器"看见"的科学。更进一步说，就是用摄像机和计算机代替人眼对目标进行识别、跟踪和测量，并对图像进行进一步处理，使图像更适合人眼观察或传输到仪器上进行检测。

计算机视觉作为一门工程学科，研究相关的理论和技术，试图创建一个能够从图像或多维数据中获取信息的人工智能系统。这里的信息指的是香农定义的，可以用来帮助做出决定的信息。因为感知技术可以看作是从感官信号中提取信息，计算机视觉也可以看作是如何让人工智能系统从图像或多维数据中感知的科学。

作为一门工程学科，计算机视觉寻求建立在相关理论和模型基础上的计算机视觉系统。此类系统的组件包括以下内容。

（1）过程控制，如工业机器人和无人驾驶汽车。

（2）事件监测，如图像监测。

（3）信息组织，如图像数据库和图像序列的索引创建。

（4）物体与环境建模，如工业检查、医学图像分析和拓扑建模。

（5）交感互动，如人机互动的输入设备。

计算机视觉也可视为对生物视觉的补充。一方面，生物视觉领域已经研究了人类和各种动物的视觉，并创建了这些视觉系统感知信息过程中使用的物理模型。另一方面，计算机视觉对基于软硬件的人工智能系统进行了研究和描述。生物视觉和计算机视觉的跨学科交流给彼此带来了巨大的价值。

计算机视觉包括以下几个分支：图像重建、事件监控、目标跟踪、目标识别、机器学习、索引创建、图像恢复等。

7.7.1.2　研究方向

计算机视觉本身包含许多不同的研究发展方向，基础和热门的研究方向主要包括：对象识别与检测、语义分割、运动与跟踪、三维重建、视觉问答、动作识别等。

对象识别与检测，顾名思义，就是给定一幅输入图像，算法可以自动找出图像中常见的物体，并输出它们的类别和位置。它也衍生出诸如人脸检测、车辆检测等子分类检测算法。

语义分割是近年来一个非常流行的研究方向。简而言之，它可以看作一种特殊的分类，对输入图像的每个像素进行分类，可以用一张图片清晰地描述出来。

运动与跟踪是计算机视觉领域的基本问题之一，近年来也得到了充分发展。该研究方向中的算法也从过去的非深度算法向深度学习算法迈进，准确率越来越高。然而，实时深度学习跟踪算法的精度一直难以提高。精度很高的跟踪算法速度很慢，在实践中也很难应用。

视觉问答是近年来非常热门的研究方向。其研究目的是由用户根据输入的图像提问，算法根据问题内容自动回答。除了问答，还有一种算法叫作标题生成算法，就是计算机自动根据图像生成一段描述图像的文字，无须问答。

7.7.1.3　计算机视觉在工业领域的应用

1. 视觉检测技术

视觉检测技术是计算机视觉在工业领域中最广泛的应用。首先，需要使用传感器或光源来获取信息，这一步要合理设置图像的输出格式。其次，根据所需图像的特点进行深度分析处理，以保证图像的准确性。再次，必须对源图像进行预处理，这会显著影响检测结果的质量。最后，通过建立一定的模板模型，并与检测到的对象进行比较，得到真实的行为效果分析和分配效果。在提前处理效果的输出中，必须做好预测结果和检测结果的一致性控制，尤其是在数据准确性方面，必须严格控制，以保证测试工作的效果和质量。

2. 图像预处理技术

图像预处理技术的主要功能是对图像进行分析处理，提取出符合要求的图像，可以为后续工作步骤的实施提供便利。在计算机视觉的应用中，图像预处理先于模板匹配。最终的图像基于特定的模板进行处理，结合图像输出的分辨率来判断精度。经过图像预处理后，可以提取二值边缘化图像，进一步提高图像处理的效果。经过一些创新和发展，目前计算机视觉中的图像预处理技术已经发展成为一阶段微分算子和二阶段微分算子，即先通过一阶段微分算子的图像提取，然后通过二阶段微分算子的零交叉得到经过分析检测后图像的边缘宽度像素，这样图像分割可以省略细化步骤，获得更可观的边缘效果，最终结果的准确性也能得到更好的保证，同时图像处理的精度化程序会有很大的提高，这使得它在工业生产中显示出很大的应用优势。

3. 模版匹配技术

模板匹配在工业生产中根据预先设定的模板和被检测对象进行匹配和对比分析，然后利用结论解决源对象的实际问题，尤其是一些细微的问题。简而言之，模板匹配技术的作用是分析模板和被检测对象之间的相似性。另外，在模板与实物的匹配对比过程中，模板匹配还可以同步引入平移或旋转等操作，实现立体、全方位的对比，可用于工业领域的数据核算。这项技术的优点是抗干扰能力强，可以尽可能提高数据处理的准确性。

7.7.2 自然语言处理

7.7.2.1 概述

自然语言处理（Natural Language Processing，NLP）是人工智能和语言学的交叉学科。这个领域讨论如何处理和使用自然语言，包括很多方面和步骤，有认知、理解、生成等。

自然语言的认知和理解问题就是让计算机把输入的语言变成有意义的符号和关系，然后可以按照研究目的进行分析处理。自然语言生成系统可将计算机数据转换成自然语言。

因为理解自然语言需要对外部世界有广泛的了解和运用这些知识的能力，自然语言认知也被视为是一个人工智能完备（AI-complete）问题。同时，"理解"的定义也成为自然语言处理中的一个主要问题。

从研究内容来看，自然语言处理包括句法分析、语义分析、文本理解等。从应用的角度来看，自然语言处理有着广阔的应用前景，特别是在信息时代，自然语言处理的应用是全面的，如机器翻译、手写和打印字符识别、语音识别和文语转换、信息检索、信息提取和过滤、文本分类和聚类、舆情分析和舆情挖掘等，涉及数据挖掘、机器学习、知识获取、知识工程、人工智能研究和语言计算相关的语言学研究等。

自然语言处理有许多困难，但关键在于消歧，如消除词汇分析、句法分析和语义分析中的歧义。正确的消歧需要大量的知识储备，包括语言知识（如词法、句法、语义、语境等）和世界知识（与语言无关）。

7.7.2.2 关键概念和技术

1. 信息抽取

信息抽取是从文本中提取非结构化数据并将其转化为结构化数据的过程。从自然语言构成的语料库中提取命名实体之间的关系是基于命名实体识别的一个较深入的研究。信息抽取的主要过程包括三个步骤：第一，非结构化数据的自动处理；第二，文本信息有针对性的抽取；第三，抽取信息的结构化表示。信息抽取最基本的工作是命名实体识别，而核心是实体关系的抽取。

2. 自动文摘

自动文摘是一种信息压缩技术，它根据一定的规则自动提取文本信息，并将其组合成简短的摘要。它的目的是达到两个目标：第一，使语言简短；第二，保留重要的信息。

3. 语音识别技术

语音识别技术是使机器通过分析识别和理解的过程，将语音信号转换成相应的文本或命令，即让机器理解人类语音的技术，它的目标是将人类语音中的词汇内容转换成计算机可读的数据。要做到这一点，我们必须将连续语音分解为单词、音素和其他单元，并建立一套理解语义的规则。语音识别技术包括前端降噪、语音切割、特征提取和状态匹配，其框架可分为三个部分：声学模型、语言模型和解码。

7.7.2.3 基于传统机器学习的自然语言处理技术

自然语言处理可以将处理任务划分为多个子任务。传统机器学习方法可以通过利用支持向量机模型、马尔可夫模型、条件随机场模型等方法对自然语言中的多个子任务进行分析处理，进一步提高处理数据结果的准确性。但从实际应用看，还存在以下不足。

（1）传统机器学习训练模型的性能过于依赖训练数据集的质量，需要通过人工对训练数据集进行标注，从而降低了训练的工作效率。

（2）传统机器学习训练模型中的训练数据集在不同领域会产生不同的应用效果，削弱了训练的适用性，暴露了单一学习方法的弊端。若训练数据集适用于许多不同的领域，则需要花费大量的人力资源对其进行人工标注。

（3）在处理高阶、抽象的自然语言时，机器学习不能手工标注这些自然语言特征，因此传统机器学习方法只能学习预先建立的规则，而不能学习规则之外的复杂语言特征。

7.7.2.4 基于深度学习的自然语言处理技术

随着 2013 年 word2vec 技术的发布，基于神经网络的深度学习在自然语言处理中得到了广泛应用。深度学习的分布式语义表示和多层网络结构具有较强的拟合和学习能力，大大提高了各种任务在自然语言处理中的性能，成为目前自然语言处理的主要技术方案。

深度学习模型在自然语言处理中的应用，如卷积神经网络和循环神经网络，通过对生成的词向量进行学习，完成一个自然语言分类和理解的过程。与传统机器学习相比，基于深度学习的自然语言处理能够在对单词或句子进行矢量化的前提下，不断学习语言特征，掌握更高层次、更抽象的语言特征。

与传统机器学习相比，基于深度学习的自然语言处理具有以下优势。

（1）深度学习可以在单词或句子矢量化的前提下，不断学习语言特征，掌握更高层次、更抽象的语言特征，满足大量特征工程对自然语言处理的要求。

（2）深度学习不需要专家手工定义训练数据集，而是可以通过神经网络自动学习高级特征。

7.8 本章小结

人工智能作为智能制造系统的一个核心部分，体现出了制造过程中的智能化。本章主要介绍人工智能技术中的一些方法，分别从智能搜索算法、机器学习、深度学习和强化学习这四个方面，阐述了各个类别的定义、类型、常见算法及应用。最后介绍了人工智能技术的常见应用。

7.9 本章习题

（1）智能搜索算法有哪些？各有什么特点？

（2）机器学习可以根据学习方式的不同分为哪三类？它们有什么不同之处？

（3）人工智能、机器学习和深度学习三者之间是什么关系？它们研究的内容有什么联系？

（4）强化学习和其他机器学习算法有何不同之处？它包含哪些关键步骤？

（5）请查找资料，列举 3 个人工智能在工业领域中的应用。

第8章 制造系统智能化理论模型与构建技术

8.1 引言

人工智能的智能体自 20 世纪 80 年代出现以来就引起了轰动，将其应用于制造系统中，其智能化发展对于提高整个制造车间的智能性有着举足轻重的作用。传统的 MAS 调度模型存在代理映射方式单一、代理结构设计不明确等问题，严重制约了模型的运行效率，建立良好有效的智能体结构模型对多智能体制造系统协同生产起着十分重要的作用。本章首先阐述了制造系统智能体的基本特征和映射方式。然后设计了智能体的基本结构和结构模型。最后提出了智能体模型的总体构建思路，进行了各模块的设计和逻辑模块分类。

8.2 制造系统智能体的结构模型设计

当今时代正处于传统车间制造向智能制造转型的关键时期，而向智能制造转型的关键一步是车间制造单元的智能化。制造单元智能化最有潜力的解决方案是将智能体软件系统与具有知识库、信息交互、推理决策和设备控制功能的物理车间制造装备相结合，形成装备智能体。良好多样的智能体映射方式和标准的智能体结构设计是建立有效的车间多智能体调度模型的基础。

8.2.1 智能体的基本特征

智能体是为实现特定功能而设计的一种独立的软硬件实体，它封装了推理决策、通信和知识库等模块来解决特定问题。鲍振强等人将智能体描述为一个计算系统，它能够在动态复杂的环境中自我感知周围的环境，并通过外部动作改变环境，从而完成预定的目标或任务。基于智能体的思想，我们只需抽象和映射系统对象中的各个功能模块和物理实体，就可以建立相应的智能体实体，方便对复杂系统的描述，降低建模难度，预测其行为。MAS 是由一系列协作智能体组成的松散耦合系统。目前学术界还没有形成统一的智能体定义标准，也没有智能体结构的建模标准，但是，当前几乎所有智能体的代理定义都包含以下基本特征。

1）感知性

智能体可以观察周围世界的信息，感知周边环境的实时数据，并根据方向的相关性对其进行过滤，将过滤得到的数据储存到自身的数据库中，可以发展与主体目的相关的情境感知。

2）自主性

智能体可以控制自己的行为能力，并能够在脱离外界的控制下，根据自身的数据库自主决定实现目标的行动方案（计划），能够行动和调动其资源，按照计划行事。这些资源包括智能体自主处置的自我或工具的部分及用于物理行动或信息收集/处理的资源。

3）学习性

智能体能够认识到计划的不足，通过对自身知识库进行学习，并加以修改，从而改变其目标或行动方案。

4）合作性

智能体具备会话和合作能力，能够与其他智能体进行谈判，以增强感知，发展共同的方向，决定共同的目标、计划和行为。

除了上述基本特征外，学者们还为智能体定义了其他特征：移动性、进化性、亲善性等。研究者可以根据实际需要为所设计的智能体添加特征。然而，要实现 MAS 的基本功能，所设计的智能体模型必须同时具备上述四个特征。

8.2.2　智能体的映射方式

智能体映射的方式和粒度决定了整个系统的结构和性能。什么样的功能实体（包括逻辑功能或物理实体）被映射（或封装）为智能体，决定了智能体的粒度，也影响着整个系统的功能。目前，系统还缺乏完善的理论和工程方法来指导智能体映射，以简化制造系统的模型，保证运行效率。通常，我们使用自然的方法来分解系统对象和映射代理，但这取决于设计者的经验。

在制造系统的研究及应用领域，将功能实体映射为智能体主要存在以下两种方式。

（1）根据功能模块进行映射：在基于功能的分解中，智能体的映射对象是制造系统中的各个功能模块，如物流优化模块、系统资源规划、作业调度计算等，在制造系统中，智能体与生产资源实体（如机床、自动存取系统）之间没有明确的对应关系。智能体通过感知系统中的各种变量和状态进行操作，成为多智能体制造系统中信息交互和数据处理的中心。

（2）根据物理实体进行映射：制造车间中存在大量的制造装备，制造装备具有自主性、社会性、响应性和主动性的特点。将不同的制造装备映射到不同的智能体是非常简单和自然的。在基于物理的分解中，智能体的映射对象是制造系统中的生产资源实体，如加工中心、工件、AGV、自动化立体仓库（Automatic Storage and Retrieval System，AS/RS）等。智能体与生产资源实体之间存在着简单而清晰的一一对应关系。通过这种映射得到的智能体具有相对独立的状态定义和信息管理，其在网络中的信息负载相对较小。

在以上两种映射方式中，按功能模块映射要求开发人员具有良好的系统模块化能力，这是比较困难的。而且，当车间系统规模较大时，单个功能模块的负载压力也相对较高。按物理实体映射是传统制造车间中常用的智能体映射方式，它将制造装备逐个映射到智能体，具有建模简单、可扩展性强、容错性好等优点，适用于大规模分布式制造系统。由于智能体采用简单单一的物理分解，MAS 调度模型缺乏统一规划和全局优化的能力。因此，本书结合了这两种映射方式来进行智能体的映射，主要是基于物理实体的映射方式。同时，根据系统的功能特点，构造了用于动态扰动事件感知和生产过程全局优化的监控智能体，提高了系统的全局优化能力和稳定性。

8.2.3　智能体的基本结构

为了设计智能体的结构模型，需要解决以下问题：智能体具有哪些功能模块；智能体如何感知外部信息；如何通过感知信息影响内部状态和行为；如何将多个功能模块组合成一个整体。根据智能体的逻辑结构和功能特点，智能体可分为智能型智能体、思考型智能体、反应型智能体和混合型智能体。

1）智能型智能体

智能型智能体是 Rao 等人设计的最智能的智能体，其结构设计基于 BDI 思想，即 Belief（信念），代表智能体对环境的理解；Desire（愿望），代表智能体要实现的目标；Intention（意图），代表智能体为实现自己的目标而采取的行动。解释器负责实现信念、愿望和意图的联系和整合。BDI 型智能体功能结构组成如图 8-1 所示。智能驱动代理也称为 BDI 智能体。然而，智能驱动的设计思想限制了智能体对环境变化的适应能力，执行效率不高。

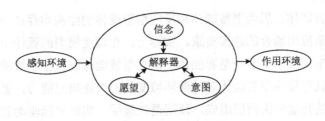

图 8-1　BDI 型智能体功能结构组成

2）思考型智能体

思考型智能体结构组成如图 8-2 所示。首先思考型智能体通过感知设备接收外部环境的信息，并将信息与主体的内部状态融合，生成当前状态变化的描述信息。然后，在知识库的作用下形成一系列描述动作，并通过执行装置作用于外部环境。基于以上描述，我们可以发现思考型智能体类似于专家系统，是一个基于知识的系统。它根据感知到的外部环境信息，从知识库中生成相应的处理策略。然而，智能体知识库中包含的策略集是相对固定的，在未记录的紧急情况下很难制定出合理的应急策略，往往造成无法弥补的损失，因此不适于环境复杂的离散制造车间。

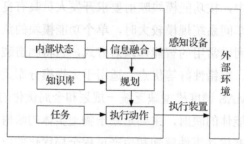

图 8-2　思考型智能体结构组成

3）反应型智能体

反应型智能体不同于思考型智能体，其核心是感知-动作行为机制。智能体的行为是由某些信息刺激触发的，因此被称为反应型智能体。反应型智能体结构组成如图 8-3 所示。当外部环境发生变化时，反应型智能体反应迅速，但其行为机制相对简单固定，其智能性和自主性低于思考型智能体。因此，这种类型的智能体很少在复杂场景中使用。

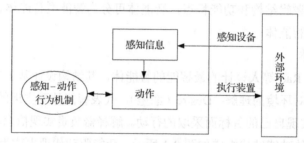

图 8-3　反应型智能体结构组成

4）混合型智能体

纯粹的智能型智能体、思考型智能体和反应型智能体的结构均存在一定的缺陷，具有局限性，无法适应复杂应用场合的建模要求。实际上，在调度模型的设计中，更好的方法是将这三种结构结合起来形成一个混合型智能体。混合型智能体既保留了智能型智能体和思考型智能体的智能，也具有反应型智能体对外部环境变化的快速响应能力，更适合在实际车间实施落地。这种类型的智能体由两层组成，顶层是决策层，实现智能驱动智能体和思考型智能体的功能；底层是反应层，模拟反应驱动智能体，建立对外部环境变化的快速响应能力。

典型的混合型智能体结构是一个智能体中包含两个（或两个以上）子智能体，其中处于顶层的是思考型智能体，根据外部信息和知识库进行逻辑推理与决策，负责处理抽象性较高的数据。处于底层的是反应型智能体，用来处理复杂度较低、紧急异常的事件，不用进行复杂逻辑运算就生成处理策略，侧重于智能体的短期目标。

通过对上述四种常用智能体结构的研究，比较分析了它们的性能。在借鉴混合型智能体设计思想的基础上，提出了改进制造作业车间调度模型的统一智能体结构。改进的智能体结构模型既能满足多智能体制造系统自组织生产的要求，也能实时感知和处理随机动态扰动问题。

8.2.4　智能体的结构模型设计

在上节内容中提到了主要按照物理实体即生产资源对智能体进行映射，而对于生产资源来说，作为生产制造任务的实际执行者，其主要功能可以总结为以下几点。

（1）能够保存和管理制造装备的基本属性信息。

（2）通过知识库中的控制指令操作制造装备执行相应的动作，并通过相关接口对制造装备的运行状态进行监控和管理。

（3）它可以通过建立的通信协议与其他代理进行通信和交互。

（4）它可以根据当前物理设备的运行状态、历史数据和生产能力，识别其他代理发送的通信信息，并对具体信息内容进行判断、分析和决策。

由于制造装备的复杂性，多智能体制造系统中的智能体不仅能够实时监控制造装备的运行参数，判断其当前的运行状态，还在设备发生故障时能够及时调整生产策略，同时也可以根据自身的知识库、数据库等数据信息，通过与其他智能体的协商机制，生成动态扰动下的重调度决策，因此，基于 MAS 的物联网制造车间智能体主要包括以下几个模块：数据库、知识库、学习与进化模块、通信模块、事件感知、设备操作与监控模块、推理决策模块和人机互动接口。

各功能模块介绍如下。

（1）数据库：存储设备代理本身的属性数据和运行状态数据，如制造装备的型号、名称、处理能力等基本属性信息。完成零件、在制品和缓冲区任务的状态数据。

（2）知识库：存储装备智能体在进行调度决策时使用的规则和策略，通过学习与进化模块、逻辑推理功能的反馈，不断丰富知识库的内容。

（3）学习与进化模块：在自学习模块学习规则的帮助下，智能体不断地更新已有的知识，以更好地指导自己的行为，达到预定的目标。该模块的知识源有两个：智能体已经实现的成功事件和最后一个环节没有达到预期目标的失败事件。此外，它还将通过感知信息不断丰富数据库和知识库。

（4）通信模块：通信模块在逻辑模块的控制下实现智能体与网络中其他智能体之间的通信，是智能体与外部信息交互的通道。通过特定的代理间通信协议与其他设备代理收发消息，能够屏蔽操作系统的差异。

（5）事件感知：从通信模块的消息和自身状态判断事件类型，实现消息到事件的转换。

（6）装备操作与监控模块：对制造装备的运行状态进行监控和记录，根据决策结果向制造装备发送具体的控制信号，实现对装备的动作控制。它是制造装备与上层软件之间的桥梁。

（7）推理决策模块：根据感知到的事件查询知识库，确定对事件的响应策略和方法，计算系统的响应输出。

（8）人机互动接口：操作员可以通过该界面直接干预和调整系统。

改进的 MAS 调度模型的智能体设计采用了图 8-4 所示的智能体结构，降低了软件设计的复杂性，提高了 MAS 的可重构性和装备的互换性。但是，具有不同功能和优化目标的智能体的内部结构会略有不同。例如，监视智能体不需要装备接口模块。

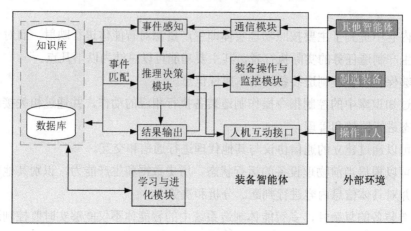

图 8-4　智能体结构

8.3　制造系统智能体的模型构建

8.3.1　智能体模型的总体构建思路

装备智能体是一种具有感知、交互、分析和执行功能的制造装备。它可以感知自身的状态信息，与车间内的其他制造装备进行交互，并根据环境信息和自身的状态信息对加工过程进行调整。装备代理不仅是制造装备本身，也是软硬件结合的实体。

软件部分是实现制造装备智能控制的关键部分，一般由适应层、交互层和分析层三部分组成。适应层是基础软件，主要实现对制造装备的控制和监控；交互层负责设备间的信息交互；分析层用于分析交互信息和状态信息，并做出合理的决策。软件操作需要与相应的控制器绑定。然而，制造装备本身的控制器往往是在装备出厂时设置的，控制器系统不能满足一般的开发要求。不同厂家的控制器类型不同，很难实现统一的开发模式。因此，为了解决软件操作的硬件环境问题，在制造装备实体的基础上安装了嵌入式工控机。制造装备通过网络接口与嵌入式工控机相连，通过嵌入式工控机发送软件运行控制的监控信号，实现对制造装备的控制。嵌入式工控机内部软件架构如图 8-5 所示。

硬件部分主要是嵌入式工控机用于制造装备本体部分，同时，工件信息的读取需要 RFID 读写器，其他状态监测的制造装备需要安装传感器。为了便于集成，硬件与嵌入式工控机相连接。嵌入式工控机连接装备智能体硬件部分如图 8-6 所示。并通过相应的通信协议实现数据传输。

在物联网制造车间中，以数控设备为代表的制造装备在加工过程中具有复杂多变的特点，同时会产生大量的制造信息。通过分析可知，物联网制造车间装备代理的建设应注意以下两点。

（1）首先，车间的制造装备种类繁多，不同类型的数控系统是异构的、封闭的。装备代理的建设需要对制造装备本身的信息进行控制和收集。由于系统之间的隔离，基于实际应用的各种采集方案缺乏通用性和兼容性，增加了实际开发过程的复杂性。因此，有必要建立制造装备适配层，实现统一的接口。通过调用统一接口方法，可以实现对各类装备的控制。

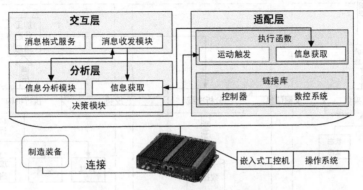

图 8-5　嵌入式工控机内部软件架构

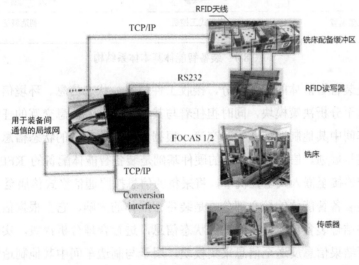

图 8-6　嵌入式工控机连接装备智能体硬件部分

（2）在物联网制造车间，制造过程是由制造装备协同完成的，装备不再是一个独立的个体。因此，有必要建立装备智能体之间的交互模型，通过交互模型定义制造装备在正常运行和故障状态下的处理模式。同时，在加工过程中，会产生大量相关的制造数据与信息。通过制造装备之间的信息交互，实现信息的有效传递。通过对加工信息和环境相关信息的分析与决策，可以对加工参数和加工任务的选择做出更为合理的决策。

8.3.2　智能体模型的模块设计

装备智能体基本体系结构如图 8-7 所示，按照功能作用主要分为三部分：信息采集、分析决策、执行机构。

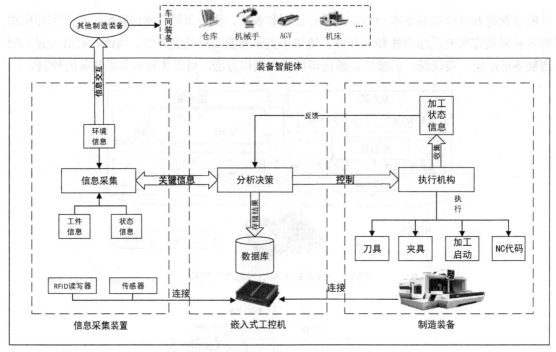

图 8-7　装备智能体基本体系结构

信息采集是装备智能体的感知部分，接收工件信息、状态信息、环境信息，将其进行归类统计打包发送至分析决策模块，同时担任着与其他制造装备信息交互的任务，将自身的加工状态与制造车间中其他制造装备实时交流，根据其他制造装备的状态信息，对自身的加工做出合理地调整与规划。信息采集模块的硬件基础是装备智能体配备的 RFID 读写器与相应的传感器，它们连接至嵌入式工控机中，将采集的信息按照通信格式传递至工控机。

分析决策是装备智能体的核心部分，是装备智能体的大脑，它会根据信息采集模块传递过来的信息，并结合装备自身反馈的加工状态信息，进行合理分析决策，实现不同类型加工的调整；将分析结果信息反送至信息采集模块，用于与制造车间中其他制造装备交互，并将相关的处理、控制信息存储至数据库，方便实现信息化管理；将分析结果转换成控制信号，实现加工设备的基本功能。分析决策模块的硬件基础是嵌入式工控机，它是装备智能体的核心硬件，所有的分析决策算法、应用程序都在嵌入式工控机内运行，从而实现装备智能体的分析决策、基本的控制监测等功能。

执行机构是装备智能体的基础部分，主要作用是根据控制信号控制制造装备执行动作，如刀具、夹具、加工启动及 NC 代码等。执行机构在加工过程中会产生相关信息，包括刀具序号、刀具转速、夹具开合状态、加工是否完成、NC 执行情况等。执行机构会将这些加工状态信息进行收集，并反馈给分析决策模块。执行机构的硬件基础就是制造装备本体，制造装备连接至嵌入式工控机，通过接受嵌入式工控机的运动控制、状态监测等信号，实现基本的加工动作。

8.3.3　智能体模型的推理决策模块分类

推理决策模块负责通过信息分析、产生执行决策，以管理、控制整个智能体单元运行和动作。但是由于其软硬件结构设计复杂，功能繁多，难以用较短篇幅详细叙述全部决策过程。因此，本节只对各个智能体模型中推理决策模块的主要功能进行详细介绍。

1）原料库智能体

原料库智能体推理决策模块流程图如图 8-8 所示。原料库智能体的推理决策模块主要负责订单处理、设备选择和工件出库。首先原料库智能体通过向云平台发送请求来获取新订单，由于用户下的订单一般包含多种类型的工件，每种工件都需要经过多个工序加工，因此此订单被划分为工序任务，并根据交货日期和用户重要性计算任务的优先级，并根据优先级将任务插入任务队列中。然后原料库智能体从任务队列中提取优先级最高的任务，收集执行调度算法所需的信息，选择一组 AGV 和机床完成任务的运输和处理。最后选中的 AGV 来到原料库智能体出库口后，原料库智能体控制机械装置将原料从库位运送到 RFID 读写器处进行标签信息初始化，接着将原料输送至 AGV 上。

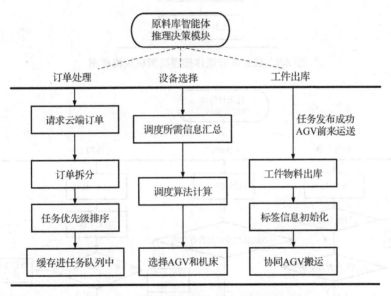

图 8-8　原料库智能体推理决策模块流程图

2）成品库智能体

成品库智能体推理决策模块流程图如图 8-9 所示。成品库智能体的推理决策模块只负责控制工件的存储。当一个工件的所有工序完成后，接收到运输任务的 AGV 将完成的工件运输到一个成品库智能体入口，成品库智能体配合 AGV 将工件运输到 RFID 读写器进行标签信息读取、存储并上传到云端，并通过成品库智能体机械装置将工件输送到成品库的相应位置。

3）机床智能体

机床智能体推理决策模块流程图如图 8-10 所示。机床智能体的推理决策模块负责任务作业的处理和投标。收到投标书后，机床智能体将根据自己的处理能力和缓冲区是否有空缺来决定是否投标。如果招标人选择机床智能体，机床智能体将在收到所选标书后再次确认缓冲区是否有空缺，然后答复是否应投标。机床智能体还负责工件的加工。工件加工完成后，需要读取工件的 RFID 芯片数据，以确定是否还有其他加工工序要完成。如果所有工序都已完成，则会通知 AGV 运送成品进入仓库。否则，下一道工序将从其他代理商招标。

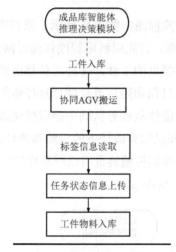

图 8-9　成品库智能体推理决策模块流程图

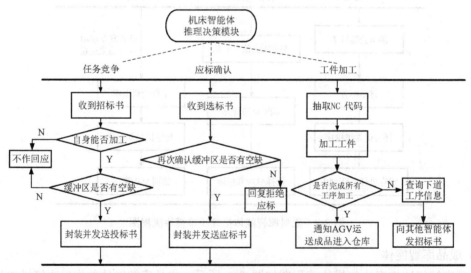

图 8-10　机床智能体推理决策模块流程图

4）AGV 智能体

AGV 智能体推理决策模块流程图如图 8-11 所示。AGV 的推理决策模块主要负责接收和执行物流任务。AGV 接收到物流任务后，根据任务的优先级将其插入任务队列。AGV 在执行物流任务时，首先根据物流任务的起止点查询离线路径库。然后根据找到的最优路径执行任务。当任务执行过程中发生路径冲突时，通过查询冲突事件策略库，搜索出相应的解决策略，然后重新规划路径，完成物流任务。

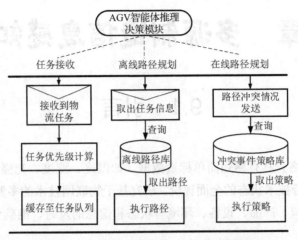

图 8-11 AGV 智能体推理决策模块流程图

5）监控智能体

由于监控智能体主要负责车间动态扰动事件的监控和处理，所以监控智能体的推理决策模块根据感应到的扰动事件来匹配和执行知识库中对应的扰动处理策略。

8.4 本章小结

本章主要说明了制造系统智能体结构模型的设计及其构建，具体介绍了智能体的基本特征、映射方式、基本结构及结构模型设计。同时，就智能体的模型构建，简单介绍了智能体模型的总体构建思路及各个模块的设计。

8.5 本章习题

（1）智能体有哪些基本特征？

（2）智能体的映射方式是什么？

（3）智能体有哪些基本结构？

（4）设计智能体结构模型时，有哪些功能模块？

（5）阐述智能体模型构建时的软件部分和硬件部分。

第9章 多源制造信息感知技术

9.1 引言

传统的传感器网络只具有感知简单标量数据（如温度、湿度、光强等）的能力，数据信息含量较少，无法支持技术状态的全面评价。研究基于物联网技术的多源制造信息感知技术，实现对各生产环境物料、产品、设备、环境等状态和信息的及时、准确采集与处理。

9.2 多源制造信息的感知需求及信息源分析

9.2.1 智能制造系统对制造信息的感知需求

在产品的全生命周期当中，所有活动的进行都会伴随着大量的数据产生，这些数据反映着生产制造的方方面面。将生产过程中众多要素进行有效互联，对生产过程中的数据进行有效采集、传输和处理对智能制造系统具有重要的意义。系统的合理决策、合理调度实现对制造资源、服务的优化控制高度依赖于数据，数据可以说是智能制造系统实现智能的根基。目前传统制造行业面临着存在于物质流、信息流、能量流之间的壁垒，使得制造行业的发展受到了限制，在面向逐渐流行并成为主流的小订单、高度定制化的生产模式显得力不从心，智能制造系统的互联感知是打破这些壁垒的有效措施，且是制造行业以后重要的发展方向。

智能制造系统的定制化生产模式、制造系统环境的高度复杂性和随机性使得生产现场产生的数据具有海量、多源和异构的特点。定制化生产模式中存在任务变更、计划调整、环境扰动等不稳定因素，增加了生产过程中的控制难度。智能制造系统多源异构信息的采集对于智能制造系统的定制化生产模式具有重要作用，支撑智能制造系统的分析和决策，提升制造系统的决策质量。因此互联感知能够极大提高制造系统的生产和管理效率。

9.2.2 智能制造系统的多源信息源分析

智能制造系统当中的各种生产数据按照数据结构可以分为结构性数据和非结构性数据。通常生产过程中的结构性数据是指可以用二维表格进行统计和归纳的数据类型。比如，车间内工人的个人信息，可以用一张表格进行汇总。非结构性数据多指视频和音频类的数据，不能用表格进行归纳，在制造行业中也常常出现。比如，要对重要生产环节进行不间断的看管，避免重大安全事故的发生。这是制造系统中数据异构性的简单体现，对于制造系统的存储和分析造成了很大的障碍，是智能制造系统需要解决的一个难题。

图 9-1 所示为智能制造系统信息源示意图。将智能制造系统的各项数据按照信息的来源进行分类主要可以分为五种类型。这五种信息源分别是与设备运行状态相关的信息源、与工件加工质量相关的信息源、与物料相关的信息源、与人员相关的信息源、与生产环境相关的信息源。当然信息源的分类并不唯一，但这五种信息源是以生产活动为中心，围绕生产活动当中的采集和监测进行的总结和概括，构成了智能制造系统的主体信息源。从这五种信息源进行分析比较全面有效，且贴合实际生产活动，能提高互联感知采集和处理数据的价值。

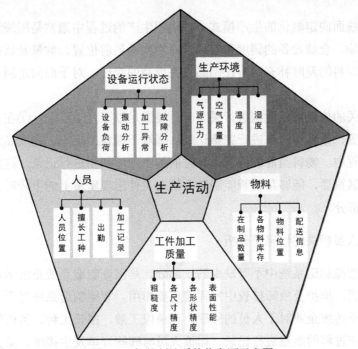

图 9-1　智能制造系统信息源示意图

9.2.2.1　与设备运行状态相关的信息源分析

生产设备是智能制造系统当中生产活动的主体，制造系统的运行通常也要围绕生产设备进行。生产设备作为重要的生产资料，对于企业的生产和管理效率具有很大的影响，从而进一步影响生产企业的经济效益。对信息源的采集和分析应当服务于生产监测的需要，在对生产设备进行数据采集时应当对设备当中的关键和薄弱部件进行重点监测，确保在故障即将发生或已经发生的情况下，采取及时有效的补救措施。

与设备运行状态相关的信息源，主要采集的数据类型有设备负荷、振动分析（主要是加工刀具在加工时产生的振动）、加工异常（如出现设备撞刀、机械臂故障等）、故障分析（常见机械故障代码）。

9.2.2.2 与工件加工质量相关的信息源分析

工件的质量决定了机械产品的使用性能及产品的使用寿命，要保证产品的质量和性能需要对产品的加工质量进行严格的检测。保证产品的良品率，是生产过程的重要一环，也是企业取得良好声誉的重要途径。常见的机加工产品加工质量的主要参数包括尺寸精度、形状进度、位置精度、表面粗糙度和表面层的物理性能。

与工件加工质量相关的信息源数据主要包括工件的粗糙度、工件各尺寸精度、工件各形状精度和工件的表面性能。

9.2.2.3 与物料相关的信息源分析

智能制造系统面向定制化的生产模式，在组织生产的过程中通常是围绕订单进行对制造系统中生产、运输、仓储设备的调度和安排。对物料的当前位置、数量及状态等信息及时掌握，进而完成对原料的及时补充，对在制品、完成品的管理，对于面向定制化的生产模式具有重要意义。

对与物料相关的信息源的数据进行采集时，要满足以下几点要求：①在仓库端对原料和完成品的当前位置、数目等信息进行完整记录；②对于原料的出库，完成品的入库要实时更新；③在生产过程中，物料当前的位置、经过的加工工序都要进行记录，这些物料信息对于订单的可追溯极其重要，能够帮助智能制造系统在工件出现质量上的下降时，迅速排查生产环节存在故障的部分。

9.2.2.4 与人员相关的信息源分析

人员仍然是智能制造系统中不可缺少的一部分，是保证制造系统正常运行的重要环节，在制造系统的变更、维护及故障排查中发挥着重要作用。智能制造系统对于人员相关的信息采集不仅不局限于传统企业对于人员的管理，记录像工龄、擅长工种、当前的身体状况，还要对人员参与生产过程的痕迹进行记录，如该人员与哪些订单发生接触、负责过这些订单中哪些生产环节，或者该人员当前与故障设备的距离、擅长维修的类型、能否尽快到达故障地点对故障进行排查，使生产运输设备迅速再次投入生产。

与人员相关的信息源主要采集的数据包括人员的基本信息、擅长工种、人员位置、加工记录、排查故障的能力及出勤率。对人员的信息采集是为了支撑制造系统对人员的合理调度，应对不断变化的生产环境。

9.2.2.5 与生产环境相关的信息源分析

生产环境是智能系统的影响因素，保证智能制造系统的生产环境维持在正常范围，对于保证生产运输设备的加工精度、使用寿命、工件的加工精度和使用性能具有重要意义。当生产环境随着不同季节、不同生产线、不同产品、不同设备发生变化时，需要采取相应的维护措施对生产设备进行维护、保养和校正。

与生产环境相关的信息源主要包括智能制造系统当中的温度、湿度、气源压力、空气质量、电磁辐射等参数。生产环境的数据应当紧紧围绕生产、运输设备及操作人员，对存在重大危险或对生产活动影响巨大的环境因素进行实时监测，避免重大生产事故的发生。

9.2.3 信息数据特点及分析

9.2.3.1 数据的多源性

智能制造系统接收生产订单之后，会根据制造系统的实时场景，进行生产设备、物料、人员的调度，进行生产活动，产生与设备运行状态相关的信息源、与工件加工质量相关的信息源、与物料相关的信息源、与人员相关的信息源、与生产环境相关的信息源，这些由各个环节产生的信息源，构成了制造系统数据的多源性。

智能制造系统当中信息的多源性对信息的传输和存储造成较大的阻碍。多来源意味着制造系统的生产传输设备和人员分布是分散的，并且存在位置变换的信息源，这使得信息感知系统的结构是多层次、多种结构的，信息需要经过多次中继节点才能最终到达数据处理端，因此，实际生产对数据实时性和数据传输带宽提出了更高的要求。

9.2.3.2 数据的异构性

数据是用来描述事物性质的，不同的事物具有的属性类型不同、属性的性质不同，因此在表达的形式上也不相同，从而体现出结构上的不同。在智能制造系统的环境中，根据该数据是否可以由数据库的二维表形式进行表示，将数据的结构分为结构性数据和非结构性数据。

结构性数据具有方便在数据库中进行读写、方便调用的特点。而非结构性数据则需要图像识别等人工智能算法进一步进行处理，才能有效地提取这些非结构性数据当中的信息。非结构性数据的存储一般采用存储数据路径的方式。常见的结构性数据包括车间员工的信息表、车间内原料的存储情况。非结构性数据包括监控视频、办公文档。

9.2.3.3 数据的动态性

智能制造系统的生产任务是持续进行的，导致了部分数据会随着时间变化，比如，生产设备的负载、原料的数量、在制品在车间内的位置。此类生产数据都具有动态性，并且智能制造系统当中部分重要参数，需要极高的采集频率才能保证信息的有效性。

9.2.3.4 数据量的巨大

生产过程所需的设备和人员数量较多，设备和人员待采集的参数往往有多种，并且其中部分参数需要极高的采集频率，比如，监测机床主轴振动就需要极高的频率。这些因素共同构成了制造系统内部庞大的数据量，并对数据的传输、存储、处理有较高的要求。

9.3　多源制造信息感知的关键技术

9.3.1　多源制造信息感知技术需求分析

制造系统的多源制造信息感知是指通过在生产现场配置各种信息采集和传输装置，对制造现场的实时信息进行有效的分析和处理。这些装置采集到的信息是制造系统的决策层在制造过程中产生的有效信息。通过这些信息可实时调控车间内生产活动的进行。制造系统对于多源制造信息感知的需求主要有对于传感器的管理及对于多源制造数据的采集和传输。

9.3.1.1　传感器管理需求分析

传感器是制造信息感知的开端，对传感器的系统在时间、空间、工作模式的合理控制，能够最大限度利用传感器系统的资源，提高智能制造的感知能力与决策质量。合理的传感器管理是指通过控制进行数据融合，根据需要选择数据，减少不必要的数据存储和采集过程中的能量消耗。

智能制造系统内部的传感器数量和种类很多，具有多源和异构性，同时制造系统面对灵活多变的生产订单、生产设备、生产技术的变更，也会产生对传感器的增加或替换。在采集智能制造系统当中物料、设备、人员、在制品、产品质量的数据时，要根据采集对象和采集数据的不同，选用不同的传感器，设置相应的传感器参数。不同的传感器在通信方式、感知距离、输出量类型方面具有较大的差异，同时制造系统对于生产活动运转的连续性具有较高的要求，因此制造系统的传感器应采用一种统一的模式进行管理，达到传感器的即插即用，是相当有必要的。

对于传感器的管理分为两部分，第一部分是传感器的接入，第二部分是传感器运行的监测和数据调用。要将传感器接入到智能制造系统当中，在硬件层面上首先要有相应的接口，与传感器配套的传输方式进行对接。不同的传感器具有自己的驱动软件、通信标准、通信协议及感知方法，管理系统需要建立相对完善的传感器驱动库，并且允许新的驱动的更新，保证系统对新类型传感器的接入和调用。

9.3.1.2　多源制造信息采集和传输需求分析

在为相应的车间信息源配置相应的传感器时，由于离散生产车间中的信息源是离散分布的，故决定了制造系统当中传感器节点也是分散的。由于传感器数据对采集和传输形式的限制，数据传输的技术手段复杂多样，并且呈现分散的网络状形式，传感器将数据采集之后，需要经过多个节点才能到达数据预处理和分析的节点。这样的数据传输结构也意味着，智能制造系统要兼容多种数据传输技术。

9.3.2　传感器技术简介

传感器是一种日常生活和工业现场当中都需要用的一种检测装置。传感器将要测量的信息按照一定的规律进行转换，测量的信息包括温度、湿度、力等非电量，也包括电流、电压、功耗等电量，经过转换之后成为标准的电信号，是能够被计算机接收并处理的信号。下面我们来认识几种在工业现场常见的传感器。

9.3.2.1　温度传感器

温度传感器是一种将温度转换为可用信号输出的信息采集装置，在智能制造系统中应用广泛。由于在智能制造系统中的温度测量场景主要有环境测温，故需保证一些对环境温度变换敏感仪器的正常运行。比如，光栅就需要在近乎恒定的温度下工作；测量机床加工时刀具的温度，如果刀具的温度过高意味着加工过程发生故障，刀具的寿命和工件的寿命都得不到保障。

热电偶传感器是工业现场当中最为常用的接触式测温传感器。热电偶传感器的原理是两种成分不同的导体组成闭合回路，两种材料的电动势随温度升高变化的系数不同，回路两端就产生了电动势差。热电偶传感器具有较高的温度系数，灵敏度高，具有较宽的工作温度范围。热电偶的稳定性和良好的过载能力使得热电偶传感器在工业中得到了广泛的应用。

电阻温度传感器的工作原理是部分金属随着温度的升高，自身的电阻值会相应减少。通常只有铂金、铜、镍等金属能够满足电阻温度传感器的要求，这些金属通常具有对温度敏感、能够抵抗热疲劳的特点。

红外传感器是利用热辐射原理制成的温度传感器。对于温度为绝对零度的物体，其内部都会存在热运动，在热运动的过程中物体不断向外界辐射电磁波，这部分电磁波中就含有红外线。红外传感器中的半导体测温部件在吸收红外线之后，转换成相应的电信号，就可以测出物体的温度。

在制造现场的温度测量中，热电偶传感器可以用来测量机床油液的温度，来判断机床的负载是否正常、是否需要更换新的润滑油液。红外传感器可以测量车间内部的环境温度，监测环境整体温度是否处在正常范围内。红外传感器也可以用来测量高速旋转刀具的温度、机床电机的温度、被加工工件的表面温度，主要是因为这些部位都不容易安装接触式温度传感器，而红外传感器不会破坏设备的现有结构，能够快速测量温度，且配置方便。

9.3.2.2　振动传感器

振动传感器的原理是将设备或工件的振动信号转换成电信号。振动传感器主要包括机械接收部分和机电转换部分，其中机械接收部分负责接收振动信号，转换成易于测量和转换的物理量，机电转换部分再将中间物理量转换成电信号。

根据测量过程中是否接触被测设备，将振动传感器分为机械式、光学式和电磁式。机械式振动传感器主要有杠杆式测振仪和盖格尔测振仪，它测量的频率较低。光学式振动传感器将振动信号转换成光学信号，光学信号再进一步转换成电信号。电磁式振动传感器通常利用的是电磁感应效应，被测设备振动引起传感器切割磁感线，将振动信号转换成电信号。

在工业现场应用较为广泛的振动传感器是电磁式振动传感器。因为它的精度和灵敏度都较高，在传感器头部通常安装有磁铁，不需要打孔就可以安装在机床上测量主轴的振动。

9.3.2.3　位移传感器

位移量的测量在制造过程中有广泛的需求，涉及零件的加工精度、设备的超程预警等方面。在测量较小的位移量时，主要采取应变式位移传感器、电感式位移传感器、差动变压器式位移传感器、涡流式位移传感器及霍尔传感器。在测量较大的位移量时则采用光栅位移传感器和感应同步器。

光栅位移传感器的组成部分包括标尺光栅、指示光栅、光路系统和测量系统。通常指示光栅与运动物体一同运动，标尺光栅安装在静止物体上，当物体运动时，指示光栅和标尺光栅发生相对位移，由于光栅叠栅条纹原理，测量系统中的光电元件接收到明暗相间的叠栅条纹，根据条纹的变化测量物体的位移和速度。

感应同步器是一种电磁式位移测量装置，按照测量位移的形式分为直线式和旋转式。直线式感应同步器由定尺和滑尺组成，可以测量直线位移。旋转式感应同步器由定子和转子组成，可以直接测量角位移也可以间接测量直线位移。

9.3.3　异构传感器管理

对智能制造系统内部种类和数量众多的传感器进行状态监测和数据采集，是相当困难的。传统的配置专门采集软件和接口的传感方式，无法对同一台设备上的多个传感器进行有效关联。在增加新的传感器的情境下，需要单独配置传感器的参数，会造成制造系统信息采集能力、计算能力、存储资源的浪费。

Agent 技术是一个软硬系统，具有自治性、社会性、反应性、能动性等特点，在多源异构传感器管理中有着重要的作用。Agent 作为一个软件实体，可以代理智能制造系统当中设备端的信息操作行为，进行对传感器的工作参数设置及采集信息的读取，能够按照预先定义的工作逻辑实现自身的信息操作任务，主动获取制造环境的变化，进而加工存储和传输获取的信息，并作为智能制造系统决策和管理的可靠依据。

图 9-2 所示的基于 Agent 技术的传感器管理模型中，将传感器与 Agent 进行一一匹配，在这种匹配关系中，Agent 与相关的传感器建立了包括工作流模型、绑定模型、驱动模型、消息模型在内的关系。Agent 传感器管理系统采取 Web Service 的体系架构，通过 Agent 采集到的装备信息可以通过 Web Service 的服务方式向外部或第三方用户进行传输。下面是 Agent 传感器管理系统中 Agent 与装备之间建立的工作关系的简单介绍。

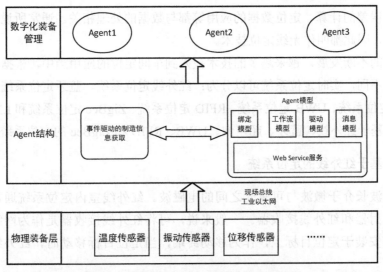

图 9-2　基于 Agent 技术的传感器管理模型

Agent 工作流模型：在采集实时制造信息时，不同传感器之间存在时间和顺序上的差异，需要系统进行协调，才能实现有效、有序的信息采集工作。通过工作流技术建立制造装备端的各个传感器的工作顺序，以及工作顺序的触发条件，实现同一装备上多个传感器之间采集信息的协同。

Agent 绑定模型：将制造资源和对应的传感器进行绑定，为生产调度系统读取装备实时生产信息提供支撑，实现无缝衔接的信息调用。与制造装备相关的制造资源绑定主要有制造装备上的传感器的隶属关系、制造任务与制造装备之间的分配关系。

Agent 驱动模型：用于配置传感器，以及为传输装备配置相应的驱动程序，实现对传感器的远程操作，用于驱动传感器正常工作。

Agent 消息模型：采用可扩展标记语言等字符串形式，创建标准模板将装备采集到的制造信息进行封装和传递，通过 Web Service 服务的形式，共享制造车间内的多源制造信息。

9.3.4　车间定位技术简介

随着信息时代的到来，基于位置的服务（Location Based Service，LBS）作为战略性新兴产业已广泛进入人们的生活，正成为国防安全、经济建设、社会生活中不可或缺的部分。要实现基于位置的服务，首先要做的就是实现定位。

定位是指采用一定的测量手段获得某一对象的位置信息，这个位置信息可以是以地球为参照系的坐标，也可以是以房间为参照系的坐标，取决于对位置数据的需求。定位主要涉及以下几方面：①物理测量，采用一定的技术手段进行测量，常见技术手段包括可见光测量和声波测量；②位置计算，选定测量技术，通过测量的参数计算出定位目标的位置，为位置计算过程；③数据处理，在定位中，数据的处理伴随着定位的整个过程，测量信息与位置信息的转化、定位误差的计算、定位数据的应用等都与数据的处理相关。通常所说的定位技术都采用无线信号，因此都叫作无线定位技术。

随着技术的不断发展，越来越多的技术投入到车间定位的应用当中，根据采集方式和感知环境参数的不同，实时定位系统可以分为：红外线定位系统、蓝牙定位系统、超声波定位系统、Wi-Fi 定位系统、UWB 定位系统、RFID 定位系统、ZigBee 定位系统和 LMS 定位系统。下面简单介绍基于红外线、蓝牙、超声波、UWB、RFID 和 ZigBee 的定位系统。

9.3.4.1　基于红外线的定位系统

红外线是波长介于微波与可见光之间的电磁波。红外线室内定位系统通常由两部分组成：红外线发射器和红外线接收器。一般来说，可将红外线接收器是作为网络固定节点，而红外发射器安装于定位目标上，作为移动终端，当定位目标移动时，红外线发射器随之一起移动。

其定位原理是红外线发射器发射含有自身 ID 的红外调制信号，基于红外线的定位系统根据是否能收到标识的红外调制信号来判断该目标是否在某个接收器的接收区域内。通过对红外线进行解析和计算，获得定位目标的实时位置信息。

基于红外线的定位系统的优点有：定位精度高、反应灵敏、成本低廉。基于红外线的定位系统的主要缺点有：光线只能直线传播，对被遮挡的物体（视距外对象）无法实现跟踪定位；红外光在空气中衰减很快且容易受到其他光源的干扰，最大感应距离只有 5.3m，稳定工作距离小于 3.2m，只适合短距离传输。

9.3.4.2　基于蓝牙的定位系统

蓝牙（Blue Tooth）是一种目前应用非常广泛的短距离低功耗的无线传输技术。国内外也有利用蓝牙传输特性进行室内定位的研究。通常基于蓝牙的定位系统采用两种测量算法，即基于传播时间的测量方法和基于信号衰减的测量方法。

采用蓝牙技术进行室内短距离定位，优点是设备体积小，易于集成在 PDA、笔记本电脑和手机中，且信号传输不受视距影响；缺点是蓝牙定位要求安装蓝牙通信基站，且在定位目标上配置蓝牙模块，在大空间和大规模室内定位中的成本较高，同时受到技术制约，蓝牙定位的最高精度要大于 1m。

9.3.4.3　基于超声波的定位系统

超声波的频率超过人耳的听力阈值上限，用于定位的超声波频率在 40kHz 左右。超声波定位系统将接收器在定位空间内以阵列的形式进行布置，在进行定位时需要三个及以上的超声波接收器接收定位目标上超声波发生器发出的超声波信号。根据回波与发射波之间的时间差，计算出待测距离，再通过三角算法可以计算出定位目标的实际位置。

基于超声波的定位系统具有定位精度高的特点且单个器件结构简单。在室内应用基于超声波的定位系统时会产生超声波散射，从而出现较强的多径效应，影响超声波的定位精度。

9.3.4.4　基于 UWB 的定位系统

UWB 是一种新的无线载波通信技术，它不采用传统的正弦载波，而是利用纳秒级的非正弦波脉冲传输数据，其所占的频谱范围很宽，可以从数赫兹至数吉赫兹。这样 UWB 技术可以在信噪比很低的情况下工作，并且 UWB 技术发射的功率谱密度也非常低，几乎被淹没在各种电磁干扰和噪声中，故具有功耗低、系统复杂度低、隐密性好、截获率低、保密性好等优点，能很好地满足现代通信系统对安全性的要求。基于 UWB 的定位系统信号的传输速率高，可达几十兆比特每秒到几吉比特每秒，并且抗多径衰减能力强，具有很强的穿透能力，理论上能够达到厘米级的定位精度要求。

采用 UWB 技术进行定位的系统有 Ubisense 系统，该系统有源 UWB 标签，标签安装于定位目标上，采用四个接收器进行信号的接收，利用 TDOA 和 AOA 算法计算定位目标的位置信息，其定位精度可达 15cm，但是其昂贵的价格限制了它的应用。

9.3.4.5　基于 RFID 的定位系统

RFID 是一种非接触式的通信方式，通过无线射频方式对电子标签进行读取和写入，从而达到识别目标和数据交换的目的，具有速度快、功耗低的特点，广泛应用于生产生活当中，但对于工业现场的定位系统建设，成本依旧阻碍了基于 RFID 的定位系统的推广应用。

基于 RFID 的定位系统采用与 GPS 定位系统相似的定位策略，系统使用射频环形时间进行测距，在预定空间内安装阵列天线，通过多边形测距，测量定位目标的实际位置，定位精度达到 1～3m。

9.3.4.6　基于 ZigBee 的定位系统

ZigBee 是一种低速率的无线通信规范，是构建无线传感器网络的基础。ZigBee 的定位通过在定位目标上安装 ZigBee 发射模块，利用 ZigBee 自组网的特性，通过网关位置和 RSSI（Received Signal Strength Indication）值计算出当前发射模块的位置。ZigBee 具有能耗低、建设成本低、抗干扰性强等优点，广泛应用于无线传感器网络当中。

9.3.5　多源信息传输技术简介

9.3.5.1　现场总线技术

现场总线（Field Bus）的发展是为了解决工业现场智能化仪表、控制器、执行机构等现场设备间的数字通信，传递现场与高级控制系统之间控制信息的一种工业数据总线。替代了传统 4～20mA 模拟信号开关信号传输，是连接智能现场和自动化系统的全数字、双向、多站通信系统。

总线的定义包含三层，即物理层、数据链路层、应用层。物理层主要规定了通过什么物理介质进行通信，包括双绞线、光纤及其他介质。数据链路层主要定义了数据识别和纠错的内容，如可以通过 MAC 地址、CRC 校验来进行数据识别。应用层主要定义了每一包数据具体的含义，主要是控制字节和内容字节在数据段当中的位置。

9.3.5.2　工业以太网技术

工业以太网是将以太网技术应用在工业控制领域，在选材、强度和实用性上充分贴近工业现场的需求，在可靠性、安全性、适应性上居于更高的性能，本质是标准以太网在工业领域的延伸应用。工业以太网在编程语言上具有很高的兼容性，C++、C#、Java 编写的控制程序都可以在工业以太网的环境当中运行。

工业以太网在传输速率上对比传统现场总线网络具有很大的优势，可以达到 1Gb/s 甚至更高的速率，可以满足工业以太网对于控制调度和数据传输上的带宽需求。以太网也使得对于制造系统的控制、监测不再受地理位置的限制，可以实现远程控制和监测。

9.3.5.3　无线传感器网络

无线传感器网络（Wireless Sensor Network，WSN）是一项通过无线通信技术把数以万计的传感器节点以自由式进行组织与结合进而形成的网络形式。构成传感器节点的单元分别为：数据采集单元、数据传输单元、数据处理单元和能量供应单元。其中数据采集单元通常都是采集监测区域内的信息并加以转换，如光强度、大气压力与湿度等；数据传输单元则主要以无线通信，交流信息，发送、接收那些采集进来的数据信息为主；数据处理单元通常处理全部节点的路由协议、管理任务及定位装置等；能量供应单元为缩减传感器节点占据的面积，会选择微型电池的构成形式。无线传感器网络当中的节点分为两种，一种是汇聚节点，另一种是传感器节点。汇聚节点主要是指网关能够在传感器节点当中将错误的报告数据剔除，并与相关的报告数据进行融合，对发生的事件进行判断。汇聚节点与用户节点连接可借助广域网络或者通过卫星直接通信，并对收集到的数据进行处理。

图 9-3 所示为无线传感器网络环境监测数据收集系统总体设计框图，传感器网络实现了数据的采集、处理和传输三种功能，它与通信技术、计算机技术共同构成信息技术的三大支柱。无线传感器网络是由大量的静止或移动的传感器以自组织和多跳的方式构成的无线网络，以协作的方式感知、采集、处理和传输网络覆盖地理区域内被感知对象的信息，最终把这些信息发送给网络的所有者。

无线传感器网络所具有的众多类型的传感器，可探测包括地震、电磁、温度、湿度、噪声、光强度、压力、土壤成分、移动物体的大小、速度和方向等周边环境中多种多样的现象。潜在的应用领域为：军事、航空、防爆、救灾、环境、医疗、保健、家居、工业、商业等。

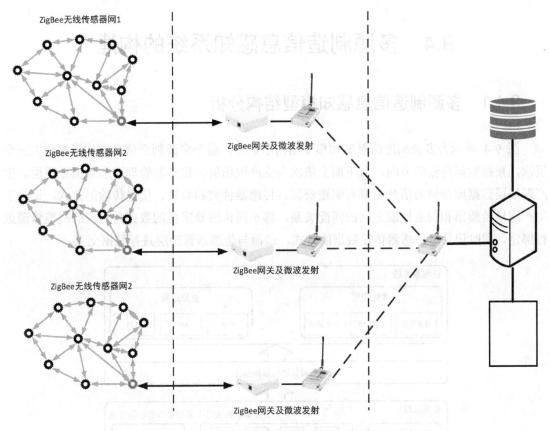

图 9-3　无线传感器网络环境监测数据收集系统总体设计框图

相较于传统式的网络和其他传感器，无线传感器网络有以下特点。

（1）组建方式自由。无线传感器网络的组建不受任何外界条件的限制，组建者无论在何时何地，都可以快速地组建起一个功能完善的无线传感器网络，组建成功之后的维护管理工作也完全在网络内部进行。

（2）网络拓扑结构的不确定性。从网络层次的方向来看，无线传感器网络的网络拓扑结构是变化不定的，如构成网络拓扑结构的传感器节点可以随时增加或减少，网络拓扑结构图可以随时被分开或合并。

（3）控制方式不集中。虽然无线传感器网络把基站和传感器节点集中控制了起来，但是各个传感器节点之间的控制方式还是分散式的。路由和主机的功能由网络的终端实现各个主机独立运行，互不干涉，因此无线传感器网络的强度很高，很难被破坏。

（4）安全性不高。无线传感器网络采用无线方式传递信息，因此传感器节点在传递信息的过程中很容易被外界入侵，从而导致信息的泄露和无线传感器网络的损坏。大部分无线传感器网络的节点都是暴露在外的，这大大降低了无线传感器网络的安全性。

9.4　多源制造信息感知系统的构建

9.4.1　多源制造信息感知模型结构分析

图 9-4 所示为多源制造信息感知模型结构示意图。整个多源制造信息感知模型分为三个层次，根据数据传输的方向，自下而上依次为生产现场层、传感器管理层和数据处理层。生产现场层数据库存储的信息主要有制造资源、传感器种类和数目、信息传输的方式，记录了生产现场传感器和制造资源之间的匹配关系，将不同传感器采集的数据与对应的制造资源进行绑定，同时记录了传感器传输数据的方式，进而与传感器管理层进行数据交互。

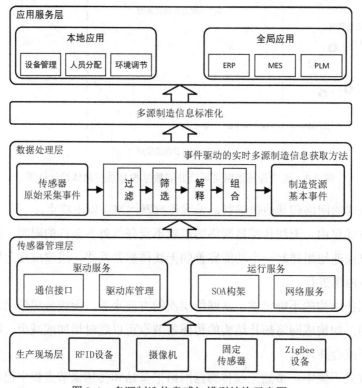

图 9-4　多源制造信息感知模型结构示意图

传感器管理层的主要功能是传感器注册和传感器运行管理。传感器注册的主要步骤有传感器定义、驱动安装、参数配置。传感器管理层主要是对分布在智能制造系统内部各处的传感器的工作状态进行监控和维护，保证制造系统信息采集的正常进行，为智能制造系统决策提供可靠的、实时的数据支持。

数据处理层负责对数据进行初步处理。数据处理层接收传感器管理层传输的数据，对数据进行数据预处理、信息标准化等处理，将处理之后的数据提供给应用服务层及外部的数据调用服务。数据预处理是对采集到的数据进行提取和运算，提高数据的可用程度。信息标准化是对有不同种类传感器采集到的结构各不相同的数据资源进行标准化处理，存放到对应的模板节点中。

应用服务层负责智能制造系统的调度和决策，主要的功能有实时监控、实时导航、动态调度和故障预测等，负责管理和相应制造系统多源信息主动感知系统采集到的信息，根据车间内的信息，判断制造系统内部制造环境，对制造系统内部设备可能发生故障的部位进行预测，保证制造系统生产活动的正常进行。

9.4.2　事件驱动的实时多源制造信息获取

事件驱动是实时多源制造信息获取方法，是实现智能制造系统的实时生产信息感知的前提和基础，事件驱动中的基本事件信息是制造过程中信息感知和动态调度的决策依据。传统的请求应答机制在时间和空间上的耦合度高，不能够并发处理请求，对于外界环境的响应不够及时。而订阅通信机制的事件驱动在时间和空间上的耦合度较低，具有动态并行的处理能力，对于外界环境的响应速度更快。

数据采集模块、事件模块和逻辑处理模块共同组成了事件驱动的数据采集系统。数据采集模块与智能制造系统的制造现场进行对接，将制造现场的实时信息在保证实时性、保真性的情况下提供给事件模块。

事件模块需要对数据采集模块提供的数据进行数据收集和数据转化。数据收集是对智能制造系统中的事件进行收集和处理。事件通常分为原始事件和基本事件。原始事件信息是指某一时刻读取并传输的制造信息，通常具有较大的数据量，无法直接提供给决策系统使用。基本事件通常有 ID、属性、内容等部分描述，智能制造系统内的基本事件有仓储过程中的出料、入库事件，加工过程中的加工、装配事件，流通事件。通过对原始事件进行过滤、筛选、解释、组合等预处理措施，可以将原始事件转换成基本事件。数据转化是将采集的数据根据通信协议标准，将原始数据转化成可直接使用的数据，即对原始事件的预处理转换。

逻辑处理模块负责根据系统需要定义模型当中事件的数据类型，即制定这些数据的名称、类型及精度等数据，是事件驱动的数据采集获取方法正常工作的基础。

9.4.3　多源制造信息标准化及信息共享

信息的一致性是智能制造系统实现制造信息共享的基础。传统的制造信息系统缺乏信息交互和集成的设计，在标准上各成体系，制造信息感知的内部系统当中保证了信息的一致性。但当系统之间有进行数据交互的需求时，信息标准的不同，会导致传递信息时出现信息描述不统一、信息的编码结构不一致，没有很好地融入到各阶段实施的信息系统。

ISA-95 标准是一种基于四层制造企业层次结构，定义了连接企业和控制层行为的良好集成管理，是一种仍在不断发展的参考模型。ISA-95 提出的目的是提供一种具有较高一致性的功能描述术语、信息和操作模型、信息数据交换。

业务到制造标记语言（Business to Manufacturing Markup Language，B2MML）规范是一种符合 ISA-95 标准内容的 XML 执行标准。B2MML 对标准定义的资源、信息流进行具体描述，定义了交换数据的统一内容和格式。这种规范可以用于对不同系统之间的数据指定统一的意义明确的标签，允许对调用数据有需求的系统读取数据，实现不同系统之间数据共享的目的。B2MML 是基于 XML 创建 ISA-95 模型第三层和第四层之间通信规范的一种实现方式，用于文本信息交换。B2MML 使业务过程和制造过程实现无缝集成，保证成本最小化的互操作性。而 XML 的使用也促成了异构系统之间的数据交换。B2MML 主要包含的与生产过程相关的信息模型有设备、物料、人员、加工片段、产品定义、生产能力、生产绩效。

9.5　本章小结

本章首先分析了多源制造信息感知需求及信息源，将生产过程中众多要素进行有效互联，对生产过程中的数据进行有效采集、传输和处理，这对智能制造系统具有重要的意义。系统的合理决策、合理调度实现对制造资源、服务的优化控制高度依赖于数据，数据可以说是智能制造系统实现智能的根基。然后介绍了多源制造信息感知的关键技术，包括传感器技术、异构传感器管理、车间定位技术及多源信息传输技术等，通过运用这些关键技术可以对制造现场的实时信息进行有效的分析和处理。最后描述了多源制造信息感知模型的结构，主要分为以下三层：生产现场层中数据库存储的信息主要有制造资源、传感器种类和数目、信息传输的方式；传感器管理层主要功能是传感器注册和传感器运行管理；数据处理层负责对数据进行初步处理，数据处理层接收传感器管理层传输的数据，对数据进行数据预处理、信息标准化等处理，将处理之后的数据提供给应用服务层和外部的数据调用服务。通过使用多源制造信息感知技术，能够极大地提高制造系统的生产和管理效率。

9.6　本章习题

（1）什么是多源制造信息感知技术？

（2）多源制造信息感知技术有哪些关键技术？

（3）多源制造信息感知技术对制造系统有什么功能作用？

（4）多源制造信息感知模型的结构包括哪些内容？

（5）请对多源制造信息感知技术的模型结构进行简要分析。

第10章 离散制造资源标准化接入技术

10.1 引言

在当今社会，随着用户个性化定制的需求不断上涨，小批量、高复杂度的生产要求增加，使得需要一种灵活的制造系统，可以在降低成本的同时提高产品质量并缩短加工时间，在这种社会发展背景下，离散制造应运而生。离散制造车间是进行离散制造生产过程的具体活动场所。基于离散制造，离散制造车间产品种类繁多、生产组织较为复杂，易发生产品变动、工艺变动、业务变动、生产组织变动等情况，很难形成类似于流水线那样稳定的生产环境。在这种错综复杂的车间情况下，对于离散制造资源的标准化接入管理显得尤为重要。

10.2 离散制造资源

10.2.1 离散制造

离散制造是指通过将目标产品分解成多个独立的零部件分别进行加工，最终汇聚完成装配的生产制造过程。汽车、飞机和智能手机是离散制造产品的典型示例。离散制造通常以单个或单独的单元生产为特征。单元可以以高复杂性小批量生产或低复杂性大量生产。离散制造将流水线尽可能地充分利用，提高了整体生产的效率。

在实际过程中，离散制造中生产的过程本质上不是连续的。每个过程都可以单独启动或停止，并可以以不同的生产率运行，最终产品可以单次或多次投入生产。例如，生产钢结构仅需要一种原材料——钢。这与造纸或石油精炼生产等流程制造不同，后者通过连续过程或一组连续过程获得最终产品。

产品的生产过程通常被分解成很多加工任务来完成。每项任务仅占用企业的一小部分能力和资源。企业一般将功能类似的设备按照空间和行政管理建成一些生产组织（部门、工段或小组）。在每个部门，产品从一个工作中心到另外一个工作中心进行不同类型的工序加工。企业常常按照主要的工艺流程安排生产设备的位置，以使物料的传输距离最短。另外，产品加工的工艺路线和设备的使用也是非常灵活的，在产品设计、处理需求和订货数量方面变动较多。

离散制造的产品往往由多个零件经过一系列并不连续工序的加工最终装配而成。加工此类产品的企业可以称为离散制造型企业，如火箭、飞机、武器装备、船舶、电子设备、机床、汽车等制造业，都属于离散制造型企业。离散制造型企业的生产过程通常由零部件加工、装配等组成。这类企业一般可进一步分为三类：一是偏向加工的离散加工型企业，二是偏向装配的离散装配型企业；三是加工与装配结合的离散混合型企业。这三类离散制造型企业的组合形成了离散制造的产业链网络。

10.2.2 离散制造资源分类

离散制造资源所涵盖的内容繁多，具有较为广泛的含义，具体是指在离散制造过程中涉及的各类产生作用的制造元素。基于上述概念，离散制造资源所包含的内容较多，需要对其进行进一步的内容划分，以更清晰地展现离散制造资源的含义及其与实际生产中的联系。

在传统意义上，一般可将离散制造资源分为物理制造资源与虚拟制造资源两大类：物理制造资源指的是在实际生产生活过程中以物理实体的形式存在的制造资源；虚拟制造资源则与之相对，指代以虚拟实体存储的制造资源。前者主要包括物理实体的各类机床、物料产品等，后者以仿真分析软件、知识产权等为典型代表。传统意义上的分类方式过于笼统与概念化，无法清楚地表现离散制造资源的具体特征。

随着离散制造业的不断发展，通过对离散制造过程的分析与总结前人研究的经验成果，基于概念树的模型，对离散制造资源进行形式描述，根据功能特点可将离散制造资源分为以下七类，即人力资源、信息资源、服务资源、物料资源、知识资源、设备资源与软件资源。离散制造资源分类图如图 10-1 所示。

（1）人力资源：代表在离散制造过程中为生产生活提供专业服务的人员，包括但不限于技术人员、生产人员、管理人员、财务人员及销售人员等。

（2）信息资源：指为生产过程提供指导服务作用的一系列信息内容，如人才信息、供求信息、商务信息、政策信息与行业信息等。

（3）服务资源：指为完成离散制造订单产品任务所需要的一类服务，如仓储服务、咨询服务、培训服务、应用服务及计算服务。

（4）物料资源：表示为产品制造服务所直接利用的有形实体资源，主要包括产品、原料、毛坯、部件与零件。

（5）知识资源：代表能够为生产过程提供指导性经验，旨在提高生产效率与服务质量的一系列增强制造能力的知识，如手册、技能、标准、案例与经验等。

（6）设备资源：指对物料资源等进行生产制造的一类物理设备，主要包括仓储设备、计算设备、制造设备、辅助设备与运输设备。

（7）软件资源：指为离散制造生产生活等相关过程服务的软件，如用于产品设计过程中的仿真软件、分析软件与设计软件，用于日常生产管控的管理软件，用于基本办公的系统软件等。

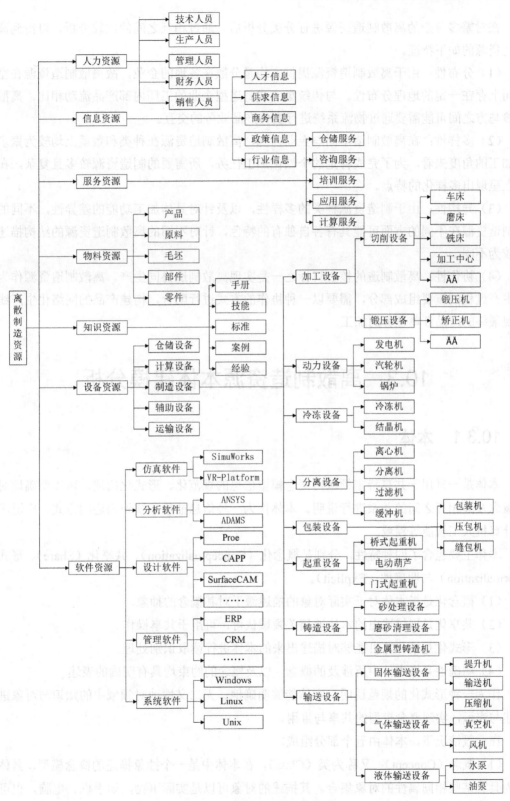

图 10-1　离散制造资源分类图

在对繁多复杂的离散制造资源进行分类分析后，通过相互之间的比较分析，可得到离散制造资源的如下特征。

（1）分布性：由于离散制造资源提供方均是分散在各地的企业，故离散制造资源在空间层面上存在一定的地理分布性。与传统集中式制造型企业的工厂内部产品流动相比，离散制造参与方之间可能需要通过物流系统进行实体产品业务的交互。

（2）多样性：在离散制造车间与企业内部，离散制造资源在种类和数量上均较为繁多。从加工的角度来看，为了完成特定的个性化加工任务，所需要的制造资源较多且复杂，在整体上呈现出多样化的特点。

（3）异构性：由于制造资源种类的多样性，以及针对具体加工功能的差异性，不同的离散制造资源在不同的方面可能具有各自独有的特色，针对不同的离散制造资源的结构描述也会较为不同。

（4）协作性：离散制造的核心目标之一是实现离散制造协同生产。离散制造资源作为实际生产过程的重要组成部分，需要以一种协作的方式进行配合，构建产品的网络化生产线，实现最终的产品订单任务的加工。

10.3　离散制造资源本体建模分析

10.3.1　本体

本体是一种用于共享特定领域内概念模型信息的规范化、形式化描述，可以明确地对不同概念及其相互之间的关系进行说明。本体作为一种信息抽象和知识描述的方式，广泛应用在计算机人工智能等领域。

本体主要包含了四种特性，分别是概念化（Conceptualization）、共享化（Share）、形式化（Formalization）与明确性（Explicit）。

（1）概念化是指本体对于实际对象的描述源于对其概念的抽象。

（2）共享化是指描述出的本体被相关领域认可，可用于共享操作。

（3）形式化是指计算机能够对描述出来的本体进行读取识别处理。

（4）明确性是指本体中所涉及的概念，以及概念的约束均具有明确的表述。

作为一种形式化的规范说明，本体能够明确地、无二义性地对领域中的知识与对象进行描述与表示，实现概念模型的共享与重用。

在一般情况下，本体由五个部分组成。

（1）概念（Concept）：又称为类（Class），在本体中是一个抽象描述的概念模型，具体表现为具有某些相同属性的对象集合。其描述的对象可以是实际事物，如手机、电脑，也可以是虚拟实体，如学校、学院。

（2）关系（Relations）：指在某些领域里特定的概念与概念之间存在着的某种特定的连接关联关系。在本体中，概念与概念之间存在着四种基本的关系，分别是 Attribute-of（属性与概念的关系）、Kind-of（子类与父类的继承关系）、Instance-of（实例与类的集合所属关系）、Part-of（整体与部分的关系）。

（3）实例（Instance）：实例是指概念集合中的某一个具体组成元素，如笔的一个实例可以是钢笔。

（4）公理（Axiom）：公理是在相关领域中必然正确的基本定理、逻辑约束或规定等断言，一般作为形式化描述的约束。

（5）函数（Function）：函数可看作一种特殊的映射关系，根据某些输入参数就可以映射确定相应的结果。

借助本体这个概念，可以对离散制造资源进行清晰与准确的语义描述。每个独立的离散制造资源对应于一个离散制造资源本体，海量的离散制造资源本体构成了一个巨大且繁杂的语义 Web。其中利用专业术语对数据进行描述，术语之间存在着交错复杂的联系。在这些术语及其之间联系的基础上，可利用计算机对其进行存储与分析处理。

本体是一种具有规定语法规则的概念模型，它能在语义层次上通过知识的形式来表达制造资源的特征属性，借助于语义 Web，可以实现对离散制造资源模型的自动化检索。在语义网中融合本体技术，既有助于实现各个领域本体相互之间的共享与互操作，又有利于互联网聚集与搜索知识。

10.3.2　本体建模原则与方法

本体建模是一个较为复杂的过程，为了确保对于概念模型形式化描述的准确性与合理性，本体建模需要遵循一定的原则。在 1995 年，斯坦福大学的学者 Gruber 提出了针对本体建模的五项基本原则，明确了建模过程中需要注意的关键重点，在国际范围内有着较高的影响力，为之后本体建模提供了基础性的理论指导。本体建模的五项基本原则如下。

（1）清晰性：本体的定义应当全面且客观，能够清晰地展现所描述对象的真实特征与含义。

（2）一致性：在本体建模的概念模型内部，各概念（如定义的公式及其推导得出的推论等）应保证在逻辑上保持一致，在整体上相容且自洽，不会产生自相矛盾的情况。

（3）可扩展性：在不对原有已定义好的术语及定义进行修改的基础上，可扩展性地新增术语并正确合理地进行形式化描述。

（4）最小编码偏差：在知识层面上本体的概念化描述应当与所使用的编码语言无关，需要在一定程度上保持自身的独立性，从而为不同表达方式系统的本体接入与描述提供可能。

（5）最小承诺：本体中的约束应当尽可能保持在最低。过多的约束会限制可扩展性，而过少的约束则会影响本体的完整描述，故需要在保证本体正常形式化描述的基础上，尽可能地降低约束的数目，以保障较高的可扩展性。

基于上述本体建模原则，国内外研究学者与机构对本体建模的方法进行了深入研究，提出了多种建模方法，主要包括 SENSUS 法、IDEF-5 法、骨架法、TOVE 法与 Methodology 法、七步法。本体建模方法如图 10-2 所示。

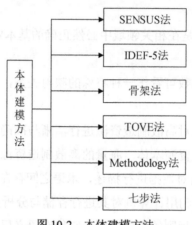

图 10-2　本体建模方法

（1）SENSUS 法：该方法旨在解决机器翻译领域内对于特定对象的概念描述问题，支持自然语言进行处理，在电子科学、军事等方面有着重要的应用意义。

（2）IDEF-5 法：IDEF-5 法注重采用图表与结构化的方式，从海量数据中提炼与总结出具有数据支撑的本体模型，能够真实获取到本体在现实世界中对应客观对象的属性、概念，以及对象之间关联的相互关系。

（3）骨架法：与其他方法不同，骨架法是 Uschold 和 King 于 1995 年提出的一套由项目经验总结得出的指导方针，旨在为企业领域本体建模提供参考，其明确地指出了本体建模的基本流程，强调了本体评价的重要意义，对于之后的本体建模方法有着深远的影响。

（4）TOVE 法：以非形式化的能力问题对本体属性进行初步评价，利用一阶谓词逻辑将公理进行形式化表达，并以此为基础建立了系统完备的知识逻辑模型。

（5）Methodology 法：该方法主要应用于化学领域的本体建模，注重对本体知识的重用，主张将本体的生命周期与研发周期分隔开，以一种更接近软件开发的流程进行相关本体工作的开展。

（6）七步法：最早由美国斯坦福大学医学院提出，在考虑对知识进行复用的基础上，按照层次化、步骤化、系统化的方式，严谨高效地完成本体的建模任务。

结合离散制造资源的具体应用场景，在综合考虑上述六种方法优劣及其相关特性的基础上，本书将采用七步法作为离散制造资源本体建模的基本方法，其主要步骤如图 10-3 所示。

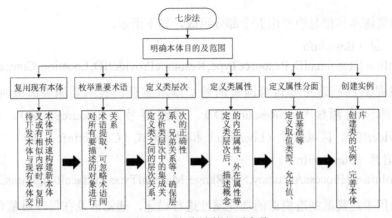

图 10-3　七步法的主要步骤

10.3.3　基于本体的离散制造资源信息模型

为了对数量众多、种类多样的离散制造资源进行统一且标准化的形式化描述，本书通过本体建模方法分析设计了基于本体五元组，即基本信息、功能信息、状态信息、加工信息、其他信息（BasicInfo、FunctionInfo、StatusInfo、ProcessInfo、OtherInfo、BFSPO）的离散制造资源本体模型描述方法，建立了具有可拓展性的离散制造资源信息模型。离散制造资源本体信息模型如图 10-4 所示。

图 10-4　离散制造资源本体信息模型

离散制造资源本体信息模型由五个部分组成，如下所示。

1）基本信息（BasicInfo）

$$BasicInfo = \{ResourceID, ResourceType, ResourceProviderID, Location, ContactInfo\}$$

基本信息是离散制造资源自身固有的若干基本信息，其主要涵盖离散制造资源在全局范围内的唯一资源编号（ResourceID）、资源型号（ResourceType）、资源所有者（ResourceProviderID）、区域位置（Location）和联系方式（ContactInfo）等。

2）功能信息（FunctionInfo）

$$FunctionInfo = \{ProcessAccuracy, SizeRange, MaterialType, SurfaceRoughness, Shape\}$$

功能信息用于对离散制造资源的功能属性进行描述，通常涉及在保证质量合格的基础上制造资源所能够提供的最高加工精度（ProcessAccuracy）、所允许加工工件的尺寸范围（SizeRange）、可选择的加工材料（MaterialType）、表面粗糙度（SurfaceRoughness）、可加工的工件形状（Shape）等，代表着制造资源本体的生产加工能力。

3）状态信息（StatusInfo）

$$StatusInfo = \{ServiceStatus, LoadStatus, FailureRate, AvailableTime\}$$

状态信息是对离散制造资源当前状态的系统描述，反映了其真实的加工状态。其具体的评价指标包括制造资源当前的服务状态（ServiceStatus），即在当前时刻制造资源正在加工、空闲或处于不可用状态；在加工过程中的负载状态（LoadStatus），即制造资源是否处于合适的工作状态；出现特殊意外的故障率（FailureRate），即无法进行正常加工任务的频率；在正常生产过程中的可用时间段（AvaiableTime），即制造资源在何时可进行加工任务。

4）加工信息（ProcessInfo）

$$ProcessInfo = \{ProductID, ProcessName, ProcessedTime, CompleteTasks, TodoTasks\}$$

加工信息是对处于加工状态的离散制造资源所涉及的加工状态的具体描述，主要包括两个方面：一是与当前执行的制造任务相关，如工件的产品编号（ProductID）、正在加工的工序名称（ProcessName）、已加工时间（ProcessTime）等；二是对历史制造任务的记录与未来生产加工的计划，如已完成历史任务（CompletedTasks）、未做任务列表（TodoTasks）等。

5）其他信息（OtherInfo）

其他信息作为信息模型的拓展项，可根据具体的场景需求自行添加特殊的描述，为多样化制造资源的统一描述提供兼容性保障。

10.3.4　离散制造资源本体建模步骤

在上述对离散制造资源本体建模分析的基础上，为了对离散制造资源本体模型进行进一步划分，实现模型的整体构建，通过参考七步法，本节设计了离散制造资源本体建模的具体步骤，如图 10-5 所示。

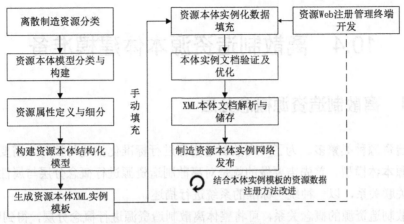

图 10-5　离散制造资源本体建模的具体步骤

（1）离散制造资源分类。根据离散制造资源功能等典型特征，对其进行初步分类，分析它们之间的不同特点，初步对其基本属性、功能属性等进行描述。

（2）资源本体模型分类与构建。在对离散制造资源进行初步分类的基础上，利用七步法进行资源模型分析，并进行进一步的细化分类。

（3）资源属性定义与细分。针对具体的离散制造资源，以设备资源为例，设计其四元组描述模型，即 DeviceResource={BasicInfo,ProcessPerformance,DeviceParameter,TechPerformance}，结合其制造特点，对其内部属性进行细分与定义。

（4）构建资源本体结构化模型。根据上述离散制造资源内部属性定义与属性之间的内部联系，基于 Protégé 等本体描述语言，对离散制造资源进行分层构建，设计层次间与属性之间的关联关系。

（5）生成资源本体 XML 实例模板。在对离散制造资源分析出适配的分层化本体属性及其关联关系后，生成面向相应离散制造资源的 XML 实例模板，并对属性数据结构等进行描述与限制。

（6）资源本体实例化数据填充。通过离散制造资源本体模板，将采集获取到实际真实的资源本体数据进行数据填充，获取本体实例文档，并对数据的准确性与正确性进行有效验证，保障数据的可靠性，同时优化在此过程中可能存在的问题。

（7）本体实例文档验证及优化。首先将文档中实体与本体知识库中实例相互映射实现语义标注。然后通过索引用户查询条件与实例来实现语义查询。最后对结果进行测试和优化。

（8）XML 本体文档解析与储存。在获取到真实可靠的离散制造资源本体 XML 实例模板后，需要对其进行解析，获取其中包含的数据信息，通过持久化工具将其存储至数据库中保存，以备后续需要。

（9）制造资源本体实例网络发布。为了对接入的离散制造资源本体进行有效的应用，借助网络工具将其发布在互联网上，以提高其使用的便捷性。

通过上述步骤，可有效地将离散制造资源接入互联网与资源管理系统中，为资源管理与分析奠定了坚实的基础。

10.4　离散制造资源本体建模准备

10.4.1　离散制造资源概念分层

离散制造资源种类繁多。为了对离散制造资源进行标准化描述与接入，需要建立准确的离散制造资源本体模型。首先需要做的就是对离散制造资源进行概念分层与属性分析，分析资源之间的关联关系，以一种统一标准的系统进行描述。

根据离散制造资源的概念关系，可将整体离散制造资源进行概念分层，得到图 10-6 所示的离散制造资源概念分层结构。

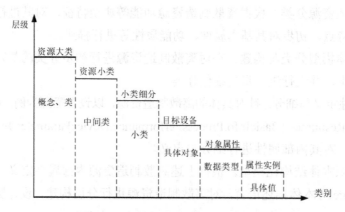

图 10-6　离散制造资源概念分层结构

根据离散制造资源种类与概念上的不同，可将其分成下面六个层级。

（1）资源大类。资源大类是指在整体层面上初步划分的资源类别，如设备资源、人力资源、软件资源等。基于离散制造资源种类上的区别，可将本体对象划分至对应的资源大类中，确定其所属类型。

（2）资源小类。资源小类作为第二层级，具体是指依据离散制造资源的功能特点不同，对资源本体类型进行进一步划分得到的资源类别。以设备资源为例，加工设备、输送设备等都属于资源小类。

（3）小类细分。资源小类中包含多种离散制造资源，需要对其进行细化分类。根据离散制造资源具体功能的区别，将资源小类下的离散制造资源进行划分。例如，加工设备可划分成车床、铣床、加工中心等。

（4）目标设备。目标设备是指本体建模的目标对象。细分小类后同种离散制造资源往往包含多个。确定目标设备的作用在于在全局范围内建立唯一标识，明确描述对象，便于在资源管理时准确地找到所要寻找的资源对象。

（5）对象属性。为了对目标设备进行本体形式化描述，需要结合其具体功能确定对象的相关属性。不同的对象往往包含着不同的属性描述。通过对象属性的相关定义与描述，可以清晰地表明对象的特征与用途。

（6）属性实例。在确定了本体对象的属性后，基于采集对象的相关实际参数，将数据进行填充，利用 XML 等本体描述工具，创建描述对象的属性实例，从而实现物理资源到虚拟资源的转变。

基于上述的离散制造资源概念分层结构，可清晰地对离散制造资源进行分类管理，构建全局范围内标准化标识系统，明确资源之间的逻辑层次关系，为离散制造资源本体结构化模型的构建奠定了扎实的基础。

通过对离散制造资源概念分层结构的分析，结合本体的相关概念，定义了表 10-1 所示的离散制造资源本体关系定义。

表 10-1　离散制造资源本体关系定义

序号	关系类型定义	适用范围	举例
1	局部关系 （Parts of）	资源本体领域之间某个整体与部分之间的关系	设备与辅助制造设备之间，如机床与刀具
2	协作关系 （Cooperation）	制造资源本体相同层面之间的相互协作关系	相同级别的设备与设备之间相互协作，如机床与工业机器人
3	实例关系 （Instance of）	针对某类本体属性的直接数据说明，表达出一个属性的具体实例	如描述机床运行状态属性：启动或停止
4	继承关系 （Class of）	在概念层面上父类与子类之间的继承关系描述	如制造资源概念及其子类资源类型
5	属性关系 （Attribute of）	某一描述是另一个描述的设备功能、结构等方面的属性描述关系	如数控机床设备的属性：加工精度、加工效率等属性
6	独立关系 （Alone）	制造资源两类资源本体概念之间毫无关系	如人力资源和物料资源之间，缺乏直接的关联关系

10.4.2　离散制造资源属性分析

离散制造资源属性是对其进行描述的重要方式。通过对资源属性的解析，可清晰地掌握资源的运作状态等各类信息。因此对离散制造资源属性进行分析是十分必要且关键的。

描述某一具体离散制造资源的属性包含静态属性与动态属性两部分。静态属性是指属性值在资源正常利用过程中不会随之变化的固有属性。动态属性与之相对，即属性值会产生变化的相关属性。以数控车床为例，其型号属于静态属性，加工状态属于动态属性。

除了上述分类方式，离散制造资源属性还可根据对功能使用是否关键划分为关键属性与非关键属性。关键属性代表资源对外表现的重要特征点，资源使用者可根据关键属性准确地对离散制造资源进行了解，合理地做出使用判断，从而及时地对生产调度进行调整。在确定离散制造资源的属性后，区分出其中的关键属性是十分重要的一环。下面将以数控机床为例，列出其全部描述属性，并根据其功能特点，分析得到其中的关键属性。数控机床资源属性列表如表 10-2 所示。

表 10-2 数控机床资源属性列表

设　　备	属　　性	属 性 实 例	是 否 关 键
五轴数控机床	设备名称（Name）	五轴数控机床	—
	设备类型（DeviceType）	机床	—
	设备编号（ID）	P1001	关键
	设备型号（Type）	HZ-848D	—
	系统类型（ControlSystem）	华中数控	—
	通信方式（Communication）	EtherNet/RS232	—
	加工方式（ProType）	精加工	关键
	可加工材料（ProMaterial）	铝合金/钛合金/铝块	关键
	最大加工尺寸（MaxSize）	30cm×40cm×50cm	关键
	最大材料负载（MaxLoad）	120kg	关键
	刀库类型（ToolDB）	曲式	—
	加工精度（ProPrecision）	0.1mm	关键
	加工粗糙度（ProRoughness）	$Ra<0.8\mu m$	关键
	定位精度（PositionAccuracy）	5mm	关键
	重复定位精度（RePositionAccuracy）	200nm	关键
	主轴转速（SpindleSpeed）	2000r/s	—
	进给速度（FeedRate）	5mm/min	—
	加工效率（ProEfficiency）	<5h	关键
	加工耗费（HourCost）	100RMB/h	关键
	当前状态（Status）	Run	关键
	报警信息（AlarmInfo）	CH_ERR_0000003	关键

依据表中的制造资源属性，可对该离散制造资源有关信息进行全面的描述；根据属性中的关键属性，可快速地找寻到所关注的重点信息，提高资源查找、管理与利用的效率。

10.4.3　资源本体语义化描述语言及工具

对本体进行语义化描述的语言与工具众多，为了准确地对离散制造资源本体进行语义化描述，选择适合的语义化描述语言与工具至关重要。一方面便于计算机对本体模型的解析与读取，另一方面可提高模型构建的速度与本体自身的可读性。图 10-7 所示为本体建模常用语言与工具。

为了选择合适的本体建模语言与工具，下面将根据功能性等特点对图 10-7 中的常用语言与工具进行优缺点分析。

1）本体建模语言

本体建模语言可分为两大部分，一是传统语言，二是基于 Web 的语言。

传统语言是指在传统意义上的建模语言，主要包括 CYC 表达语言（CYCL）、知识交换（KIF）、F-逻辑语言（F-logic）、操作知识建模语言（OCML）、开放知识库连接语言（OKBC）。

CYCL 是首个具有完整体系架构的本体语义化描述语言，其基于 CYC 知识库，能够清晰明确地表述本体特征，具有较强的语言描述能力，并且 CYCL 附带多种推理机制，可进行较强的知识推理。KIF 是一种面向计算机之间程序数据交换的描述语言，其旨在实现本体知识与数据的交换和共享，它能进行数据查询及与其他语言数据交换等操作，更注重于数据的共享。F-logic 是一种偏向于逻辑推理的数据语言，在基本概念与定义确定描述的基础上，可根据推理机的逻辑约束，获取新的数据。OCML 是一种形式化操作语言，其注重类、关系等的可操作性，可提高人员本体建模的便捷性。OKBC 基于知识库框架，有着很强的开放性。上述几类建模语言有着优秀的语义化描述能力与灵活性，但与现阶段计算机 Web 的结合不够紧密，无法跟上时代的潮流。

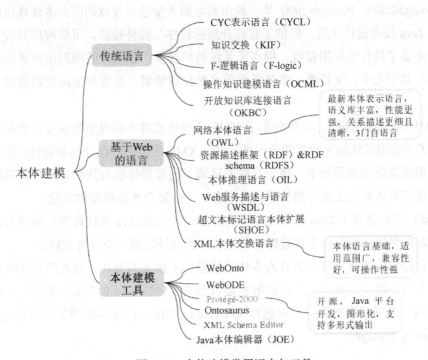

图 10-7　本体建模常用语言与工具

　　基于 Web 的语言是面向 Web 环境下本体建模的形式化描述语言，以 OWL、RDF、OIL、XML 为典型代表。OWL 是一种面向网络环境下计算机读取与解析的语言格式，支持多种语言描述语法，能够清晰地展现本体及其之间的逻辑联系。RDF 作为一种由 W3C 发布的资源描述框架，提出了数据描述与交换的基础格式，提高了计算机自动化处理的效率，促进了知识的共享，是 OWL 等本体语言下层重要的支撑技术。OIL 是另一种基于 RDF 的本体交互语言，支持语义的逻辑描述，拥有较强的语言表达能力，支持多种类型的本体建模，并且附有合理有效的推理能力。XML 是互联网上最为常用的数据交换格式，是众多本体建模语言与工具的基础，其作为 W3C 推荐的数据传输标准，能够明确地对数据及其格式进行定义，有着较强的扩展性与兼容性。

2）建模工具

用于本体建模的常用工具一般可分为以下几种。

（1）WebOnto：WebOnto 是在 OCML 基础上构建的本体建模工具，其特点在于满足多人协作需求，支持用户在创建本体时多人进行讨论。WebOnto 提供直接的用户界面与简易的操作方式，便于用户进行明确的本体建模，易于扩展，但该工具并不开源，对开发者并不特别友好。

（2）WebODE：WebODE 以 Java、XML、RMI 等作为技术支撑，构建了包括用户层、业务层、数据层三层体系架构，支持多种本体建模方法，提出实例集的概念，使得根据统一概念模型利用不同的方法可得到不同的实例集，在一定程度上提高了系统的扩展性与灵活性。

（3）Protégé-2000：Protégé-2000 是一款由斯坦福大学独立开放的面向本体建模的开源软件，其采用 Java 技术进行开发，提供了对外开放的程序与插件接口，可供程序开发者与用户深入拓展，丰富了软件的应用范围，提高了系统的扩展度。该软件的图形用户界面友好，本体操作丰富，易于上手，支持类、多重继承等多种知识要素，是近年来深受欢迎的本体建模软件之一。

（4）XML Schema Editor：该软件基于 XML 文档格式对本体模型数据及其数据格式进行校验，保证了本体形式化描述数据的合理性。由于 XML 应用的广泛性与兼容性，该工具易于扩展，能够提供高效的使用效率，便于互联网环境下的数据传输与共享。同时其提出命名空间的概念，能够有效地定义类与属性等相关概念，十分适合本体模型的构建。

（5）JOE：JOE 是基于 Java 环境的本体编辑器，其借助 Java 实现跨平台编辑与共享，图形用户界面友好便捷，可支持多种数据传输格式，扩展性较强，交互性友好。

上述本体语义化描述语言与工具为本体建模提供了极大的便利。通过综合比较各个描述语言与建模工具的特点及优劣，结合离散制造资源的多样性与标准化接入的要求，考虑到后续扩展等问题，本书在描述语言方面选择 OWL 与 XML，在本体建模工具方面选择 XML Schema Editor 与 Protégé。

10.5 离散制造资源标准化描述模型构建

离散制造资源标准化描述模型构建首先需要分析各个本体对象的数据信息及其之间的相互关系。为此，本节以设备资源为例构建了它在资源属性（V_x）、资源分类（V_y）、对象关系（V_z）三维描述下的本体数据模型。资源三维描述模型如图 10-8 所示，其中 V_x 与 V_y 表现了各种离散制造资源相关的属性数据，V_y 与 V_z 展现了离散制造资源的分类情况，V_z 与 V_x 表达了各种本体对象的属性分类信息。

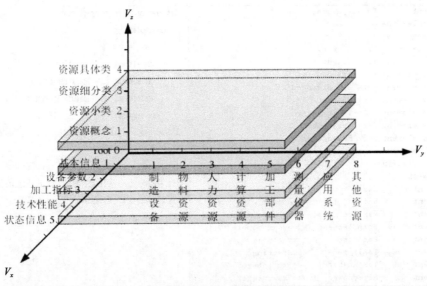

图 10-8　资源三维描述模型

在上述资源三维描述模型的基础上，下面将对以设备资源为例的离散制造资源本体属性信息分析，从基本属性、加工性能、结构参数与技术性能四个方面对设备资源属性进行定义，分别如图 10-9（a）～（d）所示。

```
<xs:element name="BascInfo">
  <xs:complexType>
    <xs:sequence>
      <xs:element ref="Name"/>
      <xs:element ref="ID"/>
      <xs:element ref="Devicetype"/>
      <xs:element ref="Type"/>
      <xs:element ref="Workshop"/>
      <xs:element ref="Brand"/>
      <xs:element ref="Manufacturing"/>
      <xs:element ref="Hourcost"/>
      <xs:element ref="Status"/>
      <xs:element ref="Datetime"/>
    </xs:sequence>
  </xs:complexType>
</xs:element>
<xs:element name="Name" type="xs:NCName" default="华中数控"/>
<xs:element name="ID" type="xs:string" default="P1001"/>
<xs:element name="Devicetype" type="xs:Name" default="机床"/>
<xs:element name="Type" type="xs:string" default="型号"/>
<xs:element name="Workshop" type="xs:string"/>
<xs:element default="30" name="Hourcost" type="xs:int"/>
<xs:element name="Brand" type="xs:Name"/>
<xs:element name="Manufacturing" type="xs:Name" default="华中数控厂"/>
<xs:element default="Online" name="Status" type="xs:string"/>
<xs:element name="Datetime" type="xs:date"/>
```

（a）基本属性

```
<xs:element name="Processperformance">
  <xs:complexType>
    <xs:sequence>
      <xs:element ref="Proprecision"/>
      <xs:element ref="Localprecision"/>
      <xs:element ref="Relocalprecision"/>
      <xs:element ref="Promaterial"/>
      <xs:element ref="Prohardness"/>
      <xs:element ref="Xstroke"/>
      <xs:element ref="Ystroke"/>
      <xs:element ref="Zstroke"/>
    </xs:sequence>
  </xs:complexType>
</xs:element>
<xs:element name="Prohardness" type="xs:double"/>
<xs:element name="Proprecision" type="xs:double"/>
<xs:element name="Localprecision" type="xs:double"/>
<xs:element name="Relocalprecision" type="xs:double"/>
<xs:element name="Promaterial" type="xs:string"/>
<xs:element name="Xstroke" type="xs:int"/>
<xs:element name="Ystroke" type="xs:int"/>
<xs:element name="Zstroke" type="xs:int"/>
<xs:element name="Techperformance"> [8 lines]
<xs:element name="Controlsystem" type="xs:Name"/>
<xs:element name="Operationmodel" type="xs:string"/>
```

（b）加工性能

图 10-9　设备资源本体属性

```
<xs:element name="Deviceparameter">                    <xs:element name="Techperformance">
  <xs:complexType>                                       <xs:complexType>
    <xs:sequence>                                          <xs:sequence>
      <xs:element ref="Size"/>                               <xs:element ref="Controlsystem"/>
      <xs:element ref="Weight"/>                             <xs:element ref="Operationmodel"/>
      <xs:element ref="Maxload"/>                            <xs:element ref="Communicationprotocal"/>
      <xs:element ref="Spindlespeed"/>                     </xs:sequence>
      <xs:element ref="Feedrate"/>                        </xs:complexType>
      <xs:element ref="Tooltype"/>                      </xs:element>
      <xs:element ref="Toolnumber"/>                    <xs:element name="Controlsystem" type="xs:Name"/>
      <xs:element ref="Ratedpower"/>                    <xs:element name="Operationmodel" type="xs:string"/>
    </xs:sequence>                                        <xs:element name="Communicationprotocal" type="xs:string"/>
  </xs:complexType>
</xs:element>
<xs:element name="Size" type="xs:string"/>
<xs:element name="Weight" type="xs:double"/>
<xs:element name="Maxload" type="xs:string"/>
<xs:element name="Spindlespeed" type="xs:double"/>
<xs:element name="Feedrate" type="xs:double"/>
<xs:element name="Tooltype" type="xs:string"/>
<xs:element name="Toolnumber" type="xs:integer"/>
<xs:element name="Ratedpower" type="xs:integer"/>
```

（c）结构参数　　　　　　　　　　　　　　　（d）技术性能

图 10-9　设备资源本体属性（续）

由于设备资源为具有特定加工功能的物理实体，结合其自身的功能与特点，设计了一种四元组的设备资源形式化描述 DeviceResource={BasicInfo, ProcessPerformace, DeviceParamter, TechPerformace}，具体表现为：

BasicInfo={Name,ID,DeviceType,Type,Workshop,Brand,Manufacturing,
　　　　　　Hourcost,Status,Datetime}

BasicInfo 表示基础属性，其中子属性分别为资源名称、资源唯一标识 ID、资源类型、资源型号、所在车间、所属品牌、生产消耗、生产时长等。

ProcessPerformance={ProPrecision,PositionAccuracy,RepositionAccuracy,
　　　　　　　　　　ProMaterial,Prohardness,Xstroke,Ystroke,Zstroke}

ProcessPerformance 代表加工具体参数属性，如设备资源加工精度，定位精度，重复定位精度，可加工材料，加工硬度，在 X、Y、Z 轴方向上的最大运行距离等。

DeviceParameter={Size,Weight,MaxLoad,SpindleSpeed,FeedRate,RatePower}

DeviceParamter 代表设备资源的描述参数，包括大小、质量、最大载荷、主轴转速、最大功率等。

TechPerformance={ControlSystem,Operationmode,CommunicationProtocal}

TechPerformance 表示设备基础技术属性，包括资源的控制系统、操作模式、信息传输协议等。

基于上述制造资源属性定义，采用 Protégé 从辅助资源、物料资源、设备资源与人力资源四个方面对离散制造资源本体进行形式化描述与构建。离散制造资源本体模型如图 10-10 所示。

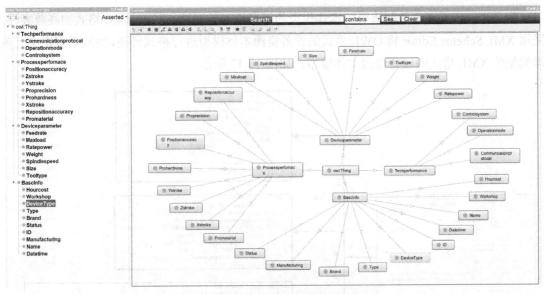

图 10-10　离散制造资源本体模型

在图 10-10 中，各个离散制造资源本体中包含着多个细分的子属性及其之间的相互关系。借助 Protégé 可将其进一步进行导出，生成 OWL 格式的离散制造资源本体模型，如图 10-11 所示。

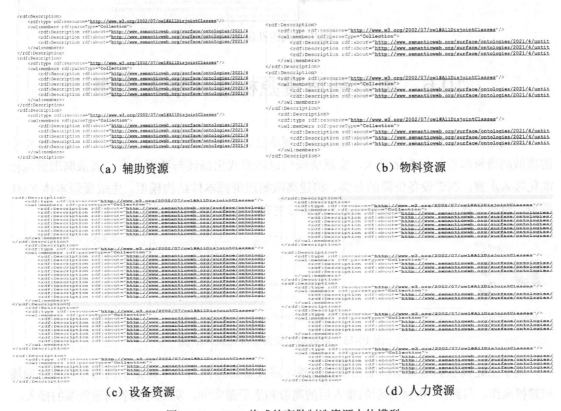

图 10-11　OWL 格式的离散制造资源本体模型

155

为了进一步提高离散制造资源本体模型的可用性与扩展性，基于 XML 格式的高兼容性，采用 XML Schema Editor 将 OWL 格式的设备资源本体模型进行格式转换，生成具有定义了数据类型的 XML 格式的设备资源本体模型，如图 10-12 所示。

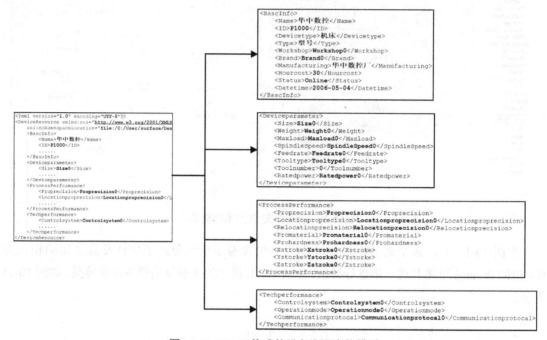

图 10-12　XML 格式的设备资源本体模型

10.6　离散制造资源标准化接入步骤

在构建完成本体模型后，需要通过离散制造资源模型实例化来将实际生产、生活过程中的离散制造资源进行标准化接入，实现资源信息的形式化描述与数据共享。离散制造资源标准化接入步骤：制造设备资源的分类、构建离散制造资源本体结构模型、生成资源本体 XML 模型、资源本体实例化与数据库录入&资源云发布，如图 10-13 所示。

| 制造设备资源的分类 | 构建离散制造资源本体结构模型 | 生成资源本体XML模型 | 资源本体实例化 | 数据库录入&资源云发布 |

图 10-13　离散制造资源标准化接入步骤

基于上述离散制造资源标准化接入步骤，将设备资源作为一个典型实例进行形式化描述与建模操作，得到图 10-14 所示的接入后的离散制造资源实例，实现对离散制造资源的接入。

1001华中数控.xml

```xml
<?xml version="1.0" encoding="utf-8"?>
<DeviceResource xmlns:xsi="http://www.w3.org/2001/XMLSchema-instance"
xsi:noNamespaceSchemaLocation="file:/C:/Users/81949/Desktop/Weekend/resourceDemo/modelupdate/Devicesupdate.xsd">
  <BascInfo>
    <Name>华中数控</Name>
    <ID>1001</ID>
    <Devicetype>机床</Devicetype>
    <Type>HNC-848C</Type>
    <Workshop>模拟车间</Workshop>
    <Brand>华中</Brand>
    <Manufacturing>华中数控公司</Manufacturing>
    <Hourcost>100</Hourcost>
    <Status>Runing</Status>
    <Datetime>2016-9-11</Datetime>
  </BascInfo>
  <Deviceparameter>
    <Size>900cm*90cm*90cm</Size>
    <Weight>210kg</Weight>
    <Maxload>120kg</Maxload>
    <Spindlespeed>1000r/s</Spindlespeed>
    <Feedrate>5mm/min</Feedrate>
    <Tooltype>曲式</Tooltype>
    <Toolnumber>25</Toolnumber>
    <Ratedpower>30kw</Ratedpower>
  </Deviceparameter>
  <Processperformance>
    <Proprecision>0.1mm</Proprecision>
    <Positionaccuracy>5mm</Positionaccuracy>
    <Repositionaccuracy>200nm</Repositionaccuracy>
    <Promaterial>铝合金\铝块\钛合金</Promaterial>
    <Proroughness>10hb</Proroughness>
    <Xstroke>60cm</Xstroke>
    <Ystroke>40cm</Ystroke>
    <Zstroke>30cm</Zstroke>
  </Processperformance>
  <Techperformance>
    <Controlsystem>华中数控系统</Controlsystem>
    <Operationmodel>自动+手动</Operationmodel>
    <Communicationprotocal>Ethernet\RS-232\Profinet</Communicationprotocal>
  </Techperformance>
</DeviceResource>
```

图 10-14　接入后的离散制造资源实例

10.7　本章小结

本章首先阐述了离散制造的概念，离散制造资源所涵盖的内容繁多，具有较为广泛的含义，具体是指在离散制造过程中涉及的各类产生作用的制造元素，进而引出离散制造资源及其分类与特点，结合本体的相关技术，对离散制造资源进行了建模分析，描述了基于本体的离散制造资源信息模型及本体建模步骤。然后介绍了离散制造资源本体建模的准备，同时将离散制造资源进行层级划分，分析了其重要的资源属性信息，介绍了本体语义化描述的语言与工具。最后，在离散制造资源本体建模的准备基础之上，进而以设备资源为例实现了离散制造资源标准化本体建模与接入。

10.8　本章习题

（1）什么是离散制造资源？

（2）什么是离散制造资源标准化接入？

（3）离散制造资源本体建模的步骤是什么？

（4）离散制造资源标准化描述模型构建步骤是什么？

（5）离散制造资源标准化接入的步骤是什么？

第11章 物联互通制造技术

11.1 引言

在物联制造环境下，制造车间自动化、信息化、智能化水平显著提高，但对车间底层装备本身也有了更高的要求。然而制造车间中的底层装备种类繁多、品牌各异，即使是同类型装备，其通信协议、控制逻辑、工作原理也存在着较大差异，呈现出显著的多源异构特征，给物联制造的实现带来了巨大的阻碍。针对这一问题，本章提出了底层装备互联互通和适配封装架构，通过为每台装备开发适配模型，将适配模型作为连接底层装备与物联制造系统的纽带，使得物联制造系统能够直接与标准化模型交互，从而屏蔽了底层装备的异构性。通过装备适配模型实现相应底层装备的自动控制、信息采集、逻辑统一和功能拓展，形成标准化、简单化、具有统一的通信协议和标准化数据访问接口的标准物联装备，使其能够满足物联制造系统接入标准。

11.2 制造车间物联互通研究现状

11.2.1 研究背景

随着互联网、物联网、人工智能等技术的快速发展，传统制造业领域也正面临着新一轮的变革。从传统制造模式向数字化制造和智能制造的转型升级，已经成为制造业今后发展的必然趋势。而世界上主要的工业强国也对这次技术变革给予了高度的重视，相继推出各自的制造业发展战略，抢占制造业发展高地，如德国的"工业 4.0"、美国的工业互联网等。我国也于 2015 年发布了实施中国制造强国战略，并持续更新《国家智能制造标准体系建设指南》，重点推进数字化制造和智能制造，以实现中国从制造大国向制造强国的跨越式转变。

在推进传统制造业向数字化制造和智能制造转型升级的过程中，不同行业的实施情况也存在着很大的区别，如钢铁、半导体、家电等行业一般通过流水线作业的方式组织生产，产品品种相对单一，生产流程较为固定，使用的往往是功能和控制逻辑都较为简单的底层装备（如传送带、冲压机、冲裁机等），一般通过 PLC 控制就可以实现制造车间的自动化。而如传统的机械加工行业，一般采用离散式的车间布局，面对的也多是中小批量、多品种的订单加工任务，需要通过复杂的分析、决策才能确定生产计划并完成车间调度，使用的是功能和控制系统都较为复杂的底层装备（如 AGV、数控机床、工业机器人等），实现其自动控制和信息采集有着较高的难度。

物联制造理念的提出为离散制造车间的转型升级带来了新的机遇，物联制造作为物联网技术与制造车间深度融合的产物，具有信息深度自感知、智慧优化自决策、精准控制自执行等显著优势，能够有效地解决传统制造模式的痛点，提升离散制造车间信息化、自动化、智能化水平。车间底层装备的互联互通是物联制造的实现基础，但制造车间底层装备却处于"百花齐放"的现状，底层装备由不同的装备生产厂商提供，配置的通信接口各不相同，采用的通信协议及数据类型、语义、格式没有统一的技术规范。这就导致制造车间无法形成有效的互联网络，车间运行过程中的底层装备信息、订单生产信息、工艺信息及管理信息难以在制造车间中自由流通，极大地限制了制造系统的信息交互和数据共享，造成了制造车间中的"信息孤岛"效应。由于不同装备生产厂商使用的数控系统各不相同，即使是同类型的底层装备，在功能、工作原理、控制逻辑等方面也存在着很大的差异，因此很难满足物联制造系统的接入标准，无法与物联制造系统良好匹配、兼容。

由此可见，要推进物联制造理念的发展，实现离散制造车间向数字化制造、智能制造的转型升级，首先就需要解决多源异构装备与物联制造系统的兼容问题，实现车间底层装备的互联互通。只有车间底层装备能够满足物联制造接入标准、与物联制造系统良好兼容，才能充分发挥物联制造系统的优势，使离散制造车间信息化、自动化及智能化水平得以显著提升。

11.2.2　研究现状及其不足

随着制造业信息化相关技术的不断发展，国际上针对底层装备互联互通相关技术进行了深入研究，开发了 OPC UA、MTConnect 等多种底层装备互联协议，国内相关技术的研究起步相对较晚，但也成功完成了 NC-Link 协议的开发。

1）OPC UA

OPC UA（Unified Architecture）协议最初于 2006 年由 OPC 基金会提出，在 OPC（OLE for Process Control）协议的基础上发展而来，以解决经典 OPC 协议无法实现跨平台、对复杂数据信息建模能力不足等问题。OPC UA 使用 Client/Server 模式架构，为工业控制应用程序之间的通信建立一个标准接口，为车间底层装备与控制软件之间建立统一的数据存取规范。

2）MTConnect

MTConnect 协议最初于 2006 年由美国国家标准与技术研究院及美国机械制造技术协会联合提出，通过将不同的数控系统及装备的数据格式进行统一，实现不同数控系统及装备间的信息共享。与 OPC UA、NC-Link 协议相比，MTConnect 协议通过 XML 语言描述装备数据，基于 RESTful 通信技术实现数据交换，因此只具备单向的数据传输功能，能够实现底层装备的状态监控，而无法满足底层装备的自动控制需求。

3）NC-Link

NC-Link 协议由中国数控机床互联通信协议标准联盟研发和制定，是一种全新的底层装备信息交互规范，用于实现多源异构数据的采集、集成、处理、分析和反馈控制。NC-Link 协议采用弱类型的 JSON 进行模型描述与数据传输，在保证可读性的同时，降低网络传输的带宽压力。

目前国内外针对车间底层装备互联互通技术的研究，其基本思路为：设计一种统一的通信协议，使所有的底层装备生产厂商在设计、开发底层装备通信接口时都使用这种协议，从而实现车间底层装备的互联互通。目前这一研究方向存在以下问题。

（1）目前大多数数控系统生产厂商都已经形成了比较成熟的企业标准，在设计底层装备通信接口时也趋向于使用自己研发的通信协议，因此目前如 OPC UA、MTConnect、NC-Link 等通信协议的推广面临着较大的阻碍。虽然 OPC UA、MTConnect、NC-Link 等通信协议的提出，都是为了实现底层装备通信协议的统一，但这几种通信协议之间并不兼容，而且还不断有新的标准被提出，如由德国机床制造商协会提出的 UMATI（Universal Machine Tool Interface）协议。因此即使这些通信协议得到了良好的推广，底层装备通信协议各异的现状也无法得到实质性的改变。OPC UA、MTConnect、NC-Link 等通信协议的提出，主要是为了实现异构数控系统之间的互联互通。而针对制造车间中其他类型底层装备（如工业机器人、AGV、自动化仓库等）的互联互通则存在着明显的不足。

（2）传统制造模式向数字化制造和智能制造的转型升级往往需要一个过程，而车间中现有的不支持 OPC UA、MTConnect、NC-Link 等通信协议的底层装备如何融入新的制造系统，也是制造企业需要面对的问题。而目前针对车间底层装备适配技术的研究，主要集中于底层装备通信协议的转换。通过软件编程为底层装备构建适配器，适配器使用底层装备的通信协议对其进行数据采集，再通过统一的通信协议接入车间信息管理系统，从而实现对异构数控系统的数据采集，但通过使用适配器实现底层装备通信协议转换的适配方式，只能实现单向的以信息采集为主的低水平的车间互联互通，难以满足物联制造车间无人化、智能化、机器协作等复杂应用场景。

（3）物联制造经过近年来的快速发展，在理论上已经日趋成熟，国内外学者也提出了多种面向物联制造的智能调度方法和制造系统架构。目前这些研究大多集中在解决一些特定的技术问题，或者停留在理论研究阶段，由于车间底层装备互联互通这一难点还亟待解决，故物联制造系统暂时无法在真正的离散制造车间中部署并实际使用。现有的关于底层装备互联互通与适配技术的研究，其本质都是为了实现异构底层装备通信协议的统一，但底层装备除了通信协议不同，它的多源异构特性还会造成同类型装备功能、工作原理、控制逻辑上的差异，进而造成物联制造系统与底层装备的兼容问题，目前对于这一问题还缺乏有针对性的研究。

11.3　面向物联制造的底层装备互联互通架构设计

车间底层装备的互联互通是物联制造的实现基础，在物联制造信息深度自感知、智慧优化自决策、精准控制自执行这三项核心功能中，信息深度自感知、精准控制自执行都以底层装备的互联互通作为实现前提。但由于车间底层装备的多源异构特性，底层装备的互联互通也是物联制造系统实现过程中的最大难点，在其推进过程中存在着很大的阻碍。

11.3.1　物联制造环境及其底层装备特征分析

物联制造是基于新一代信息技术发展的，以物联网技术为基础的，具有信息深度自感知、智慧优化自决策、精准控制自执行等功能的先进制造过程、系统与模式的总称。相较于普通离散制造车间，物联制造车间的自动化、信息化、智能化水平显著提升，结构也更趋向于扁平化。图 11-1 所示为典型的物联制造系统结构图。

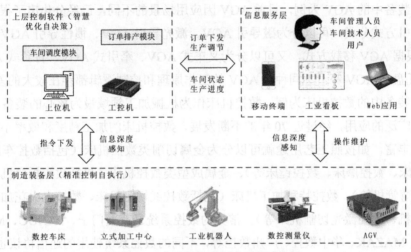

图 11-1　典型的物联制造系统结构图

1）信息服务层

信息服务层作为连接人与物联制造车间的纽带，是制造车间信息化的重要组成部分。通过信息服务层，可以实现一些物联制造环境下特有的信息化应用场景。例如：用户可以通过移动终端或 Web 应用直接向制造车间下发订单，并通过移动终端或 Web 应用实时查看订单完成进度；车间管理人员通过移动终端或 Web 应用全局监控车间实时生产状态，并对车间的生产进行干预、调节（如通过提高或降低某批次订单的优先级，达到调节订单交货时间的目的）；车间技术人员则可以通过 Web 应用和车间工业看板实时监控底层装备运行状态，并基于这些信息为底层装备提供维护、故障排除、附件更换等必要支持。

2）上层控制软件

上层控制软件则是物联制造系统的大脑，一般运行在上位机或工控机中，是物联制造智慧优化自决策这一功能的实现基础。用户通过移动终端或 Web 应用下发的订单信息可以直接发送至上层控制软件，通过上层控制软件的订单排产模块实现生产计划的制定与实时调整，并通过车间调度模块协调底层装备共同完成订单生产任务，从而实现制造车间排产、调度的无人化与智能化。

3）制造装备层

制造装备层是物联制造系统的实体层，也是制造车间的主体，负责完成物料的存储、流动、加工、检测等一系列生产流程。在物联制造环境下，制造装备层被赋予了精准控制自执行的能力，底层装备能够自动且精准的执行上层控制软件下发的指令，从而实现制造车间的自动化乃至无人化。

近年来，"工业 4.0"等战略的提出极大地推动了制造业的发展，车间底层装备的自动化和信息化水平也随之不断提高，并且呈现出更加多元化的趋势，如制造车间常见的底层装备有仓储装备、物流装备、检测装备、加工装备等，而每类装备又可以按照功能、工作原理、生产厂商的不同进行进一步的细分。

以物流装备中的 AGV 为例，目前 AGV 因应用场景的不同，已经分化出了很多的种类。例如：以导引方式分类，可以分为磁导引 AGV、激光导引 AGV、惯性导引 AGV、视觉导引 AGV 等；根据 AGV 移载方式，又可以分为叉车式 AGV、牵引式 AGV、背负式 AGV、滚筒式 AGV、托盘式 AGV 等。不同种类 AGV 的工作原理和控制逻辑都存在较大的差异。

以加工装备中的数控机床为例，数控机床作为机械加工领域最为核心的装备，在机械制造车间有着广泛的应用，经过近 70 年的不断发展，数控机床的加工精度和效率不断提升，种类也越来越丰富，如按照工艺用途就可以分为金属切削类数控机床（包括数控车床、数控钻床、数控铣床、数控磨床、数控镗床等）、金属成型类数控机床（包括数控折弯机、数控组合冲床、数控弯管机等）、数控特种加工机床（包括数控线切割机床、数控电火花加工机床、数控火焰切割机、数控激光切割机床等）。常见的数控系统又有西门子、FANUC、Mitsubishi、Heidenhain、MAZAK、华中数控、广州数控等，不同的数控系统使用的通信协议也各有不同。常见数控机床控制系统及通信协议如表 11-1 所示。

表 11-1　常见数控机床控制系统及通信协议

数 控 系 统	通 信 协 议	生 产 国 家
西门子	OPC UA	德国
FANUC	FOCAS 1/2	日本
Mitsubishi	EzSocket	日本
Heidenhain	HSCI	德国
MAZAK	MTConnect	日本
华中数控	NC-Link	中国
广州数控	Modbus-TCP	中国

由此可见，车间底层装备种类繁多、品牌各异，其控制逻辑、通信协议也各种各样，呈现出显著的多源异构特征，这就给上层控制软件与制造装备层的对接带来了巨大的阻碍。而又由于不同品牌底层装备的数据采集协议及数据格式不同，导致车间底层装备无法提供标准化的数据访问接口，显著地提高了信息服务层获取底层装备各类数据的难度。多源异构的车间底层装备构成了物联制造系统的基础，但也给离散制造车间向数字化制造、智能制造的转

型升级带来了巨大的阻碍。物联制造系统的现状如图 11-2 所示。

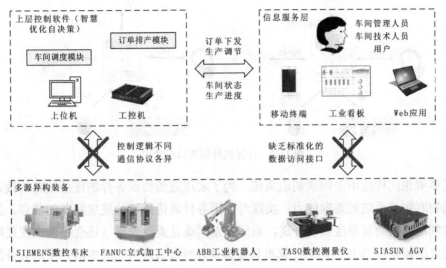

图 11-2　物联制造系统的现状

11.3.2　底层装备互联互通实现基础

在物联制造环境下，车间信息化、自动化、智能化水平显著提高，对车间底层装备也有了更高的要求。在普通离散制造车间中可以正常工作的底层装备，往往却无法直接在物联制造系统中使用。例如，普通机床由于无法实现自动化且不提供任何通信接口，因此无法融入物联制造系统之中。

随着各类底层装备的快速发展，其自动化、信息化水平显著提高，基本能够满足物联制造系统对底层装备的硬性要求。而目前最大的难点是因底层装备的多源异构特性导致的底层装备与物联制造系统的兼容问题。

1）统一的通信协议

（1）统一的通信接口。

物联网的核心是万物互联，而要实现物联制造系统中的万物互联，首先就要解决各种底层装备的接入问题。然而车间底层装备种类繁多，使用的通信协议也各种各样，这给底层装备的互联互通带来了很大的阻碍。而解决这一问题主要有以下两种思路，以计算机为例，为了实现各种类型的外围设备的接入，第一种思路是在计算机上配置各种类型的接口（如供鼠标和键盘使用的 USB 接口、供显示设备使用的 HDMI 或 VGA 接口、供耳机使用的 TRS 接口、用于网线接入的 RJ-45 以太网接口），从而使用各种接口的外围设备都能够方便地接入计算机中；第二种思路是，计算机只提供一种类型的接口（如某些笔记本电脑只提供 USB 接口），其他外围设备都通过该接口接入计算机（如使用 USB 耳机）。计算机外部接口示意图如图 11-3 所示。

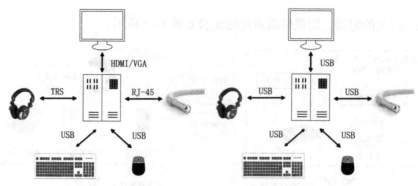

图 11-3　计算机外部接口示意图

上述事例也同样适用于物联制造系统，为了实现通信协议各异的底层装备的接入，可以通过增强物联制造系统的兼容能力，实现对使用各种通信协议的底层装备的兼容。但这样会造成物联制造系统的复杂度显著升高，系统开发困难且柔性较低（还会不断出现使用新的通信协议的底层装备），而且不同于计算机只需提供几种接口就可以完成对几乎所有外围设备的兼容，用于工业领域的各类标准和非标准的通信协议难以计数。因此更为合理的方法是，设计一种统一的通信接口，所有底层装备都使用该接口接入物联制造系统，并通过该接口实现与物联制造系统上层控制软件的交互。

（2）标准化的数据访问接口。

在物联制造环境下，车间信息化水平显著提高，对底层装备的数据采集也更为频繁。然而底层装备种类繁多、通信协议各异，而且不同品牌底层装备的数据格式也存在差异（如从西门子机床采集的机床坐标数据以毫米为单位，精确到小数点后三位，从 FANUC 机床采集的机床坐标数据直接以微米为单位），因此采集后的数据还需进行清洗、整理、归一化等一系列处理，这就给底层装备的数据采集及后续的数据分析、使用带来了很大的阻碍。

如果能够实现底层装备数据访问接口的标准化，物联制造系统的信息服务层便可以通过统一的通信协议，并以标准化的数据格式获取底层装备的各种状态信息，显著降低底层装备数据的采集难度。

2）底层装备的标准化与简单化

（1）标准化的底层装备。

车间底层装备种类繁多、品牌各异，即使是同类型装备之间也存在着很大的差异。例如，基于 PLC 开发的磁导引 AGV 和基于嵌入式系统开发的激光导引 AGV，其主要功能虽然相同，但工作原理、控制逻辑等方面却有着很大的差异（磁导引 AGV 基于 PLC 开发，通过地面铺贴的磁条和 RFID 实现自动导引与定位，而激光导引 AGV 基于嵌入式系统开发，通过激光地图和路径文件实现自动导引与定位），如果将其直接接入物联制造系统中，会使制造系统的复杂度显著升高。种类繁多的底层装备为用户提供了更多的选择，但对于物联制造系统的上层控制软件来说，则更期望面对的是标准化的底层装备。同样类比计算机，只有键盘、鼠标、显示器、耳机这些外围设备实现了一定程度的标准化，才能实现即插即用，而对计算机而言，也只需设计其与几类外围设备的交互协议，而不是针对市场上每种外围设备单独设计交互协议。

如果能够实现底层装备的标准化，物联制造系统的上层控制软件也就只需要面对数控机床、自动化仓库、AGV、工业机器人、数控测量仪等几类底层装备，并根据每一类装备的功能和特点设计交互协议。上层控制软件与底层装备进行交互时，只需知道底层装备的类型而无须了解其具体的数控系统和功能实现方式，从而显著降低物联制造系统的复杂度。

（2）简单化的底层装备。

在物联制造环境下，车间自动化水平显著提高，制造车间呈现出少人化乃至无人化的趋势，这就对底层装备的自动控制提出了很高的要求。然而车间底层装备本身是一个复杂的系统，以数控机床为例，一般的数控机床由机床本体、数控系统、伺服系统、辅助装置等组成，其控制面板上的各类功能按键也多达数十个。除了本身结构，底层装备的控制逻辑一般也较为复杂，如控制数控机床加工时就需要完成以下步骤：将 NC 代码上传至机床，关闭机床夹具和安全门并启动加工程序，持续监测机床加工状态；待机床加工完成后打开夹具和安全门，控制机床各轴移动到上料点位置便于工业机器人取料。

在普通的离散制造车间中，底层装备由车间技术人员控制，而车间技术人员也需要一个较长的学习过程才能实现对一种底层装备的良好掌握。而在物联制造系统中，底层装备由上层控制软件自动控制，而上层控制软件显然缺乏操作复杂底层装备的必要知识。而且物联制造系统中的底层装备数量往往多达数十台乃至上百台。如果这些复杂的控制指令都由上层控制软件直接下发，那么将使物联制造系统的复杂度显著升高。

对于物联制造系统的上层控制软件来说，则更期望面对的是简单化的底层装备（功能简单，且只需通过简单的交互指令就能让其实现既定功能）。针对这一问题，只需要提高底层装备与上层控制软件之间交互指令的颗粒度。颗粒度是指具体的详细和清晰程度。颗粒度越细，表示细节越详尽，越有助于了解事情的全貌。颗粒度越粗，表示细节越少，更多的是抽象概括。上层控制软件直接向底层装备下发一个总体的工作任务，具体细节由底层装备自动执行。例如，同样的控制数控机床进行加工，在提高交互指令颗粒度的情况下，上层控制软件只需向机床下发一条附带 NC 代码信息的加工指令，数控机床就可以自动完成 NC 代码上传，关闭夹具和安全门，启动加工程序，检测加工状态，打开夹具和安全门，控制机床各轴移动至机床上料点这一系列操作。

交互指令颗粒度提升的同时也意味着上层控制软件对底层装备细节控制能力的下降，必须要结合底层装备实际工作情况选择合适的交互指令颗粒度。例如，控制立式数控铣床加工时，使用上述控制逻辑不会出现问题，但如果控制的是卧式数控车床，在其加工完成后直接打开夹具，就会造成三爪卡盘上夹持工件的跌落。因此对于卧式数控车床而言，就要适当地降低交互指令的颗粒度，将夹具控制功能单独剥离出来并专门为其设计交互指令。

11.3.3　面向物联制造的标准装备模型设计

在上一节中介绍了底层装备互联互通的实现基础，分析了在物联制造环境下对底层装备有了哪些新的要求，本节针对物联制造系统的需求，设计一种能够完全满足物联制造系统接入标准的面向物联制造的标准装备模型架构。

1）底层装备通信协议的设计

（1）通信接口设计。

通过上节的分析可知，要实现物联制造系统中的万物互联，首先需要设计一种统一的通信接口，所有底层装备都使用该接口接入物联制造系统。由于上层控制软件一般运行在上位机或工控机中，为了方便其与底层装备通信，本节选择使用基于 TCP/IP 协议的 Socket 通信技术作为底层装备与上层控制软件的通信接口。

若将上层控制软件设置为 Socket 用户端，底层装备设置为 Socket 服务端，则需要底层装备首先运行 Socket 程序，监听指定接口并等待上层控制软件与其连接。但由于不同的底层装备开机时间有所差异，且存在因底层装备发生故障无法上线的情况，因此采用上层控制软件主动连接底层装备的方式，就容易出现连接失败的情况，故选择上层控制软件作为 Socket 服务端，底层装备作为 Socket 用户端，物联制造系统运行时上层控制软件首先启动，等待底层装备准备就绪后与其建立连接。

（2）通信协议设计。

底层装备与上层控制软件之间的信息交互采用一问一答的交互方式，上层控制软件发起对话，底层装备进行回复。其交互指令可以分为控制型指令（如控制机床加工）和查询型指令（如查询 AGV 当前位置）两种类型。底层装备在接收到查询型指令后实时回复查询结果。若收到控制型指令，则在完成该指令要求的操作后，回复动作完成或控制失败。

在通信格式上，则选择了一种通过 JSON 封装的语义化的通信格式，具有可读性好、拓展性强、占用带宽小等显著优点。

由于底层装备接收到控制型指令后并不是实时回复，这样在实际运行过程中就可能出现上一条指令还未回复，下一条指令却已经下发的情况。例如，上层控制软件向 AGV 下发运行指定路径的指令，AGV 收到指令后按照指定路径行驶，并在到达路径终点后回复动作完成，但在 AGV 运行过程中，上层控制软件也会向 AGV 下发指令以查询其当前位置信息。为了避免这种情况的发生，就需要在交互指令中加入指令编号信息，从而实现上层控制软件下发指令与底层装备回复指令的一一对应，避免因交互过程中消息回复的时序问题造成控制逻辑的混乱。交互指令格式如图 11-4 所示。

{"task_no":1,"cmd":"Evaluate_Machining_Time","NC_code":"T1M03S800..."}　指令下发

　　　指令编号　　　　　　　命令内容　　　　　　　　　拓展信息

{"task_no":1,"result":"success","data":{625}}　完成回复

　　指令编号　　　执行结果　　　拓展信息

图 11-4　交互指令格式

（3）数据访问接口设计。

如果底层装备能够提供标准化的数据访问接口，其他外部程序便可以无视底层装备本身的通信协议和数据格式，直接通过数据访问接口方便地获取底层装备各种状态信息，从而显著降低底层装备的数据采集难度。而数据库因其在数据存储、查询、管理等各个方面的显著优势，是作为底层装备数据访问接口的最佳选择。

在物联制造环境下，每台底层装备都在车间的数据库中对应有数据表格，其各种状态数据都实时的存储在对应的数据表格中。从而物联制造系统的信息服务层，就可以直接通过连接底层装备数据库的方式，方便地获取车间内所有底层装备的各类实时数据。

通过单独为底层装备设计数据访问接口，使得底层装备的功能实现和数据访问能够形成两套独立的接口，分别对接物联制造系统的上层控制软件和信息服务层。相较于 OPC UA、MTConnect、NC-Link 等通信协议，本节设计的通信协议是针对物联制造系统的需求开发的，具有结构简单、可读性好的特点，使得开发人员不需要经过系统的学习就可以快速掌握，结合 Socket 通信技术和数据库技术的使用，显著降低了上层控制软件和信息服务层的复杂度和构建难度。由于该通信协议具有开放式、可拓展的特点，因此能够按照底层装备的特点和物联制造系统的需求灵活地进行调整，从而满足各种类型底层装备的接入需求。

2）底层装备本体模型的构建

本体论（Ontology）最初来源于哲学领域的研究，用于探索客观事物存在的本质。而本章中涉及的本体论，则是人工智能领域的一个分支，它研究特定领域知识的对象分类、对象属性和对象关系，试图通过概念、属性及其相互关系来描述事物的本质，从而为领域知识的描述提供专业术语。本体模型则是通过对客观世界的相关概念进行抽象所获得的模型，能够反映这些概念的客观存在状态。

为了实现底层装备的标准化和简单化，使得底层装备能够快速接入物联制造系统并能够很容易地被上层控制软件理解、使用，首先要对底层装备进行抽象化处理，建立其本体模型，使得原本复杂的底层装备能够被语义化描述。由于对上层控制软件而言，其最关心的是底层装备的功能属性，因此本章以底层装备的功能模型为主要讨论对象而忽略一些其他领域的知识，如结构模型、行为模型、流模型等。底层装备本身虽然具有较高的复杂性，但通过抽象得到的功能模型却是相对简单的。本节基于底层装备自身的特点，结合物联制造系统对底层装备的实际功能需求，为制造车间常见底层装备建立本体模型并设计其与上层控制软件的交互指令。

（1）AGV。

AGV 作为车间物流自动化的核心装备，在制造车间中的应用也越来越广泛。虽然种类繁多、工作原理各异，但不论是哪种 AGV，其在制造系统中的功能都是大致相同的，即货物运输功能。AGV 的本体模型为一种具有按照指定路径运输货物、入料、出料、当前位置查询（便于车间调度模块实现多 AGV 交通管制）这四种功能的底层装备。AGV 本体模型及交互指令如图 11-5 所示。

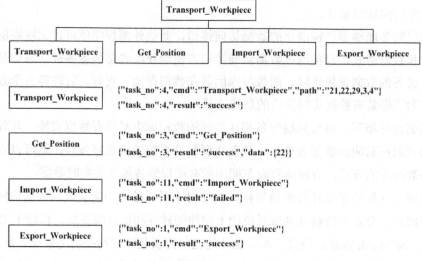

图 11-5　AGV 本体模型及交互指令

（2）数控机床。

数控机床作为机械加工领域最为核心的装备，在机械制造车间中有着广泛的应用。数控机床种类繁多、使用的数控系统各异，但不论是哪种数控机床，它在制造系统中的功能都是相同的，即零件加工功能。对于需要单独控制机床夹具的数控机床（如卧式数控车床，其夹具控制必须与上料机器人进行配合，如下料时数控车床必须要在机器人夹紧工件后才能松开夹具，如果直接在加工完成后就松开夹具会造成工件的跌落），其本体模型为一种具有加工、加工时间预估（车间调度模块需要该参数作为调度参考）、夹具关闭、夹具打开这四种功能的底层装备。数控机床本体模型及交互指令如图 11-6 所示。

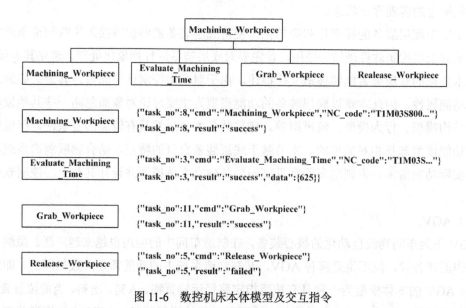

图 11-6　数控机床本体模型及交互指令

对于无须单独控制机床夹具的数控机床（如立式数控铣床，在上料机器人将工件放置在机床夹具上后，数控机床只需在加工前关闭夹具，加工结束后打开夹具即可），其本体模型为一种具有加工、加工时间预估这两种功能的底层装备。

（3）自动化仓库。

随着制造车间自动化水平的不断提升，自动化仓库在制造车间中的使用也日益频繁。自动化仓库最为核心的功能是工件的存储，而为了实现工件存储功能，则需要对自动化仓库的堆垛机构和入库、出库机构分别进行控制。自动化仓库的本体模型为一种具有将货物从一个库位转移到另一个库位、当前状态查询（车间调度模块需要实时掌握仓库内的物料信息）、入料、出料这四种功能的底层装备。自动化仓库本体模型及交互指令如图 11-7 所示。

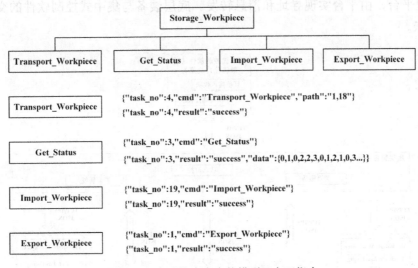

图 11-7　自动化仓库本体模型及交互指令

11.3.4　物联制造环境下底层装备互联互通架构设计

在上节中设计了标准化、简单化、具有统一的通信协议和标准化数据访问接口的面向物联制造的标准装备模型，相比普通车间底层装备，标准装备模型能够完全满足物联制造系统接入标准，也消除了普通车间底层装备实现互联互通过程中的各种阻碍。本节基于标准装备模型进行底层装备互联互通架构设计，在本节中讨论的底层装备默认其符合标准装备模型特征。

上层控制软件作为物联制造系统的大脑，是物联制造智慧优化自决策这一功能的实现基础。根据上层控制软件控制原理的不同，一般可以分为集中式控制系统和分布式控制系统，这两种控制系统在工业控制领域都有着较为广泛的应用，本节根据这两种控制系统的特点，分别设计其与制造装备层的互联互通架构。

1）集中式控制系统

在集中式控制系统（Centralized Control System，CCS）中，物联制造车间内的底层装备都由物联制造系统的集中式控制软件统一管理，车间内所有调度指令都由车间调度模块经过计算和逻辑分析后产生，再发送至相应的底层装备由底层装备自执行。通过引入上节设计的标准装备模型后，车间调度模块产生的调度指令可以直接通过统一的通信接口以标准的通信格式下发至底层装备，再由底层装备自动执行指令并返回执行结果。

在实际的物联制造车间中，底层装备数量往往多达数十台乃至上百台，这样一来，物联制造系统的上层控制软件就要同时与数十台乃至上百台底层装备建立连接并进行交互。在这种模式下，如果底层装备直接与上层控制软件连接，就会造成物联制造系统复杂度升高、上层控制软件与底层装备的耦合度增强、底层装备管理困难等一系列问题。为了解决这些问题，就需要设计一个用于底层装备管理的管理平台，车间内所有底层装备都直接接入该平台，并由该平台进行统一管理。上层控制软件经过运算和逻辑分析产生的调度指令也直接下发至底层装备管理平台，由平台实现寻址和消息转发。底层装备与集中式控制软件的交互模型如图 11-8 所示。

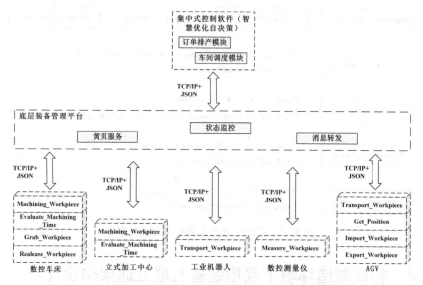

图 11-8　底层装备与集中式控制软件的交互模型

底层装备管理平台实际上形成了一个虚拟的车间层，上层控制软件只需要通过标准的通信协议将调度指令下发至虚拟车间层，便可以通过虚拟车间层来驱动实体车间，从而简化上层控制软件的逻辑架构，降低上层控制软件与底层装备的耦合度。底层装备管理平台主要提供以下服务。

（1）黄页服务。

底层装备连接到底层装备管理平台后，会在底层装备管理平台中进行注册，注册的信息主要包括：底层装备的类型（如车床）、底层装备在物联制造系统中的编号（底层装备在物联制造系统中独一无二的名字，如不同的 AGV 可以命名为 AGV1、AGV2 等）、底层装备接入底层装备管理平台时使用的 IP 地址和端口号。

当所有的底层装备在底层装备管理平台完成注册后，注册信息便形成了黄页。当底层装备管理平台使用消息转发功能时，便可以根据黄页中底层装备的编号找到底层装备使用的 IP 地址和端口号，从而保证消息的准确转发。

（2）状态监控。

底层装备与底层装备管理平台成功连接并完成注册后，底层装备在物联制造系统中正式上线，但在底层装备运行过程中，有时会因底层装备报警、车间局域网故障等状况，导致底层装备无法继续在物联制造系统中提供服务。而底层装备管理平台的状态监控功能，便是为了保证所有在底层装备管理平台中处于在线状态的底层装备都处于正常工作状态。

当系统运行过程中出现底层装备自身无法处理的扰动时，底层装备会自动断开与底层装备管理平台的连接，在底层装备管理平台中下线。底层装备管理平台在检测到连接断开的信号后，会向物联制造系统的上层控制软件反馈底层装备下线信息，并注销该底层装备在底层装备管理平台黄页中的注册信息，底层装备也由此在物联制造系统中正式下线。

（3）消息转发。

在底层装备与底层装备管理平台连接的同时，上层控制软件也会与底层装备管理平台建立连接，其车间调度模块产生的各类调度指令都会直接发送至底层装备管理平台。调度指令中包含对话发起者编号、执行者编号、信息内容这三个部分。底层装备管理平台在收到调度指令后会完成以下步骤：对调度指令进行拆封，获取对话发起者编号并与信息内容中的指令编号进行绑定和记录，通过执行者编号在黄页中查找其 IP 地址和端口号，将信息内容转发至执行者。

底层装备完成调度指令后的回复信息也会直接发送至底层装备管理平台。底层装备管理平台在收到信息回复后会完成以下步骤：通过回复信息中的指令编号在记录中找到与其绑定的对话发起者编号，通过对话发起者编号在黄页中查找其 IP 地址和端口号，将回复信息转发至对话发起者。

2）分布式控制系统

在分布式控制系统（Distributed Control System，DCS）中，每台车间底层装备都由一个独立的控制单元控制，每个控制单元都有与其他控制单元交互协商和自主决策的能力。底层装备与分布式控制软件的交互模型如图 11-9 所示。当订单信息下发至分布式控制系统后，各控制单元会代表对应的底层装备参与交互协商，争取工作任务，任务分配完成后，各控制单元之间又会相互通信协作，共同完成生产任务。

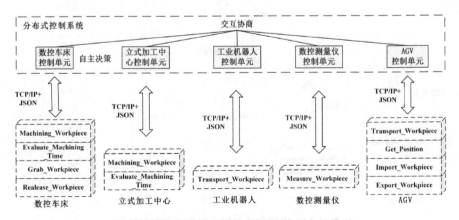

图 11-9　底层装备与分布式控制软件的交互模型

与集中式控制系统相比，分布式控制系统有着以下优点。

（1）拓展性好。

在离散制造车间的全生命周期中，车间结构往往不是一成不变的，如为了满足新类型工件的加工需求，就需要在制造车间加入新的底层装备。当物联制造系统发生重构时，若使用的是集中式控制系统，则需要对上层控制软件的架构和控制逻辑进行修改，以适应新的车间结构，这就造成了车间重构成本的升高，从而降低了制造车间的柔性；若使用的是分布式控制系统，则只需为新增的底层装备配置一个新的控制单元，该装备便可以融入物联制造系统，从而使制造系统的拓展性显著增强。

（2）鲁棒性强。

在制造车间的运行过程中，会经常遭遇一些扰动，如底层装备故障报警、底层装备因通信故障断开连接等。在集中式控制系统中，由于车间控制逻辑较为固定，如果前期没有设计完善的异常处理机制，这些扰动就会很容易造成整个制造系统的瘫痪；在分布式控制系统中，每个底层装备对应的控制单元在制造系统中动态组网，制造车间并没有固定的结构，状态异常的底层装备及其控制单元可以直接在制造系统中下线，而不影响其他底层装备及其控制单元的正常工作，只要车间中的关键节点还有存活，制造系统就可以正常运行。

前文详细介绍了制造装备层与上层控制软件之间的互联互通，而制造装备层与信息服务层的互联互通，则是底层装备互联互通的另一个重要方向。不论使用的是集中式控制系统还是分布式控制系统，底层装备与信息服务层的交互模型都是一致的，如图 11-10 所示。本节设计的标准装备模型最重要的特征之一，就是具有标准化的数据访问接口。底层装备会将自身各类状态数据实时同步至底层装备数据库中，这样信息服务层就只需与底层装备数据库建立连接，便可以方便地获取制造车间所有底层装备的实时状态信息。

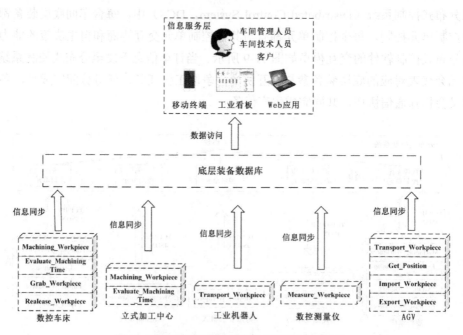

图 11-10 底层装备与信息服务层的交互模型

通过上节设计的标准装备模型，实现了底层装备通信协议的统一，从而消除了不同底层装备间的通信障碍。因此在集中式控制系统中，除了上层控制软件可以通过底层装备管理平台实现与底层装备的交互，不同底层装备之间也可以借助底层装备管理平台实现互相通信（因为除了上层控制软件，底层装备管理平台中的每台底层装备也可以作为对话发起者向其他底层装备发起对话）。而在分布式控制系统中，不同的底层装备之间无法直接通信，但可以通过底层装备对应的控制单元间的协商交互，间接实现底层装备之间互联互通。

异构装备间互联互通的实现，也给制造车间带来了更多的可能。例如：底层装备之间能够通过相互通信实现信息共享，检测装备的测量数据可以直接反馈至加工装备，为加工装备切削参数的修调提供参考；底层装备之间也可以通过相互通信实现机器协作，数控车床与工业机器人之间就可以通过相互控制完成物料的转移。

11.4　物联制造环境下底层装备适配封装架构设计

在上节中详细分析了底层装备互联互通的实现基础，设计了面向物联制造的标准装备模型。然而绝大部分的车间底层装备并不是针对物联制造系统的需求设计、开发的，故不符合面向物联制造的标准装备模型特征，无法满足物联制造系统的接入标准。解决这一问题主要有两种思路，一种是需要装备生产厂商按照物联制造系统的需求设计底层装备，从而实现底层装备的标准化，但这种方法显然有着很大的实施难度，而且不同的物联制造系统对底层装备的需求也存在着一些差异；另一种是通过使用适配技术对底层装备进行适配封装，从而屏蔽底层装备的多源异构特性，实现底层装备的适配接入。

11.4.1　装备适配模型基本架构

适配技术常用于底层装备通信协议的转换，通过软件编程为底层装备构建适配器，适配器使用底层装备的通信协议对其进行数据采集，再通过统一的通信协议接入车间信息管理系统，从而实现对异构数控系统的数据采集。通过使用适配器实现底层装备通信协议转换的适配方式，只能实现单向的、以信息采集为主的低水平的车间互联互通，无法解决因底层装备多源异构特性造成的物联制造系统与底层装备的兼容问题。要实现多源异构的底层装备向面向物联制造的标准装备的转变，就需要为底层装备设计一种适配模型，对底层装备的功能、控制逻辑、通信协议等方面都进行适配。图 11-11 所示为底层装备适配封装示意图。

装备适配模型是基于对应车间底层装备特征开发的，可视作具有对应底层装备各种功能的虚拟化装备。装备适配模型作为连接底层装备与物联制造系统的纽带，一方面代表对应底层装备直接与物联制造系统交互，从而屏蔽了底层装备的异构性；另一方面通过适配模型对底层装备的适配封装，形成标准化、简单化、具有统一的通信协议和标准化数据访问接口的标准装备，使其能够满足物联制造系统接入标准，与物联制造系统良好兼容。

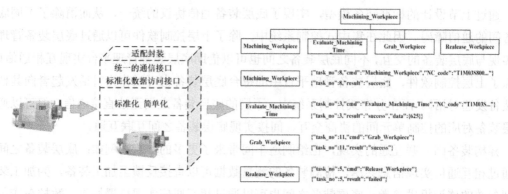

图 11-11　底层装备适配封装示意图

为了实现装备适配模型与物联制造系统其他部分的对接，本节分别针对物联制造系统中的上层控制软件、对应车间底层装备、底层装备数据库、车间技术人员这四个部分，在装备适配模型中设计了开发了相应的四个接口。装备适配模型外部接口如图 11-12 所示。

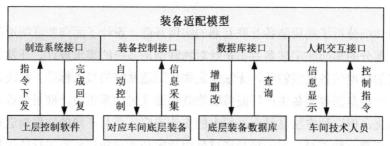

图 11-12　装备适配模型外部接口

（1）制造系统接口。

装备适配模型的制造系统接口是基于物联制造系统使用的统一通信协议开发的，用于装备适配模型与上层控制软件的连接、交互。装备适配模型通过制造系统接口实现对上层控制软件下发指令的接收与回复。

（2）装备控制接口。

装备适配模型的装备控制接口是基于对应车间底层装备的特点和装备本身的通信协议开发的，用于装备适配模型与其对应车间底层装备的连接、交互。装备适配模型通过装备控制接口实现对底层装备的自动控制与信息采集。

（3）数据库接口。

装备适配模型的数据库接口是基于底层装备数据库的具体类型开发的，用于装备适配模型与底层装备数据库的连接、交互。装备适配模型通过数据库接口实现底层装备各种状态信息的存储与查询。

（4）人机交互接口。

装备适配模型的人机交互接口是基于 C#控制台（命令行应用程序）模板的人机交互界面开发的，用于装备适配模型与车间技术人员的交互。装备适配模型通过人机交互接口实时显示运行过程中的各类信息，如装备适配模型各个接口的连接状态、上层控制软件与装备适配模型的交互指令、装备适配模型运行过程中的异常扰动等，从而方便车间技术人员监控与调试。

除了实现信息显示，车间技术人员还可以通过人机交互接口向装备适配模型下发控制指令。当使用自动化仓库适配模型的原料自动入库功能时，车间技术人员通过人机交互接口输入要入库的工件类型和数量，并按照人机交互界面的提示，将对应的原料送至入库口，仓库适配模型便会自动遍历自动化仓库的数据库表格从而找出空的库位，控制仓库完成入库动作，并在操作完成后改写数据库信息保证仓库实体与数据库的信息同步。

装备适配模型在设计时采用了模块化的思想，由主函数和各个功能模块构成。不同底层装备对应的功能模块也存在着一定的差异。但不论是哪种类型的底层装备，其适配模型一般具有三个基本功能模块，即控制模块、监测模块和数据库模块。对装备适配模型的主函数及其基本功能模块的介绍如下。

（1）主函数。

装备适配模型的主函数中包含了装备适配模型的总体工作逻辑和异常处理机制，负责装备适配模型各个接口的连接和管理，以及制造系统接口的监听与回复。当主函数接收到上层控制软件下发的控制指令时，首先会对指令进行解析，之后通过调用各个功能模块内的函数，完成指令任务，并根据任务完成结果进行消息回复。

（2）控制模块。

装备适配模型的控制模块中包含连接、控制对应底层装备的一些基本功能，数控车床适配模型控制模块中的功能函数对应车床控制面板形成虚拟按键，如程序启动按键，复位按键，夹具打开、关闭按键等，装备适配模型可以直接通过调用这些功能函数实现按键功能。这些控制功能有些可以在装备生产厂商提供的链接库中获取，有的需要通过更改机床 PLC 梯形图加入远程控制点位实现。

（3）监测模块。

装备适配模型的监测模块中包含一些底层装备信息采集、状态监控功能，如数控车床适配模型的监测模块中就包含程序执行状态、机床警报信息、各轴机械坐标等机床状态信息的采集功能。监测模块中的功能函数可以根据物联制造系统的信息采集需求灵活拓展。这些信息采集功能有的可以通过装备生产厂商提供的链接库获取，有的需要通过更改机床 PLC 梯形图加入状态监测点位实现。

（4）数据库模块。

装备适配模型的数据库模块中包含了装备适配模型与底层装备数据库的连接，对数据表格中的数据进行增、删、改、查等常见数据库操作功能，用于装备适配模型数据库接口的实现。

除了这些基本功能模块，还可根据底层装备的功能特点和物联制造系统的实际需求，在装备适配模型中灵活地添加其他功能模块以实现底层装备的功能拓展。例如：在激光导引 AGV 的适配模型中加入路径模块，实现激光导引 AGV 路径文件的自动生成与上传；在数控机床的适配模型中加入 NC 模块，实现系列化产品 NC 代码的自动生成与上传；在适配模型中加入指令集模块，从而方便生成和调用各种 JSON 格式的指令。

11.4.2 装备适配模型工作机制

虽然在不同底层装备对应的装备适配模型之间存在着较大的差异，但其工作逻辑基本一致，如图 11-13 所示。装备适配模型启动后首先会尝试连接底层装备数据库，连接成功后便会继续尝试连接对应的底层装备。但由于车间底层装备的开机时间各不相同，这样就可能出现装备适配模型已运行而对应底层装备尚未开机的情况。如果与底层装备连接失败，那么装备适配模型会间隔一段时间后继续尝试，直到与底层装备连接成功。与底层装备连接成功后，装备适配模型会检测底层装备的状态，判断底层装备是否存在（如急停等）报警信息。如果底层装备开机后存在未消除的报警信息，那么装备适配模型将通过人机交互接口显示具体报警信息和相应的解决方案。

待车间技术人员消除底层装备报警信息后，装备适配模型通过控制模块的虚拟按键对底层装备进行初始化操作，之后启动监测线程持续地对底层装备进行数据采集，并将采集的数据同步至底层装备数据库。主线程则继续尝试与上层控制软件连接，连接成功并完成注册后，对应底层装备在制造系统中上线。装备适配模型在制造系统中上线后，会持续监听制造系统接口，并在接收到上层控制软件下发的指令后进行指令解析、指令执行、完成回复这一系列操作。

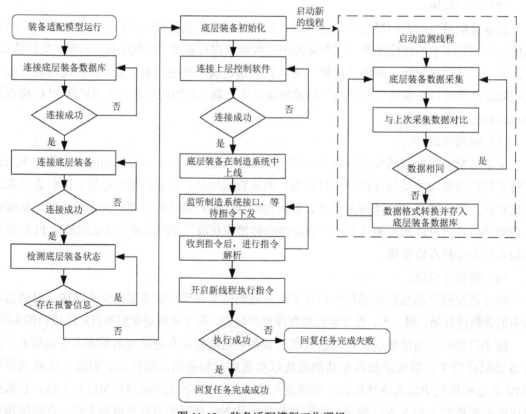

图 11-13 装备适配模型工作逻辑

11.4.3　装备适配模型功能实现

1）底层装备通信协议的统一

车间底层装备种类繁多，使用的通信协议也各种各样，这给底层装备的互联互通带来了很大的阻碍。针对这一问题，本章设计了一种适用于物联制造系统的底层装备通信协议，但由于车间底层装备本身并不支持这种通信协议，因此无法直接使用该通信协议与上层控制软件连接、通信。

在上节中以计算机接口为例，介绍了有些种类的计算机只提供一种类型的接口（如 USB 接口），其他外围设备都通过该接口接入计算机（如使用 USB 耳机）。为了提高计算机的兼容性，实现使用其他类型接口的外围设备的接入，就需要使用适配器（如使用 VGA 接口的显示屏通过使用 VGA 转 USB 的适配器接入计算机），从而实现外围设备通信接口的转换。计算机外围设备适配接入如图 11-14 所示。

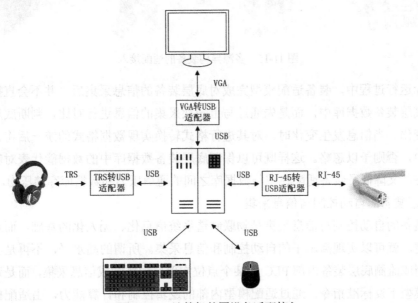

图 11-14　计算机外围设备适配接入

为了实现通信协议各异的底层装备与物联制造系统的对接，就需要对底层装备的通信协议进行适配转换，使其能够提供统一的通信接口。在物联制造系统中，装备适配模型就承担着适配器的功能。多源异构装备的适配接入如图 11-15 所示。装备适配模型通过制造系统接口以统一的通信协议接收上层控制软件下发的控制指令，再通过装备控制接口以对应底层装备本身的通信协议对其进行自动控制和信息采集，从而实现底层装备通信协议的转换，进而实现车间底层装备通信协议的统一。

底层装备数据访问接口是基于底层装备数据库构建的，其他外部程序可以通过访问底层装备数据库的方式，方便地获取底层装备的各类状态信息。但底层装备本身并不提供与数据库连接的功能和接口，无法直接与底层装备数据库连接并作为数据来源。因此底层装备数据访问接口的功能仍然需要通过装备适配模型实现。

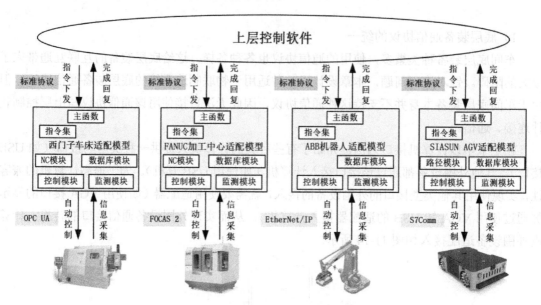

图 11-15　多源异构装备的适配接入

在实际运行过程中，装备适配模型完成对底层装备的信息采集后，并不会直接将采集的信息存入底层装备数据库中，而是先通过与上一次采集的信息进行对比，判断底层装备状态是否产生变化。当信息发生变化时，对其进行格式转换实现数据格式的统一后将该条信息存入数据库中，否则予以忽略。这样既可以保证底层装备数据库中的数据能代表对应底层装备的实时状态，又降低了装备适配模型与数据库之间的通信压力和数据库存储压力。

2）底层装备的自动控制与信息采集

底层装备的自动控制与信息采集是物联制造系统信息化、无人化的基础，而通过应用装备适配模型，就可以实现高水平的自动控制和信息采集。所谓的高水平，不再是上层控制软件直接控制或监测底层装备内部 PLC 的某个点位实现自动控制或信息采集，而是通过向其对应的适配模型下发标准指令，通过适配模型内部的逻辑控制和计算能力，由适配模型自动完成一系列的控制或信息采集动作。

上文中提到的控制数控机床执行加工指令的例子，应用了装备适配模型后，物联制造系统的上层控制软件只需向数控机床适配模型下发一条附带 NC 代码信息的加工指令，数控机床的适配模型收到指令后自动进行指令解析，获取 NC 代码信息并通过文件传输协议（File Transfer Protocol，FTP）将 NC 代码上传至对应数控机床，通过控制模块中的虚拟按键关闭机床夹具和安全门并启动加工程序，之后通过检测模块的功能函数持续监测机床加工状态，在机床加工完成后，打开夹具和安全门，并将各轴移动到机床上料点位置，向上层控制软件回复加工完成信息。装备适配模型在实现自动控制功能时使用闭环控制方式。例如，控制 AGV 执行入料命令时，会持续监测 AGV 入料口的光电传感器状态，直到货物完全进入 AGV 的货仓并触发了光电传感器后，装备适配模型才会回复任务完成信息，从而保证自动控制功能的高可靠性。

装备适配模型在运行过程中会以固定周期通过装备控制接口以对应底层装备本身的通信协议对其进行信息采集，从而实时监控底层装备状态，保证适配模型与底层装备状态与行为的一致性，并通过对采集信息的格式转换和存储，实现底层装备数据访问接口功能。

除了基本的针对底层装备各种状态信息的采集及存储，装备适配模型还可以通过自身的信息处理能力，获取一些有潜在利用价值但底层装备本身无法提供的数据，如底层装备待机时间和实际工作时间、数控机床刀库内每把刀具的使用时间、与底层装备相关的工件信息等。通过对这些生产数据的采集和存储，便可以实现车间底层装备状态信息和订单加工信息的全流程可追溯，如追踪不合格工件在生产过程中经过哪些底层装备加工、车间运行过程中每台底层装备的空闲率、车间底层装备的故障率等。这些生产数据也为后续的数据分析、调度优化、底层装备维护提供了有力的支撑。

3）底层装备控制逻辑的统一

车间底层装备种类繁多且品牌各异，即使是同类型装备，其控制逻辑往往也存在着较大差异，很难与物联制造系统良好兼容。因此需要对底层装备的控制逻辑进行适配转换，从而屏蔽底层装备的异构性，实现不同品牌的同类型底层装备控制逻辑的统一。

例如，基于 PLC 开发的磁导引 AGV 和基于嵌入式系统开发的激光导引 AGV，两者在制造系统中的功能相同，但工作原理和控制逻辑却存在较大的差异。而通过装备适配模型对底层装备的控制逻辑进行统一，不论是哪种类型的 AGV，其适配模型与制造系统间都只有按照指定路径运输货物、入料、出料、当前位置查询这几条标准的交互指令。物联制造系统的上层控制软件通过适配模型的制造系统接口向其下发标准指令，而由适配模型根据对应底层装备特点完成一系列的控制动作。

车间底层装备开机后，往往需要进行一些初始化操作，但不同品牌的底层装备的操作流程也存在一些差异。例如：西门子数控机床需要松开急停、复位、按下主轴使能和进给使能、控制机床各轴移动到上料点位置、切换到 AUTO 模式；FANUC 数控机床则需要松开急停、控制机床各轴移动到上料点位置、切换到 AUTO 模式、按下选择停（使机床控制面板按钮无效）。由此可见，底层装备的开机初始化操作具有一定的复杂性，而且不同底层装备的操作逻辑还存在一些差异，这就给车间技术人员带来了一定的工作负担。而通过装备适配模型对底层装备的开机初始化逻辑进行统一，在车间技术人员确认安全并松开底层装备急停按钮后，适配模型根据对应底层装备特点，通过控制模块中的虚拟按键自动完成各种复位操作，这样便可以屏蔽车间底层装备的差异性，简化车间底层装备的开机流程。

4）底层装备的功能拓展

相较于传统离散制造车间，物联制造车间的自动化、信息化、智能化水平显著提升，但同时对底层装备本身的功能也有了一些新的需求，如上层控制软件对底层装备任务完成时间预估功能的需求。如果车间调度模块可以获取底层装备的任务完成预估时间，便可以将该参数纳入车间调度算法的参考因素，显著优化调度结果。由于很多车间底层装备并不是基于物联制造系统的需求开发的，底层装备本身的功能很难与物联制造系统的需求匹配。

底层装备本身的功能在出厂后就已基本确定，很难根据物联制造系统的需求进行升级拓展，而装备适配模型是基于计算机高级语言编写的，且在计算能力较强的上位机或工控机中运行。因此可以根据物联制造系统的需求，在底层装备原有基础上通过其适配模型灵活地进行功能拓展，从而在满足物联制造系统接入标准的同时降低对底层装备本身的技术要求。例如，为数控机床适配模型拓展加工时间预估功能，基于对 NC 代码的分析和计算，上层控制软件向数控机床的适配模型下发加工时间预估命令时，需要在指令中附加 NC 代码（或是毛坯类型及关键尺寸信息，由适配模型自动生成 NC 代码）。适配模型获得 NC 代码后会对 NC 代码进行解析，通过分析 NC 代码中的 G 代码（准备功能代码）获取刀具移动路径。通过分析 NC 代码中的 F 指令（进给速度）获取刀具在每段路径中的移动速度，从而计算出数控机床执行全部代码所需的时间。

11.5　本章小结

"工业 4.0"、工业互联网等制造业发展战略的提出，引起了全球范围内传统制造业转型升级的热潮。然而由于底层装备的多源异构特性，造成了制造车间无法实现互联互通、物联制造系统与底层装备难以匹配兼容的问题，严重制约了数字化制造和智能制造的推广。针对上述亟待解决的问题，本章提出了一种在物联制造环境下的底层装备互联互通总体方案，结合适配技术的应用，实现了底层装备通信协议的统一，从而在不升级、替换车间原有底层装备的条件下，以较低的成本实现了车间底层装备的互联互通。通过对底层装备的适配封装，形成标准化、简单化、具有统一的通信协议和标准化数据访问接口的标准物联装备，使其能够满足物联制造系统接入标准，与物联制造系统良好匹配、兼容，显著简化了物联制造系统架构，降低了物联制造系统构建难度。

11.6　本章习题

（1）请阐述物联互通的概念。

（2）物联互通有哪些特征？

（3）请阐述面向物联制造的标准装备模型设计流程。

（4）请阐述在物联制造环境下底层装备互联互通的架构。

（5）请阐述在物联制造环境下底层装备适配封装的架构。

第12章 网络信息安全管理技术

12.1 引言

当前随着我国的计算机技术、互联网技术、IT 技术等信息技术的快速发展，各类信息技术已逐步应用于各行各业。在技术发展的过程中，各种各样的安全问题也频频发生。这些问题对信息安全构成了极大的威胁。特别是在制造企业中，计算机网络、服务器网络、设备网络等交织在一起，并且在企业的经营生产管理中部署实施各类型的系统产生了大量的数据，数据信息已逐步成为企业的核心资产，一旦网络出现安全威胁（包括木马病毒、黑客攻击等），数据的安全性、稳定性将受到巨大的影响，会对企业的经营管理带来巨大的隐患甚至会使企业不能再经营下去。

国家智能制造发展战略逐步推进，制造企业将逐渐考虑如何部署智能制造系统，这一趋势将对工业控制系统的信息安全保护提出新的要求，并带来巨大的信息安全解决方案市场需求。本章基于此背景下介绍网络信息安全管理中涉及的相关技术。

12.2 密码技术

12.2.1 概述

密码学学科研究的是如何编制和破译密码。现代密码技术不仅在保护信息的机密性方面有着重要作用，还广泛应用于权限管理、数字签名、安全协议、身份鉴别和安全协议等方面，成为网络信息安全的关键技术之一。

通信系统模型如图 12-1 所示。通常情况下，信号从信源发出经过编码器的编码调制处理之后，经公开的信道传送至解码器进行译码、解码操作，最终传送至信宿。

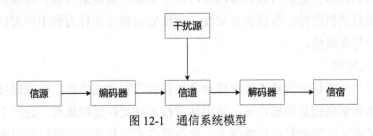

图 12-1 通信系统模型

在公开的信道中，信息的存储、传输与处理都是以明文形式进行运算的，很容易受到窃听、截取、篡改、伪造、假冒、重放等手段的攻击。因此，信息在传输或广播时，需要做到不受黑客等的干扰。除合法的被授权者以外，不让任何人知道，这就引出了保密通信的概念。

保密通信系统是在一般通信系统中加入加密器与解密器，保证信息在传输过程中无法被其他人解读，从而有效解决信息传输过程中存在的安全问题。保密通信系统模型如图 12-2所示。

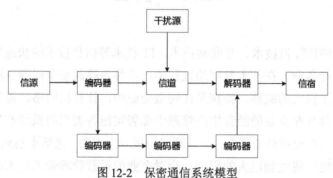

图 12-2 保密通信系统模型

加密、解密属于密码学范畴，在保密通信系统中，用户之间的交互涉及明文、密文、加密、解密、加密算法及解密算法等概念，具体含义如下。

明文（Plaintext/Message）：未加密的数据或解密还原后的数据。

密文（Cipher Text）：加密后的数据。

加密（Encryption）：对数据进行密码变换以产生密文的过程。

解密（Decryption）：加密过程对应的逆过程。

加密算法（Encryption Algorithm）：对明文进行加密时所采用的一组规则。

解密算法（Decryption Algorithm）：对密文进行解密时所采用的一组规则。

一个密码体制可以描述为一个五元组（M,C,K,E,D），它必须满足下述条件。

（1）M 是可能明文的有限集。

（2）C 是可能密文的有限集。

（3）K 是可能密钥的有限集合。

（4）E 是加密有限空间集合。

（5）D 是解密有限空间集合。

通过应用密码技术，能够有效保障网络与信息安全，且是最可靠、最经济的手段。密码技术可以实现信息的机密性、信息的真实性、数据的完整性和行为的不可否认性，以上四点构成了密码学的基本属性。

1）信息的机密性

信息的机密性是指保证信息不被泄露给非授权者等实体的性质。在密码技术中采用加密技术可以很容易地实现信息的机密性。使用加密技术对文件进行加密，会产生乱码密文。即使攻击者截获了密文，加密算法足够强大，攻击者也无法从密文中提取有用的信息。而拥有密钥的人可以对密文解密，从这串乱码中恢复出原来的文件。

2）信息的真实性

信息的真实性指的是信息来源真实可靠，不存在被伪造和篡改的性质。密码中的安全认证技术可以保证信息的真实性。这些技术包括消息认证码、数字签名、身份认证协议等，这些技术的基本思想是合法的被授权者都有各自的"秘密信息"，用这个"秘密信息"对公开信息进行处理即可得到相应的"印章"，用它来证明公开信息的真实性，而没有掌握相应"秘密信息"的非法用户无法伪造"印章"。

3）数据的完整性

数据的完整性是指数据没有受到非授权者的篡改或破坏的性质。密码杂凑算法可以方便地实现数据的完整性。密码杂凑算法通过数学原理过程，从文件中计算出唯一标识这个文件的特征信息，称为摘要。文件内容的细微变化都会产生不同的摘要，只要在电子文件后面附上一个简短的摘要，就可以鉴别文件的完整性。不同的文件拥有不同的摘要，一旦文件被篡改，摘要也就不同了。因此，对文件的保护而言，采用密码杂凑算法是一种非常便捷、可靠的安全手段。

4）行为的不可否认性

行为的不可否认性指的是无法否认已经发生的操作行为的性质，也称抗抵赖性。基于公钥密码算法的数字签名技术，可以有效解决行为的不可否认性问题。数字签名具有不可抵赖的性质。对解决网络上的纠纷、电子商务的纠纷等问题，数字签名是必不可少的工具。虽然计算机、网络和信息系统的日志能在一定程度上证明用户的操作行为，但日志容易被伪造和篡改，因此无法实现该行为的不可否认性。

12.2.2　对称密码技术

对称密码体制在加密和解密时使用相同密钥，因此也叫单钥体制。采用单钥加密，密钥的保密性决定了系统的保密性，而与算法的保密性无关，即由密文和加解密算法不可能得到明文，换句话说，算法不需要保密，需要保密的仅是密钥。

发送方产生密钥，然后经过一个安全的通信渠道发送给接收方，或者密钥由第三方产生，分配给通信双方。

如何生成满足保密要求的密钥，以及如何安全可靠地将密钥分发给通信双方是该系统设计与实现的主要问题。密钥管理是影响系统安全的重要因素，主要包括密钥的产生、分配、存储、销毁等问题。密钥管理做的好，系统的安全保密就能得到有效的保证。对称密码体制有两种加密方式：一种是将明文消息逐位地加密，称为流密码或序列密码；另一种是将明文消息先进行分组，然后对每一组进行加密，称为分组密码。

对称密码使用相同的密钥进行加密和解密，作为标准的对称密码主要有 DES、三重 DES 和 AES，它们都属于分组密码，即以分组为单位进行处理的密码算法。DES 和三重 DES 的分组长度都是 64 比特，而 AES 的分组长度可以为 128 比特、192 比特和 256 比特中的一种。

1）DES

DES（Data Encryption Standard）是 1977 年美国联邦信息处理标准中使用的一种对称密码技术，曾经被美国和其他国家政府银行使用，但是现在已经被破解，除了用它解密以前的密文，已不再使用 DES。通过学习 DES，可以更好地了解对称加密。

DES 对称密码算法将 64 比特的明文加密成 64 比特的密文，它的密钥长度是 56 比特，即 7 个字节。DES 的结构采用的是 Feistel 网络。Feistel 网络中，加密的各个步骤称为轮，整个加密过程就是进行若干次轮的循环。图 12-3 所示为 Feistel 网络中一轮的计算流程。DES 是一种十六轮循环的 Feistel 网络。

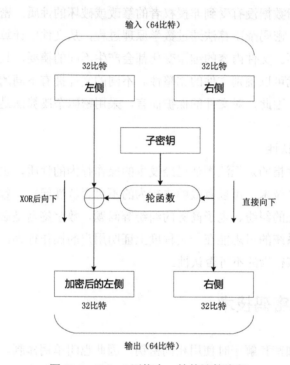

图 12-3　Feistel 网络中一轮的计算流程

一轮的具体计算流程如下。

（1）将输入的数据等分为左右两部分。

（2）将输入的右侧直接发送到输出的右侧。

（3）将输入的右侧发送到轮函数。

（4）轮函数根据右侧数据和子密钥，计算出一串随机的比特序列。

（5）将上一步得到的比特序列与左侧数据进行 XOR 运算，并将结果作为加密后的左侧。

其中，子密钥指的是本轮加密使用的密钥。每一轮的子密钥都是不同的。轮函数的作用则是根据右侧和子密钥生成对左侧进行加密的比特序列，它是密码体制的核心，但是，这样一来右侧根本没有被加密，因此需要用不同子密钥对一轮的处理重复若干次，并在每两轮之间将左侧和右侧的数据对调。图 12-4 所示为三轮的 Feistel 网络。

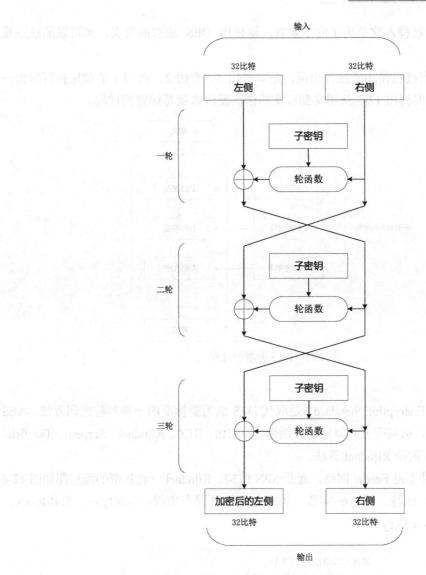

图 12-4　三轮的 Feistel 网络

那么，Feistel 网络如何解密呢？很简单，只要按照相同的顺序来使用子密钥就可以完成解密，即将图 12-4 中的子密钥 1 换成子密钥 3，而子密钥 3 则换成子密钥 1，输入的为密文，输出的则为明文了。

无论是任何轮数、任何轮函数，Feistel 网络都可以用相同的结构实现加密和解密，且加密的结果必定能够正确解密。因为 Feistel 网络具有如此方便的特性，因此，被许多分组密码算法使用，包括五个 AES 最终候选算法中的其中三个算法：MARS、RC6、Twofish。

2）三重 DES

三重 DES 是将 DES 重复三次，从而增加 DES 的强度。明文经过三次 DES 处理才能变成最后的密文。由于 DES 的密钥长度为 56 比特，因此三重 DES 的密钥长度则为 56×3=128 比特。从图 12-5 所示的 DES 的解密过程可以发现，三重 DES 并不是进行三次 DES 加密，而是

智能制造系统及关键使能技术

加密→解密→加密的过程，这是为了向下兼容，即使用 DES 加密的密文，也可以通过三重 DES 进行解密。

三重 DES 的解密过程和加密过程相反，是以密钥 3、密钥 2、密钥 1 的顺序执行解密→加密→解密的操作，即将图 12-5 从明文到密文的箭头反过来就是解密的过程。

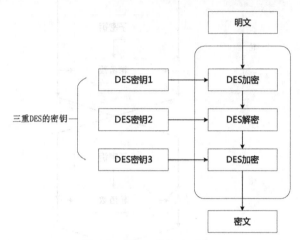

图 12-5　DES 的解密过程

3）AES

AES（Advanced Encryption Standard）是取代 DES 成为新标准的一种对称密码算法。AES 最终候选算法名单中，总共有五种算法，分别为：MARS、RC6、Rijndael、Serpent、Twofish，但最终被选定为 AES 的是 Rijndael 算法。

Rijndael 使用的并不是 Feistel 网络，而是 SPN 结构。Rijndael 一轮加密的流程图如图 12-6 所示，其分组为 128 比特，即 16 字节，加密过程经过四个步骤：SubBytes、ShiftRows、MixColumns、AddRoundKey。

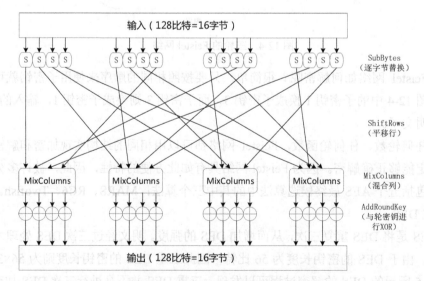

图 12-6　Rijndael 一轮加密的流程图

SubBytes 是根据一张替换表（S-Box），将输入中每个字节的值替换成另一个字节的值；ShiftRows 是将 SubBytes 的输出以字节为单位进行打乱处理，当然，这种打乱处理也是有规律的；MixColumns 是对一个 4 字节的值进行比特运算，将其变成另外一个 4 字节的值；AddRoundKey 就是将 MixColumns 的输出与轮密钥进行 XOR 处理，至此，一轮就结束了。实际上，在 Rijndael 中需要重复进行 10～14 轮计算。

图 12-7 所示为 Rijndael 一轮解密的流程图，是 Rijndael 一轮加密的反向操作，加密时的 SubBytes、ShiftRows、MixColumns、AddRoundKey，解密时分别为反向运算的 InvSubBytes、InvShiftRows、InvMixColumns InvAddRoundKey，这是因为 Rijndael 不像 Feistel 网络一样能够用同一种结构实现加密和解密。

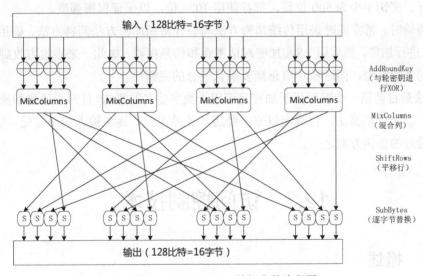

图 12-7　Rijndael 一轮解密的流程图

12.2.3　非对称密码技术

非对称密码体制是指在加密和解密时使用不同的密钥，也叫作公钥密码体制，其中，能够被公开的密钥称为公钥；必须保密的密钥称为私钥，理论上无法通过公钥计算得到私钥。

非对称密码体制的主要特点是，加密和解密是分开的，因而可以实现多个用户加密的消息只能由一个用户解读，或者一个用户加密的消息可由多个用户解读。前者可用于实现公共网络中的安全通信，后者可用于实现用户身份验证。非对称密码体制的提出是为了解决对称密码体制中存在的问题，一方面是为了解决对称密码体制中密钥分发和管理问题，另一方面是为了解决不可否认的问题。基于以上两点，可知非对称密码体制在密钥的分发、管理、认证、不可否认性等方面有着重要的意义。

非对称密码体制的另一个重要用途是数字签名，与加密过程不同的是，在数字签名中，消息的发送方要使用自己的私钥对消息进行签名，所有人都可以使用与其对应的公钥进行签名的有效性验证，因此，非对称密码体制不仅可以保障信息的机密性，还具有认证和不可否认性等功能。

1977 年，三位数学家 Rivest、Shamir 和 Adleman 设计了一种算法，可以实现非对称加密，这种算法用他们三个人的名字命名，叫作 RSA 算法。从那时直到现在，RSA 算法一直是最广为使用的非对称加密算法。密钥的长度越长，其破解难度越高。

RSA 算法的数学理论十分简单，即想要将两个大素数的乘积进行因式分解是十分困难的，但反过来将两个大素数相乘却很简单，所以可将乘积作为加密密钥公开。

在非对称密码体制中，加密密钥 PK 会被公开，而解密密钥 SK 是需要保密且妥善保管的。加密算法和解密算法也都是公开的。私钥由公钥决定，但却不能通过公钥计算得到，正是因为如此，RSA 算法通常是先生成一对 RSA 密钥，保密密钥分配给用户独立保存，而公开密钥可对外公开。密钥至少为 500 位长，推荐使用 1024 位，以保证保密强度。

在信息传输时，常常同时采用传统加密方法与公开密钥加密方法两种方法，即用 DES 或 IDEA 对信息进行加密，然后用 RSA 加密对话密钥和信息摘要。如此一来接收方收到消息后，需要用不同的密钥解密，同时核对信息摘要确认信息的完整性。

RSA 算法是目前第一个既可用于加密又可用于数字签名的算法，且易于理解和操作。RSA 作为研究最广泛的公钥算法，自提出以来，经历了各种考验，逐渐被人们所接受，它被普遍认为是目前最好的公钥方案之一。

12.3　访问控制技术

12.3.1　概述

访问控制技术是一种防御技术，也是防范网络安全的重要策略，其作用是防止受保护的资源受到越权使用。它通过定义系统主体对客体的访问权限，控制哪些主体（如人、进程、机器）能够访问系统中的哪些资源，实现了系统的共享数据管理的需求，同时较好地放置了对信息特别是机密信息的窃取和破坏。访问控制技术是一种重要的信息安全技术，它能够保障授权用户能获取所需资源的同时拒绝非授权用户的安全机制，是保障现代信息技术系统安全不可缺少的一部分。

访问控制技术是对信息系统资源进行保护的重要措施，旨在限制对关键资源的访问，防止非法用户进入系统及合法用户对系统资源的非法访问。它通过访问策略控制，实现主体对客体访问的限制，并在身份识别的基础上，根据身份对提出资源访问的请求实现权限控制。访问控制有三个模式：自主访问控制模式、强制访问控制模式和基于角色访问控制模式。

12.3.2　常见访问控制方式

访问控制包括三个要素：主体、客体和控制策略。

访问控制的主要功能包括确保合法用户能够访问特定的受保护的网络资源，同时防止非法用户进入或非法访问受保护的网络资源。访问控制首先需要验证用户身份的合法性，同时使用控制策略进行选择和管理。在验证了用户的身份和访问权限之后，还需要监视未经授权的操作。因此，访问控制的内容包括认证、控制策略实施和安全审计认证，包括主体对客体的识别和客体对主体的验证与确认。对于控制策略，通过合理设置控制规则，确保用户对信息资源在授权范围内合法使用，同时，合法用户不能超越权限行使职权和权限范围访问权限。安全审计是指系统可以根据用户的访问权限，自动对计算机网络环境下的相关活动或行为进行系统独立的检查和验证，并做出相应的评价和审计。以下为几种常见访问控制方式。

1）入网访问控制

入网访问控制作为信息系统的第一道防线，控制网络网文权限，指定哪些用户能够登陆服务器获取相应资源，同时，对于用户何时、何地访问网络也进行限制。用户的入网访问控制可分为用户名识别与验证、账号的缺省限制检查、口令识别与验证三个步骤。用户能够入网的前提是三个步骤都能通过。验证用户名是防止非法访问的第一步。用户口令最好是数字、字母或其他字符组合，口令的复杂性在一定程度上能够提高其安全性。口令不应显示，且需要经过加密。网络管理员具有控制普通用户账号使用的权力，包括控制其访问时间、访问方式等。系统管理员帐户只能由系统管理员创建。用户访问网络时，必须提交密码。用户可以修改密码，但通常情况下应该满足以下限制：最小密码长度、强制更改密码的时间间隔、独特的密码、密码过期后允许入网的宽限次数。用户名和密码经过验证之后，将对用户帐户进行默认的约束检查。网络对用户的访问控制包括登陆站点限制、用户工作站数量限制及用户网络时间限制等。当用户网络欠费时，网络还应能够限制用户的账号。网络应该审查所有用户的访问。如果密码输入错误次数过多，将会认定为非法用户，禁止入网并发出警告信息。

2）权限控制

操作权限控制能够防止网络中出现一些因非法操作而导致的安全问题。管理员赋予用户和用户组一定的操作权限，通过设置，指定其有权访问网络中的哪些主机和服务器、操控哪些程序，以及查看或修改哪些目录、文件和其他资源。除此之外，网络管理员可对用户进行分类管理，将用户按照访问权限分成普通用户、特殊用户和审计用户。不同用户对文件或设备等能够执行的操作不同。普通用户是根据实际情况分配操作权限的用户；特殊用户是具有特殊权限的用户，包括对网络或应用软件服务的特权操作等；审计用户的职责是对网络安全进行控制，查看资源使用情况。系统通常用访问控制表来描述不同用户对资源所拥有的权限，以达到操作权限控制的目的。

3）目录级安全控制

访问控制策略通过赋予用户操作权限，限制用户对目录、文件设备的操作。目录级安全控制是指用户在某一级目录下对该目录的文件及子目录的操作有效性。此外，对于用户来说，可自行设置下一级目录和文件的操作权限。用户对目录和文件能够采取的一般操作包括：创建、删除、读取、写入、修改等。作为网络管理员，应当采取有效的策略为用户设置相应权限，满足最小特权原则，通过适当的组合让用户有效完成工作的同时，又对网络资源起到保护作用，避免不必要的误操作。通过权限的合理组合，用户在有效完成工作的同时，不会随意访问修改网络资源，使网络资源受到了保护，加强了网络和服务器的安全性。

12.3.3 认证与授权

认证和授权是访问控制的两个重要过程，认证用来确认用户身份，授权则是决定用户行为是否允许。认证和授权是两个不同的概念，但又密切相关，相互依赖，因此常常被人们混淆。

1）认证

认证是检验一个用户是否具有合法身份的过程。信息认证主要是通过相关的技术手段防止信息被篡改、伪造，或者信息接收方事后否认接收信息。保证信息的完整性，使得有意或无意篡改了信息后接收方可以发现。信息认证对于某些开放环境中的信息系统来说至关重要。认证技术是现代各种电子资金转账系统、办公自动化、自动零售服务网络、计算机通信网络等系统设计中的重要组成部分。信息认证主要包括消息认证和身份鉴别两个方面。

计算机用户们所熟悉的密码，就是一种最常见的认证形式。通过统一身份认证后用户就可以自由地访问已经加入统一身份认证的所有资源。

纯认证系统是信息认证中最简单的一类。采用该认证系统最关键的地方在于防止认证码被破译，所以该系统必须具有良好的认证算法和密钥。纯认证系统用指定算法和密钥对信息进行加密，所得到的信息摘要会被附加到信息之后一起传输。接收方验证信息的方法是用同样的密钥和算法对信息进行运算，得到另一个信息摘要。与附加的进行对比，若不一样，则说明信息在传输过程中出现过被篡改的情况。因此，纯认证系统针对的是信息发送和接收双方之外的干扰和破坏因素。

另一种信息认证的重要手段为数字签名。数字签名的使用必须满足三个要求。

（1）接收方应能确认发送方的签名，但不能伪造。（接收方条件）

（2）发送方发送签名信息后，不能否认他已签名的信息。（发送方条件）

（3）公证方能确认发送、接收双方的信息，做出仲裁，但不能伪造这一过程。（公证条件）

为实现数字签名，纯验证技术还不够，一般采用公钥密码方案，如 RSA 算法。

2）授权

授权规定可对该资源执行的动作（如读、写、执行或拒绝访问），就是明确是否允许某个用户访问某个系统资源、特定区域或信息的过程。授权机制能够确定用户访问资源的权限，通常再用监控器的方法拒绝或允许用户访问特定资源。授权过程需满足最小特权原则，即除了满足工作所需的权限，用户不应当被赋予其他更多的不必要的权限。合理的授权是实现工作正常运作的重点，授权机制将完成工作所需的权力赋予参与人员，同时，主管将处理交涉、用钱、用人、做事、协调等决策权移转给部属，不只授予权力，且还托付完成该项工作的必要责任。组织中有层级和职权之分，因此授权问题不可避免。管理人的重要任务之一就是进行合理的授权。有效的授权是一项重要的管理技巧。例如，人力资源的员工通常都被授权允许访问员工档案，在计算机系统中这条策略就会被形式化为一条授权规则。当一个人力资源部员工，通过身份认证机制登录到员工档案系统试图修改某人的档案信息时，系统的访问控制机制将检查该用户是否有使用员工档案系统的权利、是否有修改档案信息的权利，并将相关权利赋予该用户。实现授权的方式很多，访问控制列表是其中一种，它将用户与系统资源的访问关系存放在一张表中，可能是给每种系统资源附上一张可访问用户清单，也可能是给每个用户附上一个可访问资源列表。

为了保证网络资源在可控范围之内，用户只能根据自己的权限大小来访问特定的系统资源，不允许越权访问。授权只给予某个用户为了某种目的可以访问某个目标的权利。授权的管理决定谁能被授权修改允许的访问，分为以下三种管理方式：强制访问控制的授权管理、自主访问控制的授权管理、角色访问控制的授权管理。

12.4　防火墙技术

12.4.1　概述

网络防火墙是一种较早实现产品化的、成熟的网络安全机制，其最初设计是为了防范外部攻击。网络中的防火墙是一种高级访问控制设备，是一系列部件的组合。它将不同的网络安全域隔离开，同时也成为通信的必经之路。网络防火墙根据相关安全策略控制（包括监视、记录、允许、拒绝等）控制用户访问网络的行为。因此，访问控制是防火墙的核心功能。

防火墙的作用是在未知的网络环境中，实现相对安全的隔离环境，使得内部网络具有一定的安全性，其本质是一种隔离技术。逻辑上可以将防火墙理解成一个分析器或限制器，为了实现内部网络与外部网络的分离，所有进出的数据流都必须有安全策略，并且经过确认和授权。防火墙既可以是纯硬件的，也可以是纯软件的，或者软硬兼备。防火墙与内部网、互联网的连接示意图如图 12-8 所示。

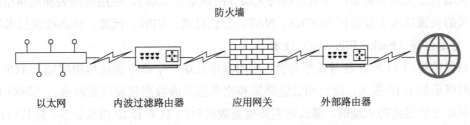

图 12-8　防火墙与内部网、互联网的连接示意图

从防火墙产生到现在，它的发展历程大致分为以下几个阶段。第一阶段是基于路由器的防火墙。它工作在网络层，主要是利用路由器的分组解析功能，对分组进行过滤。第二阶段是防火墙工具包，工具包在路由器过滤功能的基础上加上了日志审计和报警功能，使其独立于路由器工作。它可以根据用户的需求，提供模块化的软件包。与第一阶段相比，该阶段的防火墙减少了由于路由器的不安全导致网络不安全的因素，成本也降低了。但是第一、二阶段的防火墙都是简单的分组过滤防火墙，适于对安全性要求不高的网络环境。第三阶段是基于通用操作系统的防火墙，这是真正意义上的防火墙，不仅拥有分组过滤功能，还具备强大的应用代理功能，控制力度更强，安全性提高了。由于它与路由器分离不再进行路由选择，只进行访问控制，故速度大为提升，但是因为很多通用操作系统本身的漏洞，就有可能导致防火墙本身的不安全。第四阶段是基于安全操作系统的防火墙，这类防火墙的生产厂商拥有操作系统源代码，加固了系统内核，可以实现安全内核，在功能上不仅具备分组过滤、应用网关、电路级网关等多种功能，还增加了加密、鉴别、日志审计、地址转换、端口映射等附加功能，在接入方式上透明性较好，因此这是专业级防火墙，通常应用在军政、金融、大中型企业等关键部门。

12.4.2　防火墙作用

防火墙能够使安全管理得到简化，提高安全性无须对内部网络的所有主机进行操作，而只需要对防火墙系统进行加固即可。防火墙具有以下几点作用。

（1）强化内部网络的安全性。

（2）对网络存取和访问进行记录、监控。

（3）限定内部用户访问特殊站点。

（4）限制暴露用户点，防止内部攻击。

（5）具有网络地址转换（Network Address Translation，NAT）功能。

（6）具有虚拟专用网（VPN）功能。

12.4.3　防火墙关键技术分析

防火墙有三类基本模型：分组过滤防火墙（网络层防火墙）、应用层网关和电路层网关。与之相关的关键技术主要包括 SOCKS、NAT、分组过滤、VPN、代理、状态检测技术等。

1）分组过滤（Packet Filtering）技术

以目前常用的 TCP/IP 参考模型为例，应用程序发送一个信息到达传输层加上 TCP 报头，再经过网络层加上 IP 报头，最后通过链路层和物理层形成数据包发送至网络。当网络上的防火墙是简单分组过滤防火墙时，那么它主要检查数据包的 TCP 和 IP 报头信息，将其与预先设定好的规则相比较，若信息符合其中一个允许规则，则允许数据包通过；若信息与一个拒绝规则相匹配，则数据包被删除。允许通过的数据包到达目标主机后，经过各层的拆包将数据信息传至应用层。由此可以看出，简单分组过滤防火墙主要工作在网络层和传输层，它的过滤依据主要基于源、目地址，源、目端口，协议号，对应用层的保护能力很弱，几乎不检查应用层数据，也是由于这种原因，它的效率比较高，但是安全性比较低。

分组过滤技术的优点：节省费用，一般路由软件中都默认带有分组过滤功能；使用方便快捷，无须用户名和密码来登录就能使用，用户也无须改变使用习惯。

分组过滤技术的缺点：对网络管理员有一定技术要求，要求对互联网服务有深入了解；需要配置访问控制列表；没有跟踪记录功能；不能在用户级别上进行过滤；只检查地址端口，对通过网络应用链路层协议实现的威胁无防范能力。

2）代理（Proxy）技术

代理本质上是经过网络管理员允许，运行在防火墙网关上的特殊的应用代码，提供相应功能和服务，能够对数据进行监控、过滤和记录报告等。代理的工作内容主要是转发数据，其原理是首先用户与代理服务器创建连接，请求和目的站点进行数据交换。然后由代理验证请求的合理性，进而用自己的应用层网关连接目的站点，传输数据。

这类防火墙充当了网络边界上的代理服务器，运行于内部用户和外部主机之间，并且可以在它们之间转发数据。它们的工作是通过监测每项服务所用的端口，屏蔽出入每个端口的数据，并依据管理员设定的规则，判断是否阻断出入的数据。应用代理防火墙对报文进行重组，可以对高层协议进行分析和匹配，更好地"理解"了它所代理的协议会话，也由此可以提供对应用层更加细致的访问控制，相应的安全性也大为增加。但从效率方面，这类防火墙对高层协议的分析需要大量的时间，所以效率降低了。

代理作为转发设备，需要同时处理出入通信量，造成了信息处理量的瓶颈，其执行速度也比分组过滤程序要慢，而且每增加一种新的媒体应用，还必须添加新的设置。

3）状态检测（State Inspection）技术

状态检测又称动态分组过滤，是在传统分组过滤的基础上实现的拓展功能，它除了对数据包的 IP 和 TCP 报头信息进行处理，还可以根据连接状态信息动态地建立和维持一个连接状态表。这个连接状态表用于对报文进行访问控制，且能够跟踪连接信息，大大提高了安全性。当连接状态表建立以后，对于后续报文不用按部就班的匹配规则，可以直接进行报文的转发，进而提高了效率。由于状态检测防火墙不检查封包的数据区，因此它对应用层的访问控制还是很弱。检测模块可拓展性强，支持多种协议，但配置较为复杂，且网络速度会受到影响。

12.5　区块链技术

12.5.1　概述

区块链技术结合了分布式数据存储、P2P 技术、共识机制、加密算法等计算机技术，形成了一种新型应用模式，可以将区块链看作通过去中心化、去信任的方式让参与各方共同维护的一个分布式账本。作为一种分布式数据库，区块链的分布式不仅体现在对数据的分布式存储，还体现在所有参与者共同对数据的分布式记录，从而实现一套完全分布式的信用体系。

狭义的区块链是一个去中心化的共享账本，它不能被密码学手段篡改或伪造，它按照时间顺序将数据块以链表的形式组合成特定的数据结构，将可验证的数据安全地存储在系统中。广义的区块链是指一种新的多中心基础设施和分布式计算范式，它使用加密技术来验证和存储数据，使用分布式共识算法来更新数据，使用智能合约实现业务逻辑的自动执行。

随着第四次工业革命的到来，智能制造、数字化制造、网络制造等以信息技术与制造技术融合为核心的新型制造模式，将深刻影响制造业的发展方向。传统的"串行制造"模式，正在向 "并行制造"模式进行转变，而工业区块链技术的应用，能够在多方协同生产、工业互联网数据安全、工业资产数字化等多个方面促进制造业的转型升级，使得一个分布式智能生产网络的实现成为可能。工业区块链与工业云的结合在提高实体经济运行效率、促进制造业转型升级方面将起到重要作用。

传统的工业互联网主要以"工业云"为载体，它的基础设备和维护费用极高，需要中心化的云服务、大规模的服务器集群和网络设备来支撑。随着工业互联网逐步推进，生产单元中联网的人和设备以数十亿级别的速度增长时，要处理的通信量和成本消耗也将达到一个惊人的数量，单元故障可能就会导致整个网络的崩溃，并且不同的生产单元间存在多样化的所有权，各自支持的云服务架构多元化使它们之间的通信非常困难。仅凭单个云服务商就能服务于社会生产所有单元是不可能的，而且不同的云服务商也不会保证各自之间的相互操作与兼容性。

使用区块链技术将分布式智能生产网络转变为云链混合生产网络，预计将比大多数采用集中式的工业云技术更高效、响应更快、能耗更低。生产中的跨组织数据信任都是通过区块链完成的。订单信息、操作信息、历史交易均记录在区块链上，分布式存储，不可篡改，所有产品的可追溯性和管理将更加安全方便。

12.5.2　区块链技术基础

12.5.2.1　分布式账本

虽然分布式账本技术（DLT）通常被称为区块链技术的同义词，但分布式账本是指一个资产数据库，可以在多个站点、地理位置或多个机构的网络中实现共同治理和共享。从计算机技术的角度来看，账本是包含交易和信息的一系列数据结构，它可以记录多方之间资金、货物等的交换情况。在区块链系统中，交易被组织成区块，然后被组织成逻辑链，所以区块链是一个不断增长的账本。账本可以完全开放，如比特币系统和以太网系统，也可以在联盟内部开放，如 Hyperledger Fabric。

12.5.2.2　共识算法

分布式系统集群设计中面临着一个不可回避的问题：一致性问题。对于系统中的多个服务节点，给定一系列操作，如何使全局对局部的处理结果达成某种程度的一致？区块链网络中的节点可以自由加入组织，且具有自治权。大多数系统采用 P2P 网络进行数据传输，以更好地适应区块链网络。P2P 网络中的每个节点都负责网络路由、校验块数据、传播块数据、发现新节点等功能。为了促使区块链中的各个节点参与到共识过程中，共识算法需要设计合理的经济激励机制及公平选择特定打包节点。

针对区块链网络，一些研究者提出了"不可能三角形"评价标准，包括三个指标，即去中心化、可扩展性和安全性，但是，在任何情况下这三个指标都不能同时满足。去中心化是指参与共识的节点数量。参与共识的节点越多，分权程度越高。可拓展性主要基于吞吐量，以及它是否适合各种应用场景。安全性考虑破坏规则的经济成本，破坏规则的成本越高，安全性越高。安全的保证是多方面的，包括共识算法的确定性：绝对确认和概率确认。绝对确认意味着一旦交易被包含在区块中并被添加到区块链中，该交易立即被认为是最终交易；概率确认意味着包含事务的块中的后续块越多，事务被撤销的可能性就越小。

一般的传统共识算法称为分布式一致性算法，主要面向分布式数据库操作，且大多不考虑拜占庭容错问题，典型的算法有 Paxos、Zab、Kafka 等；而在区块链中，特别是公有链，多采用拜占庭容错类共识算法，如 PoW、PoS 等。根据共识算法的容错能力高低、一致性程度及打包节点的选取方式不同，分类也不同。按照选取打包节点方法的不同可分为选举类、证明类、联盟类、随机类和混合类。选举类指的大多是传统的共识算法；证明类有 PoW 和 PoS，二者的不同点在于 PoW 证明的是矿工的算力，PoS 证明的是参与者占有的系统虚拟资源的权益；联盟类有 DPoS，是一种 "民主集中式" 式的算法，节点轮流获得打包权；随机类有 Algorand 和 PoET，它们是通过依赖随机数选取打包节点；混合类有 PoW + PoS 的共识机制，也有不少系统采用。

12.5.2.3　智能合约

智能合约是一种能够根据触发条件不同自动执行的计算机协议，在合约签署制定，并部署在区块链网络之后，无须外界干预就能够自动执行验证。智能合约本质上是一段运行在区块链网络上的计算机程序，能够根据合约内容自主执行相关操作，且产生的结果具有有效性和可验证性。参与合约签署的各方需要在部署之前，对合约的所有条款进行协定，制定确切的逻辑流程。用户可通过特定接口实现与智能合约的交互，交互规则严格遵循制定好的逻辑。在密码技术的支撑下，交互行为能够被准确且严格的认证，确保每一笔交易审理执行，不会出现违反规则的行为。

区块链上的智能合约是一段运行在沙盒环境中的程序，与传统程序不同，智能合约更强调事务。智能合约只是一个事务处理和状态记录的模块，其目的是当满足触发条件时，按照调用者的意志准确执行相应函数，在预先设定好的条件下，自动强制地执行合约条款，实现"代码即法律"的目标。在共识和网络封装的基础上，智能合约将区块链网络中各节点的复杂行为隐藏起来，并且提供应用层接口，使得区块链技术的应用前景广阔。智能合约也是区块链的一个重要特性，标志着区块链不仅是一种加密货币，还可以形成基于区块链的服务，称为 BaaS。智能合约允许区块链托管可编程程序，运行去中心化应用程序，并构建需要信任的协作环境。

智能合约的运作机理如图 12-9 所示。通常情况下，智能合约经各方签署后，以程序代码的形式附着在区块链数据上，经 P2P 网络传播和节点验证后记入区块链的特定区块中。智能合约中预先设定了触发合约的情景、执行规则、状态转换规则和应对行动等。可以根据智能合约状态的不同，对其进行监控，检查数据来源。只有满足触发条件，合约才会被激活并执行。

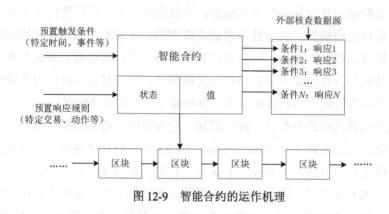

图 12-9　智能合约的运作机理

12.5.3　区块链对工业互联网发展的价值

区块链具有可信协作、隐私保护等技术优势，可与工业互联网实现深度融合，尤其是在工业互联网数据的确权、确责和交易等领域有着广阔的应用前景，为构建国家工业互联网数据资源管理和服务体系提供了坚实的技术基础，开展"工业互联网+区块链的深度应用和创新发展"相关研究，对促进我国工业生产数字化、网络化和智能化转型，推动实体经济高质量发展具有非常重要的意义。

区块链可以为工业互联网提供信任、所有权记录、透明性和通信支持，实现可扩展的设备协调形式，构建可信、安全、高效的分布式网络，保证部署在网络设备中的数据密集型应用的安全性，保护用户隐私。

区块链在工业互联网中作为一种普适性的底层技术，可以为大规模网络提供高容纳性的、可信任的基础设施。区块链应用于工业生产等领域，可以降低中心化设备网络的运营和信用成本，提高运营效率和工业资产利用率。此外，区块链能带来物联网智能化应用模式的扩展，促进商业模式创新。

区块链技术支撑工业互联网个性化定制场景。制造业正在从大规模定制，向满足用户碎片化需求的方向转型，生产性服务业逐渐成为发展新趋势。分布式网络制造的出现，将颠覆传统制造模式，使每个用户都有机会参与到产品设计、生产、维护全过程。工业企业的生产都不是传统的简单复制，而是在满足用户个性化需求的价值创造，区块链可以为每一位接入企业提供便捷合约范式，使每一次重复都能产生独一无二的价值。

区块链技术助力工业互联网降本增效场景。区块链技术完成生产中的跨组织数据互信，实现研发、设计、生产、制造、销售等环节数据打通，所有的操作信息都会以分布式存储的方式记录在区块链上，形成不可篡改的记录，所有产品的溯源和管理将更加安全便捷。交易流程应用区块链智能合约，汇集企业的订单，实时传输至云平台，通过人工智能分析生产设备及生产过程数据来调整生产计划，既保证了效率和成本，又兼顾了公平和安全。数字化工厂将每一种产品数字化，且全部通过智能合约与产业链上下游相连。终端用户的订单一旦确认，整个产业链将迅速响应，数据流动的自动化将助力制造业实现升级转型。基于区块链实现设计图纸、合作协议的存证，有利于实现工业互联网中的权益保护。基于区块链的供应链解决方案可以结合可信的工业互联网区块链订单为中小企业提供快速的融资借贷服务，加快中小企业的资金流转速度。

区块链技术支撑工业互联网网络化协同场景。区块链可发挥提高产业链协同效率的作用。中国制造要向中高端发展，必须提高整体产业协作水平，这也是建设现代化经济的重要途径。区块链作为新兴技术，凭借其独有的特点，解决了国际贸易多方合作之间的信任问题，实现商品流通信息可快速查询并可准确溯源，大大提升了合作效率。

区块链技术为工业互联网信息安全可信共享协作提供解决方案。基于区块链的系统能够解决多主体信息协作之间的信任问题，众多机构或个人在进行信息共享协作的过程中，极易由于外部网网络攻击导致共享信息被篡改，造成不可估量的损失；基于区块链智能合约实现工业互联网中的信息可信共享协作，通过智能合约实现工业互联网信息的多方共识验证，防止信息的篡改，同时结合匿名隐私保护技术，实现信息的安全共享。

12.5.4　应用与展望

12.5.4.1　区块链与云制造平台系统

现有云制造平台系统中普遍存在信息孤岛、信任度低和用户隐私保护性低等问题。区块链作为一种由分布式数据存储的技术，具有去中心化、集体维护性、不易篡改、匿名性和可追溯性等特点，能够有效化解当前难题。基于区块链交易的信息记录与查询验真机制，可为云制造平台系统利用区块链交易提供新思路。

12.5.4.2　区块链与供应链

供应链上源商品的可信溯源问题一直受到重视，尤其是整个链上交易主体之间交易信息不对称，造成在供应链上交易的信任问题更加突出。目前在传统供应链管理交易模式下，比较成熟的一种解决方案是采取"中心化"的管理模式。但是由于"中心化"的管理模式容易使得个体权利过大，过多的决策权取决于"中心管理机构"，存在数据可能遭到篡改而无从追溯的几率，这也导致了一定的信任问题。区块链技术的出现为供应链上的可信溯源带来了新的契机，提供了更可靠的新方法。

12.5.4.3 区块链与工业互联网标识管理

工业互联网通过网络互联，实现工业系统的智能控制和优化经营，工业互联网标识则是完成这一目标的核心要素。在工业互联网标识管理中存在着若干风险，如架构风险、隐私保护和运营风险。区块链具备不可篡改、不可抵赖、可溯源的特性，能够为这些风险提供良好的解决方案。同时，通过引入联盟链，使得链上各参与单位共同参与区块链的管理和维护，进而实现工业制造的升级。此外，可采用雾计算技术，支持高移动性和实时互动，能够解决工业互联网标识管理中标识信息异地、异主、异构的问题。

12.6　本章小结

智能制造将朝着大规模的信息获取，处理，交互，设备网络化、智能化发展，这一过程必将带来一些安全隐患。本章介绍了智能制造在发展过程中，面对工业领域可能出现的网络信息安全问题，列举相关技术，如传统的加密技术（对称密码技术、非对称密码技术）、访问控制技术（入网访问控制、权限控制、目录级安全控制）、防火墙技术（分组过滤技术、代理技术、状态检测技术）、新兴的区块链技术等，并对这些技术进行了详细的分析，提出解决方案，同时对区块链技术如何赋能智能制造提出展望。所列举的网络信息安全管理技术为保障工业控制系统信息化网络化的安全有效实施提供了有力的保障。

12.7　本章习题

（1）密码学的基本属性有哪些？

（2）请简述非对称加密技术的原理。

（3）请简述访问控制技术的作用。

（4）请简述防火墙的作用。

（5）为什么说区块链账本具有不可篡改的性质？

第13章 车间可视化技术

13.1 引言

随着智能制造战略的发展及新一代信息技术的深入应用，越来越多的企业为提高车间生产效率和企业的市场竞争力，就如何高效利用生产资源、最大化缩短产品上市时间及灵活配置生产过程中的各个环节做出了一些改变。车间可视化技术作为实现车间透明化生产的关键技术，其利用车间可视化的方式将车间制造信息进行准确传输，以供技术人员通过这些信息及时调整车间生产计划、优化车间资源配置、在线管理车间设备，它打破了传统的"暗箱"生产模式，高效地利用资源，是实现智能制造系统的关键技术之一。本章首先介绍了数字化车间的发展需求和数字孪生技术的发展背景。然后阐述了车间可视化数据源感知、数据统一集成及信息通信三个关键技术，介绍了车间可视化系统中人机交互系统模式。最后介绍了基于数字孪生技术实现车间可视化的应用。

13.2 背景介绍

13.2.1 数字化车间的发展需求

在新一轮科技产业变革与技术发展的环境下，以物联网、大数据、人工智能、云计算及移动互联网为代表的新一代信息通信技术（Information and Communications Technology，ICT）得到了飞速发展。新兴技术的革新推动着传统制造业加工模式与生产系统向着数字化、智能化的方向发展。在这样的背景下，世界各制造强国都纷纷对本国制造业的发展做出了战略调整，从国家层面规划了相应的先进制造发展战略，如美国的工业互联网、德国的"工业4.0"。我国作为世界制造大国，也紧随世界先进制造技术发展的步伐，为我国智能制造的发展开辟了新纪元，加快了从制造大国向制造强国转变的速度。党的十九大会议上，也再一次强调我国需要大力发展先进制造业，促进实体经济、人工智能、互联网和大数据的进一步融合，使我国进入制造强国的行列。

目前，随着我国劳动力成本的不断提高，我国传统的制造企业在世界制造企业竞争中逐渐失去低成本的优势。为了继续保持我国企业在世界制造业中的优势，企业必须重新思考如何高效利用生产资源、如何最大化缩短产品上市时间及如何灵活配置生产过程中的各个环节。

随着工业自动化与智能化程度日益提高，计算机网络与通信技术的高速发展，数字化车间已经成为制造企业的生产车间数字化转型的必然趋势。数字化车间是集成装备信息管理、车间监控、产品设计和生产管理、建立装备自动化、加工自动化、信息自动化和管理简单化的信息集成制造系统。典型数字化车间体系结构如图13-1所示。数字化车间划分为制造执行层和现场控制层。制造执行层包括工艺管理、生产计划制定、任务跟踪、制造单元管理、生产过程监控、质量监督和安全管理，它是实现数字化车间的核心结构，突出车间的管理控制。现场控制层包括装备单元的集成、装备的管理和装备的控制，它是实现数字化车间的基础，强调装备的控制与集成。

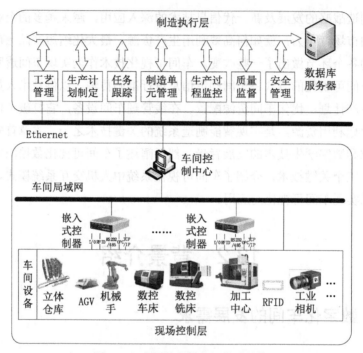

图13-1　典型数字化车间体系结构

要想实现数字化车间，就需要能够实时感知车间设备的状态、生产过程、订单和故障等信息，能够实时传输、处理、存储和分析这些信息，并且利用可视化的方式将这些信息准确传输给技术人员和非技术人员。技术人员通过这些信息及时调整车间生产计划、优化车间资源配置、在线管理车间设备，它打破了传统的"暗箱"生产模式，高效利用资源。非技术人员通过这些信息及时了解订单加工进度、加工过程和预计完成时间等信息，实现透明化生产，这些都属于车间可视化技术的范畴。因此，研究可视化技术是实现数字化车间的重要使能技术之一，是建立数字化车间，实现智能制造的基础。

13.2.2　数字孪生技术发展背景

近几年来，数字孪生的概念及其相应的理论飞速发展，在工业、产业、军事、民生等各个领域得到了高度重视与广泛的应用。在制造业中，车间是智能制造系统中的核心部分，也是执行生产制造任务的基础。数字孪生技术的应用，为车间生产的数字化、智能化发展带来了全新的信息物理融合理念。数字孪生技术撑起了车间数字化发展之轮，且不止于数字化，它不仅是物理车间的镜像，还要实时接收物理车间的各类信息，更加需要对物理车间中的生产活动进行实时的指导反馈，形成物理车间与数字化虚拟空间的双向闭环映射。

13.3 车间可视化技术的发展

车间可视化技术是指将车间现场信息和情况通过一些有效手段显示在计算机屏幕上，与人交互。自 20 世纪 80 年代美国基金会提出可视化技术以来，它就开始应用在各个领域，它在 20 世纪 90 年代开始运用在车间监控系统中，并很快被人们所接受。车间可视化技术迄今为止主要经历了三个重要发展阶段。

第一阶段：人工监控阶段。20 世纪初，大部分企业自动化程度不高，劳动力成本较低，针对车间的监控，往往安排专人负责，进行现场监控，单人只能实现单一的监控功能。

第二阶段：视频监控阶段。20 世纪末，随着视频技术的高速发展，企业开始在车间安装大量摄像头，通过将摄像头画面实时传输给终端，从而单人可以完成多项监控功能，降低了对人力的过度依赖。

第三阶段：集成的监控系统阶段。随着现代制造业的蓬勃发展，计算机网络技术的高速发展，车间设备更加自动化，车间环境更加复杂，以往的监控系统已经不能满足当前制造环境下对监控系统的要求。为了充分利用生产资源，提高企业竞争力，当前的监控系统已经开始具备集成生产调度和设备故障诊断等功能。

可视化技术经过多年富有成效的发展与应用，在车间生产制造方面已取得一些重要成果，主要体现在：①采用了不同的三维软件对制造车间运行过程进行可视化仿真建模；②采用了计算机网络技术实现可视化监控；③建立了实时数据库用于存储数据；④采用了多传感器融合的方法，实现可视化数据源的感知获取。

13.4 车间可视化的关键技术

13.4.1 车间可视化数据源感知获取

1）基于 RFID 的数据感知

RFID 是一种非接触式的自动识别技术，它通过射频信号自动识别目标对象并获取相关数据，识别工作无须人工干预。RFID 由标签（Tag）、天线（Antenna）和读写器（Reader）三部分组成。标签由耦合元件及芯片组成，每个标签有唯一的电子编码，附着在物体上标识目标对象；天线用于在标签与读写器之间传递射频信号；读写器用于读取（有时还可以写入）标签信息。相较于其他自动识别技术，RFID 技术具有读取识别方便快速、数据存储容量大、使用寿命长、应用范围广、能动态实时通信、标签数据可动态更改、安全性高等优势。

  RFID 技术的基本工作原理如图 13-2 所示，由读写器通过发射天线发送特定频率的射频信号，当电子标签进入有效工作区域时产生感应电流，电子标签被激活，接收读写器发出的射频信号。无源电子标签或被动电子标签利用空间中产生的电磁场得到的能量，将被测物体的信息传送出去，读写器读取信息并且进行解码后，将信息传送到中央信息系统进行相应的数据处理。有源电子标签或主动电子标签则是主动发射射频信号，然后读写器读取信息并进行解码后，将信息传送到中央信息系统进行相应的数据处理。

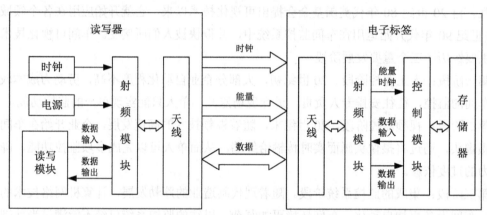

图 13-2 RFID 技术的基本工作原理

  随着制造业生产模式的发展与转变，车间生产也逐步拥有分布式加工的特点。为了增强车间生产的柔性，适应多品种、小批量的制造发展趋势，车间设备会结合功能属性和生产的工艺流程来安排布局，所以，在车间生产过程中运用 RFID 进行多点位的数据采集。RFID 数据采集实现流程如图 13-3 所示。

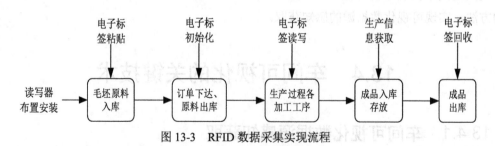

图 13-3 RFID 数据采集实现流程

RFID 数据采集的具体流程如下。

（1）车间中每一个毛坯原料进入原料库前都会在它对应的工件托盘上粘贴 RFID 电子标签。同时，根据车间布局情况，在仓库出入口处和各加工设备的缓存区位置安装 RFID 读写器。

（2）在订单下达车间后，车间系统根据订单的基本信息，在毛坯原料出库时对该工件的 RFID 电子标签进行初始化。将订单的订单号和工件号通过原料库出库口的 RFID 读写器写入电子标签。在订单工件的生产加工过程中，可以利用读写器读取工件标签中的订单号和工件号，查看到相应的加工信息。

（3）在整个车间加工过程中，先将工件连同贴有电子标签的工件托盘一起运输放置到第一工序加工设备的缓存区，缓存区的读写器自动识别读取电子标签中的信息。根据订单工件号，可以查询到工件的基本信息和工艺流程，并记录当前时间作为该工序的开始加工时间。当该工序完成加工后，工件在离开缓存区时再次通过读写器在电子标签内写入新的加工信息，记录完成加工的时间，从而可以得到工序加工时长。按照这样的过程，对后续的加工工序进行相应的数据感知获取，直到完成所有的加工工序。

（4）在工件完成加工并检测合格后，将成品件运送至成品库进行存放。在进入成品库时，读写器可以获取工件的所有加工信息和最后的存放位置，在最后完成成品出库时对工件托盘上粘贴的电子标签进行回收。

2）机床数控系统的信息数据采集

车间中存在多种类型的数控加工机床，不同品牌的机床拥有不同的数控加工系统。我们需要针对车间的加工机床设计对应的信息数据采集方案，全面地获取车间生产过程中的设备加工信息。设备供应商在卖出设备的同时，大多会提供相应的系统开发包，让用户能根据自身实际需求进行信息数据采集等系统的二次开发应用。数控系统信息数据采集开发包如表 13-1 所示。

表 13-1　数控系统信息数据采集开发包

数 控 系 统	数 据 通 讯	开 发 语 言
西门子	OPC UA	C++/C#
FANUC	FANUC FOCAS1/2	C++/C#
华中数控	HNCAPI	C++/C#

实际的车间加工系统具有多样、数据多源异构等情况，所以在针对机床数控系统的信息数据采集时，应该采用采集方案功能和逻辑的抽象化、数据类型抽象化的方式来进行。采集方案功能和逻辑的抽象化使得面向不同的机床系统进行信息数据采集时，只需应用系统开发工具实现对应的特定方法，不用重复确定采集方案功能和逻辑的实现，避免出现开发代码的冗长情况，提高了开发效率。对数据类型的抽象化则是为了提高信息数据的统一性。

以西门子数控系统为例，该系统提供了 Programming Package 开发包和 OPC 通信接口两种信息数据采集的开发方式。Programming Package 开发包支持 Linux 和 Windows 两种计算机系统，且提供了支持 C#和 C++语言的开发接口。但其跨平台性较差，只适用于对应的平台开发，因而存在一定的局限性。OPC 通信接口是在组件对象模型（Component Object Model，COM）基础上发展的一种工业系统标准通信接口，具有开发编程语言简单、适用性强等优势。

西门子数控系统中集成了对信息数据读取、异常情况报警等功能的 OPC UA 服务器,结合对离散车间机床设备信息数据采集的需求,本书采用了 OPC 通信接口对西门子数控系统进行信息数据获取开发。

运用 OPC UA 通信接口进行西门子数控系统信息数据采集,其流程如图 13-4 所示。

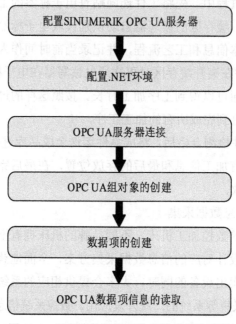

图 13-4　西门子数控系统信息数据采集流程

配置 SINUMERIK OPC UA 服务器,主要是为加工机床配置 OPC UA 服务器 IP 地址和端口,系统默认端口为 4840。配置.NET 环境,主要是为 OPC 通信开发中使用的 C#程序语言配置需要.NET 程序语言环境。OPC UA 服务器连接,建立 OPC UA 用户端与机床系统内 OPC UA 服务器之间的连接,这是实现与机床信息数据采集通信的基础。OPC UA 组对象的创建,OPC UA 用户端用户需要通过组对象中的相关接口对 OPC UA 数据项进行操作,所以需要先创建 OPC UA 组对象。数据项的创建,将信息数据采集时需要的数据项变量添加到 OPC UA 组对象中。OPC UA 数据项信息的读取,利用 OPC UA 服务器中提供的方法语句从对应数据项中读取相关数据信息。

3)工业机器人的信息数据采集

在车间生产中,工业机器人的应用非常广泛,主要用于生产过程中物料的搬运和为加工机床上下工件。使用最为广泛的 ABB 工业机器人采用集成式 IRC5 控制柜作为控制器,它主要包含机器人驱动模块和控制模块两大部分。通过与 IRC5 建立通信连接,可以实现对工业机器人信息数据的采集,建立数据通信连接的方式主要有 RAPID Socket、PC SDK 及 OPC 这三种,对应的开发程序语言可以是 C#和 Visual Basic。工业机器人数据通信方式的优缺点对比如表 13-2 所示。

表 13-2　工业机器人数据通信方式的优缺点对比

通　信　方　式	优　　　点	缺　　　点
RAPID Socket	采用了专用的编程语言，功能全面	兼容性差，需额外安装配置 PC-Interface 接口
PC SDK	为官方提供的应用开发包，接口丰富	需要额外安装配置 PC-Interface 接口
OPC	工业化标准，兼容性好且受限性小	少部分信息数据访问受限，功能不够全面

通过表 13-2 中的对比，可以看到 RAPID Socket 和 PC SDK 两种通信方式提供的接口丰富，功能全面，但兼容性较差，需要专门配置 PC-Interface 接口。采用 OPC 通信方式虽然存在少部分信息数据无法访问的问题，但该方式具有比较好的兼容性，开发难度和应用限制小。考虑到只需要对机器人系统内基本的状态信息进行采集，以及信息数据采集的兼容性和扩展性，可采用 OPC 通信方式与车间工业机器人建立通信连接，应用 C#程序语言进行信息数据的采集开发。机器人 IRC5 控制器中的 OPC 服务器提供了控制器状态信息和 I/O 口信号等多种数据标签，通过与 OPC 服务器建立连接，便可以实现对机器人绝大部分信息数据的读取。

13.4.2　车间可视化数据统一集成

生产车间中底层设备种类繁多，生产环境复杂，不同设备使用不同的设备接口及通信协议，各领域数据信息的描述采用不同的结构和不同的语义格式，这样就使车间生产过程中各设备系统及各层级对象间信息数据的互通共享变得异常复杂，从而限制了车间生产过程中可视化技术的发展与应用。

为了实现车间生产过程中对多源异构的信息数据进行有效的集成，数据融合技术作为描述相关信息、整合多源异构数据的方法和工具是必不可少的。车间多源异构信息数据集成模型如图 13-5 所示，主要包括车间数据源层、数据打包层、车间通信网络及信息数据集合层。

车间生产过程中的信息数据可分为结构化数据和非结构化数据两大类。结构化数据是具有高度组织和整齐格式化的数据，这类数据可以用二维的表结构来逻辑化表达，并可以形式化存储在数据库当中。非结构化数据是指没有预定义的数据模型或无规则结构的数据，这类数据无法很好地用二维的表结构来逻辑化表达。针对这两种类型的数据，本节提出了一种车间多源异构数据的统一表达形式。

$$Data=\{Type;Access;Meta\} \tag{13-1}$$

式中，Type 表示数据类型，是布尔（Boolean）类型，确定数据类型为结构化或非结构化；Access 表示数据的访问，包含数据信息的来源对象和父子组的表达描述；Meta 则表示数据的元数据，数据类型不同，元数据形式也不同。

结构化数据的元数据由数据所属项、具体数据值及数据获取时间三部分表示。非结构化数据通过转换成二进制数的方式来降低或消除数据的异构性，其元数据由数据所属项、二进制数据标识编号、二进制数值和数据获取时间四部分组成。

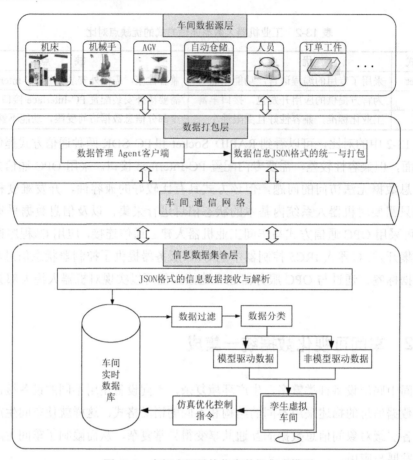

图 13-5　车间多源异构信息数据集成模型

　　车间多源异构数据集成的关键是实现对信息数据统一格式的描述。本节在确定了异构数据统一表达形式的基础上利用 JSON 格式，对车间生产过程中的信息数据进行统一的描述整合。使用 JSON 格式而不用 XML 格式的原因在于，虽然 XML 格式统一，符合标准，但是其文件庞大，文件格式复杂，传输需要占据大量带宽，同时服务器端解析 XML 需要花费较多的资源和时间，这与车间数据集成管理的实时性、高效性相违背。JSON 格式比较简单，易于读写，占用带宽小，且服务器解析所要花费的时间较短，这对于实时性来说有更大的提高。

　　基于 JSON 格式的数据统一集成过程如图 13-6 所示。首先从车间中采集感知到的生产信息数据，作为统一集成的原始数据。其次对原始数据进行分类处理，分为结构化数据和非结构化数据两大类，并分别进行相应的处理。再次对两类数据进行统一形式的表达。最后将统一表达后的数据集成并转换成 JSON 格式的信息数据。

　　信息集合层中的车间实时数据库负责接收来自各个数据管理 Agent 用户端打包发送的 JSON 格式数据，对数据进行解析和预处理后分类存储，以作为车间生产过程及信息可视化的数据支撑。同时数据集成体系为可视化系统中的用户界面提供了统一的数据访问接口，负责接收来自用户及车间可视化系统中的全局访问请求，对实时数据库所对应的数据进行访问，最后将用户需要的数据反馈给用户。

图 13-6 基于 JSON 格式的数据统一集成过程

13.4.3 车间可视化的信息通信

为了使数字化车间中可视化系统的数据高效、准确地传输,需要对系统的信息传输方式和统一的数据传输格式进行研究。本节采用的基于 Socket 的通信和基于二进制的数据传输格式可以实现不同类型、不同格式和不同含义的信息交互。

基于 Socket 的通信:Socket 是基于 OSI 的 7 层参考模型的网络连接标准,是应用程序和计算机网络之间的重要接口,Socket 自身不属于协议的范畴,利用 Socket 接口,极易使用 TCP/IP 协议。在设计模式中,相当于一个门面模式,把繁杂的 TCP/IP 协议隐藏在 Socket 接口后面,让 Socket 自身去整合并传输数据。

至今为止,Socket 接口是广泛应用于利用 TCP/IP 协议簇的应用程序。Socket 通信实现模型如图 13-7 所示。实现过程描述如下:创建 ServerSocket 和 ClientSocket;打开连接的输入输出流;按照指定的使用协议利用 Socket 读写;读写完成后关闭输入输出流,关闭 Socket。

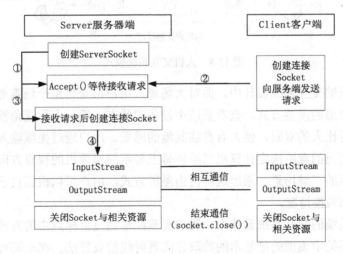

图 13-7 Socket 通信实现模型

基于二进制的数据传输格式：数据传输格式是发生数据传输的双方收发信息交互的基本要素，形象地说一个只会说中文的人和一个只会说德语的人是不能交流的，因为他们的语言不一样。为了保证他们正常交流，就必须让其中一个人说另外一个人的语言，数据传输格式就好比他们的"语言"。与"语言"类似，数据传输格式也定义了语法、语义和时序三要素。语法是规定数据结构。语义是指数据传输格式中的每一个数据所代表的含义。时序是指数据传输格式的指定顺序、速率匹配方式和排序方式。为了最大化减少通信系统的负载，并且提高数据传输的实时性，监控系统的数据传输格式采用二进制格式。

13.5 车间可视化系统中的人机交互

为了提高车间可视化系统的用户体验，需要对系统的交互方式进行研究。本节采用第一人称视角漫游，可以使用户在监控系统中漫游，方便地查看监控系统中设备模型的情况；采用鼠标拾取设备模型，可以实现操纵设备模型，从而在各个视角查看监控系统中的设备模型；采用 UGUI 的界面设计，显著地提高了监控系统中用户界面的可视性；采用信息的介入式显示方法，可以有效提高监控系统中设备信息的实时性和可视性。

人机交互系统模式如图 13-8 所示，数字系统和人之间存在一些输入设备和输出设备，这些输入设备和输出设备之间会发生一系列的相互作用。这些输入设备和输出设备上显示的内容用作 UI；人和机器相互之间的信息传递称作交互；交互过程中，人产生的所有记忆、感受和知识等称作 UX。

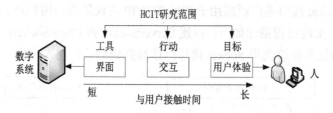

图 13-8 人机交互系统模式

在可视化系统的交互系统设计中，面对大场景，用户很难将整个场景都显示在屏幕上，用户往往会采用合适的漫游方式，查看系统中设备的状态。第一人称视角漫游是一种很灵活的漫游方式，就好比人的双眼，使人有身临其境的感觉。用户通过操纵输入设备，如键盘和鼠标，达到根据自己的意愿决定计算机二维屏幕上显示的摄像机的视点方向和视点位置，从而改变屏幕上显示的三维场景。通过这种自由漫游方式，用户可以根据自己的需求精确查看可视化系统的局部监控情况。

车间可视化系统的交互系统设计中，用户需要经常通过鼠标点击的方式拾取系统的模型与系统做交互。系统中模型的最基本的拾取算法是射线拾取算法。在车间可视化系统中，三维模型的拾取方法都是利用该算法实现的。射线拾取算法实现简单，拾取高效，应用广泛。

借鉴射线拾取算法，设计的鼠标点击拾取模型算法的基本步骤如下。

（1）等待鼠标点击。

（2）获取鼠标点击的屏幕坐标。

（3）将视点相机的视点坐标转换成屏幕坐标，并将转换后的视点屏幕坐标的视点深度赋值给鼠标点击的屏幕坐标。

（4）将赋值后的屏幕坐标转化成世界坐标。

（5）以视点相机的位置为原点向上一步转化后的世界坐标作射线，检测射线是否和监控系统内的模型相交。若相交，则拾取对象为射线第一次相交的模型，反之则回到（1）。射线拾取示意图如图 13-9 所示。

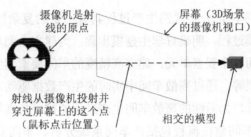

图 13-9　射线拾取示意图

（6）返回鼠标拾取的模型。

在 Unity 3D 引擎中，根据上述的鼠标点击拾取模型的基本步骤，设计的鼠标点击拾取方法的一般步骤如下。

（1）定义一个察看的摄像机、一条从摄像机中心点发出的射线及反映碰撞的 RaycastHit；

（2）将射线规定为从摄像机中心点发出，射向当前鼠标所在的屏幕坐标的射线；

（3）定义 RaycastHit 为射线与有碰撞属性的物体的碰撞点。

在 Unity 3D 虚拟平台中，从 4.6 版本开始，就开始使用内部集成的全新的 UI 系统 UGUI进行交互界面的设计与引擎驱动。目前，UGUI 系统已经相当成熟，它允许用户快速直观地创建图形用户界面，开发效率高，可以满足任意的 GUI 制作要求。UGUI 系统包括显示非交互文本的文本（Text）控件、显示非交互式图像的图像（Image）控件和原始图像（Raw Image）控件、响应来自用户单击事件的按钮（Button）控件、允许一个用户选择或取消选中某个复选框的开关（Toggle）控件、允许用户通过鼠标从一个预先确定的范围选择一个数值的滑动条（Slider）控件、允许用户滚动图像或其他可视物体太大而不能完全看到视图的滚动条（Scrollbar）控件、一种不可见的输入栏（Input Field）控件和布局元素（Layout Element）控件等，还包括画布（Canvas）组件、矩形变换（Rect Transform）组件、遮罩（Mask）组件、过渡选项（Transition Options）组件、导航选项（Navigation Options）组件、内容尺寸裁切（Content Size Fitter）组件、长宽比例裁切（Aspect Ratio Fitter）组件、水平布局组（Horizontal Layout Group）组件、垂直布局组（Vertical Layout Group）组件和网格布局组（Grid Layout Group）组件等。此外，还提供了所有控件和组件的脚本生成库。

在车间可视化系统中，除了包括场景模型和模型的动态行为，还应包括 UGUI 系统。只要有了 UGUI 系统，才能更好地实现人机交互，增强信息的可视化，从而增强监控系统的可视性，与此同时，可视化系统还需要更好的实时性。

13.6　基于数字孪生的可视化技术应用

13.6.1　孪生虚拟车间可视化与模型驱动

车间生产中资源种类多样，分布式的生产过程具有一定的复杂性，因此，在车间孪生建模前，需要先理清车间建模过程，明确好孪生建模步骤，为建立全面精确的孪生虚拟车间构建良好的基础。分析离散车间各个要素单元，建立高精度的车间要素孪生模型，包括三维模型、物理关系模型和工作流模型等。通过离散车间中实时的生产数据驱动，实现孪生虚拟车间与实际离散车间的同步仿真运行，为后续的离散车间生产过程监控、仿真等提供基础的环境。

车间生产的数字孪生车间建模流程包括：车间系统分析、车间要素三维模型构建和模型融合，如图 13-10 所示。

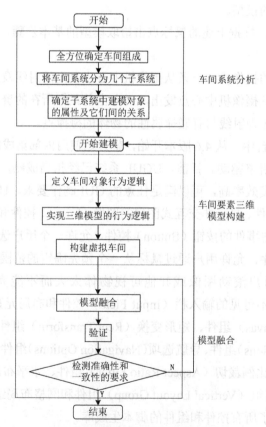

图 13-10　数字孪生车间建模流程

（1）车间系统分析：对离散车间的组成要素进行多个维度的分析，将车间系统细分为车间布局、生产资源、生产环境等子系统。在此基础上，分析建模对象内部设备、人员、物料等信息，并确定各对象的属性及其相互关系。

（2）车间要素三维模型构建：在离散车间系统中，定义车间生产过程中引起车间生产状态变化的实体要素、活动和事件的行为逻辑。对各要素从外观、尺寸、结构关系等方面进行三维模型的构建。在此基础上，以车间生产过程为主线，结合实体要素对象运行的物理准则和运行规律，建立三维模型行为逻辑。最终，通过模型的构建和布局，建立三维的孪生虚拟车间。

（3）模型融合：为了确保离散车间多层次模型之间的正确关系，需要将高精度的车间要素三维模型和信息数据相结合，用以检查最终模型的准确性和一致性。对于验证检测后不符合准确性和一致性要求的模型，会重新开始建模。

通过上述构建过程，只是实现了孪生车间与实际离散车间在静态下保持一致。为了使孪生车间实现对车间生产过程的实时动态映射，需要实现虚拟车间中要素三维模型动态行为。本节中采用面向对象模型跟踪的方式来实现三维模型的动态行为。以车间各动态要素及其对应模型为对象，通过对要素在生产过程中的动作分析，定义其模型可能存在的动态行为。通过对模型对象的实时跟踪，当新的驱动数据输入时，模型能在定义的动态行为之间连贯的变换状态，从而实现对车间生产过程实时动态的可视化映射。

三维模型在虚拟车间的动态行为主要有平移、旋转和缩放或是它们的组合动作，所以，实现虚拟车间动态行为的理论基础是明确三维模型的动态行为原理，然后在 Unity 3D 等虚拟平台中对虚拟车间中各模型的动态行为加以实现。以 Unity 3D 平台为例，该虚拟平台自身提供了多种脚本方法来实现三维虚拟模型的动态行为。同时，其强大的兼容能力也支持其他的功能插件，如 iTween、doTween 插件。

在可视化虚拟车间中，车间要素模型的驱动是通过车间数据来实现的。在 Unity 3D 平台中车间要素模型是按层次集成的，父模型下面可以分布多个子模型，通过对各层级子模型的驱动来合成要素模型整体的动态行为。例如：仓库模型的存取物料动作由实际的离散车间仓库的存取库位号数据驱动；AGV 模型的动态行为由当前点位、下一点位、目标点位及装卸物料信号等数据驱动；机械手模型需要各轴角度、夹具类别及夹具开关信号等数据驱动；各类加工机床模型需要各个轴坐标值、主轴转速、卡盘信号、机床门开关信号等机床的状态数据驱动。总而言之，可视化虚拟车间由离散车间生产过程中的实际数据进行驱动。虚拟车间模型的动态驱动过程如图 13-11 所示。数字化车间生产过程中的车间数据信息存于车间数据库中，虚拟空间中的车间模型通过实时访问车间信息数据库获取对应的驱动数据，在对数据进行处理后用于模型的动态驱动，从而实现虚拟车间对离散车间生产过程的实时动态映射。

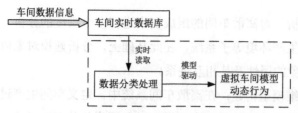

图 13-11 虚拟车间模型的动态驱动过程

13.6.2 数字孪生车间的生产信息可视化映射

车间生产过程信息数据在经过数据感知采集、统一集成、信息传输、数据分析处理等过程后，需要将反应车间生产情况的各类信息数据，实时动态的映射到虚拟车间，将无法直接观察的各类车间状态信息，在虚拟车间中进行可视化显示，实现车间生产信息的动态可视化监控。虚拟车间建立在 Unity 3D 平台上，所以车间生产过程的信息数据也通过 Unity 3D 来实现可视化映射。通过对车间孪生信息的类别与特征分析，设计出两种数据可视化映射方案，将车间生产过程的各类信息数据全面的映射到虚拟空间。

1）基于 UGUI 图表看板的数据映射

UGUI 是 Unity 3D 虚拟平台中结合平台自身特点提供的一套 UI 功能系统，具有开发过程直观方便、效率高、扩展性好等优势。此外，作为 Unity 官方开发的 UI 功能系统，与 Unity 3D 平台具有很好的兼容性。UGUI 系统中提供了 Text、Image、Button、Slider、Scrollbar 等众多控件，通过这些 UI 控件，可以设计开发出良好的信息映射显示界面。

基于 UGUI 图表看板的数据映射是非点击触发的显示方式，主要用来对车间生产进度、订单状态、工件工艺流程及物料状态等信息，进行实时的动态映射显示。图表式虚拟看板数据映射的实现过程如图 13-12 所示，主要包括三部分：搭建虚拟图表看板、解析车间实时集成数据、数据可视化映射。

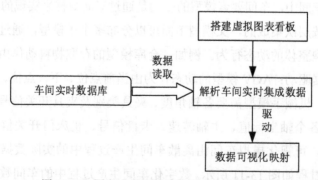

图 13-12 图表式虚拟看板数据映射的实现过程

虚拟图表看板的构建是利用 UGUI 中提供的各类 UI 控件，根据所映射数据的实际需求，设计出相应的虚拟图表看板。车间实时集成数据的解析，是对车间层中集成的 JSON 格式的信息数据进行解析并进行相应的分类处理。并将解析处理后的车间实时数据动态的映射到构建好的图表控件中，通过实时数据驱动 UGUI 控件参数的变化，使得信息能以相应的形式可视化的映射到虚拟车间。

2）响应式数据动态映射

响应式数据动态映射是一种点击触发的信息显示方式，主要用于对车间要素对象状态信息进行实时的动态映射。由于车间内各类生产资源对象数目较多，如果所有的资源对象信息一直同时映射在虚拟车间中，会使得车间显示的信息杂乱，用户无法快速准确地找到自己需要的信息数据。所以该数据映射方式结合了点击响应事件和 UGUI 数据显示，用户通过点击选择想要了解的对象模型，触发对应的数据可视化映射事件，在虚拟车间模型旁实时动态地显示出相关的信息数据。具体实现步骤如下。

（1）车间管理用户在虚拟车间中，通过鼠标点击选择所需查看信息的车间资源对象模型。

（2）点击选中模型后，触发点击响应事件，模型信息映射驱动脚本运行，弹出数据映射的显示界面，并开始读取资源对象所对应的实时数据库中的状态数据。

（3）在对数据进行分析处理后，以图文的形式实时动态的映射到虚拟车间。

13.7　本章小结

本章以实现车间可视化为目标，对可视化技术进行了深入研究。首先介绍了数字化车间的发展需求、数字孪生技术的发展背景及车间可视化技术的发展，从车间可视化数据源感知、数据统一集成及信息通信三个方面依次阐述了车间可视化的关键技术。然后介绍了车间可视化系统中人机交互系统模式。最后介绍了基于数字孪生技术实现车间可视化的应用。

13.8　本章习题

（1）什么是数字化车间？其体系结构是什么？

（2）车间的可视化技术迄今为止主要经历了哪些阶段？请具体说明。

（3）车间可视化数据源感知技术有哪些？并分别叙述其感知原理。

（4）为什么要进行车间可视化数据的集成？并简要叙述其数据集成模型。

（5）在车间可视化系统的交互系统中，用户通常通过什么方式拾取系统的模型与系统进行交互？借鉴射线拾取算法，简要概述该方式拾取模型算法的基本步骤。

第 14 章 智能制造系统控制机制

14.1 引言

本章的主要研究对象是智能制造车间中的设备与人员的控制方式与机制。根据制造车间的架构体系，基于多 Agent 技术将车间设备与人员进行抽象描述与 Agent 建模，按照各自的功能特点，对不同 Agent 赋予不同职责。对于复杂的车间生产调度问题，本章将通过多 Agent 协商方式解决该调度难题，同时设计基于事件驱动的决策调整机制，以应对车间扰动等影响因素，在保证系统稳定运行的前提下，保障系统全局性能。

14.2 智能制造车间架构体系

14.2.1 智能制造车间基本结构

智能制造是以物联制造为基础，通过智能决策、数据分析、自我控制等手段调整系统状态。而物联制造融合了传感知识别技术、网络通信技术与嵌入式技术等，实现了对资源、环境、产品等状态信息的感知、处理与控制。

物联制造车间架构图如图 14-1 所示，物联制造车间的整体结构从下至上，由 4 个主要部分组成，分别是感知层、传输层、服务层与应用层。感知层通过物理设备内置传感设备与外置传感设备感知获取自身与环境的状态信息，通过 RFID、条形码、二维码等识别技术感知获取工件信息参数，同时车间人员也可以操作设备通过人机接口交换信息，感知层承担了物联制造车间的信息数据采集任务。

传输层主要由路由器、交换机等设备组成，通过现场总线、工业以太网等传输介质，组成车间局域网络，承担了车间信息交换的任务。在物联制造车间进行任务处理时，设备的实时状态信息数据量庞大，尤其是当制造过程复杂多变时，车间信息数据将会成倍增长，保证可靠稳定的数据传输是保证物联制造车间稳定运行的基础。

服务层包含数据信息管理与通信内容保障两方面，数据信息管理又包含数据持久化存储、数据结构解析处理等。服务层向应用层提供了数据信息服务的支撑与渠道，它是物联制造系统的信息数据储存交换中心，将传输层的数据进行解析、整理、存储，并传递给应用层，有效的将传输层与应用层之间解耦，实现程序与数据分离。

应用层是物联制造车间向外的接口,用户可以通过 Web 应用或移动用户端进行访问并下达订单,管理人员可以通过应用程序远程查看物联制造车间内的实时状态信息,也可以进行人为干预调整车间生产计划。

图 14-1　物联制造车间架构图

14.2.2　智能制造车间架构设计

根据上节的物联制造车间基本架构,再结合实际实验环境,本节搭建了如图 14.2 所示的物联制造车间系统架构图。

图 14-2 中物联制造车间包含物流运输模块、制造执行模块、工件检测模块、物料仓储模块与人员服务模块。其中物流运输模块由 AGV、机械手等设备组成,为系统提供物料搬运服务;制造执行模块由加工设备与工位缓冲台组成,为系统提供加工制造能力;工件检测模块由检测设备与工位缓冲台组成,为系统提供工件尺寸检测能力;物料仓储模块由 AS/RS 与 RFID 设备组成,为系统提供物料的仓储能力;人员服务模块由人员与移动智能终端组成,为车间系统提供人员介入服务。订单工件及这些模块的感知能力描述如下。

1)订单工件

订单工件安置在工件托盘上,托盘配备有 RFID 芯片,该芯片在工件出库时与订单信息绑定,内部储存该工件的订单编号、工件编号、工艺矩阵、产品类型等基本信息。由于 RFID 芯片的容量限制,关于该订单工件的完整信息储存在车间的数据库中,可以通过订单编号与工件编号进行查询。

2)物流运输模块

物流运输模块由 AGV、机械手等设备组成。在 AGV 货舱部分安装了 RFID 读写器,当接收到工件时,AGV 可以通过工件托盘内的 RFID 芯片获取工件基本信息与任务信息。AGV

底盘部分也安装了 RFID 读卡器，该读卡器的作用是读取车间地面的 RFID 标签，以此来实时感知自身位于车间内的具体方位，作为路径规划的参考和实施依据，也为上层系统在物流运输层面管理提供实时数据来源。机械手负责工位缓冲区和加工设备之间的工件搬运任务。

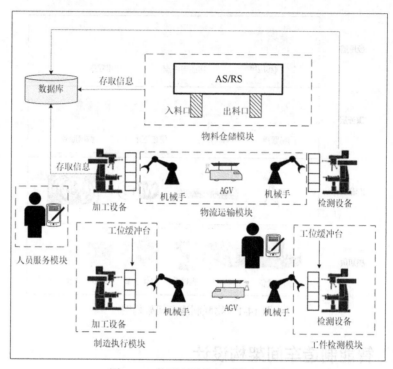

图 14-2　物联制造车间系统架构图

3）制造执行模块

制造执行模块由加工设备（如车、铣、雕等）与工位缓冲台组成。工位缓冲台负责暂存工件与工件托盘，每个工位缓冲台配备有 RFID 读写器，用于感知工件托盘上的 RFID 标签并读取相应信息数据。加工设备除了承担具体的加工任务外，还需要向上层系统提供实时运行数据，如主轴转速、各轴位置信息、切削参数、NC 代码执行进度等。

4）工件检测模块

工件检测模块由检测设备（如视觉检测仪等）与工位缓冲台组成。工位缓冲台的构成与制造执行模块中的相同，提供一定的任务缓冲能力。检测设备对完成加工的工件进行尺寸、表面质量等项目的测量，判断工件加工是否达到质量要求，并将测量结果传输给上层系统进行分析、储存，以便于系统对加工设备参数进行修正调整。

5）物料仓储模块

物料仓储模块配备了红外传感器与 RFID 读写器。当原料出库时，工件托盘触发红外传感器，使能 RFID 读写器读写托盘上的 RFID 芯片，将该工件的基本信息（如订单编号、工件编号）写入芯片，完成信息与实体的绑定。当成品入库时，触动红外传感器后启动 RFID 读写器，读取工件基本信息入库保存，并写入数据库系统。

6）人员服务模块

车间人员使用移动智能终端与制造系统进行人机交互，根据终端提示的任务信息对设备进行维修、检测、操作等。人员携带的移动智能终端可以在室内确定位置信息，以供调度系统根据实时位置对人员进行任务调度。

14.3 基于多 Agent 的物联制造系统设计

在现代制造环境中，随着用户的个性化需求增长，订单变得数量不定、时间不定、优先级也不定。物联制造车间作为制造系统中的加工处理环节，可以更加灵活、快速地适应环境变化来处理生产任务。多 Agent 制造系统则是降低物联制造车间系统复杂度的重要手段，通过 Agent 感知控制自身，来达到设备的智能调控；通过交互协商来完成生产调度，解决动态扰动问题。

14.3.1 Agent 的特点与映射

Agent 技术已经被广泛应用于各行各业，从简单的邮件过滤器到复杂的柔性制造系统，都有 Agent 技术的身影。Wooldridge 等给出了关于 Agent 的定义，即 Agent 应当是一个硬件或软件系统，并具有以下特征。

（1）自治性（Autonomy）：Agent 自身拥有数据库、知识库，自身运行不受外界或其他 Agent 直接干涉，对自身内部状态和动作拥有控制权。

（2）社会性（Sociality）：Agent 具有通信能力，单一 Agent 的知识与能力有限，通过与其他 Agent 进行交流合作，可以完成单一 Agent 无法完成的任务。

（3）反应性（Reactive）：Agent 可以感知外界环境变化，根据知识库主动改变自身状态和行为，而不是被动接受外部刺激，具有自我管理和调节的能力。

（4）主动性（Proactive）：Agent 根据内部预先设立的行为目标，自发地执行方法手段来达成这些目标。

如何将 Agent 与物联制造系统中的资源进行映射，决定了系统的结构与性能。在多 Agent 制造系统研究中，有两种常用的 Agent 映射方式。

（1）以物理实体为主的映射方式：物联制造车间内存在多种多样的制造装备，它们是完整而独立的个体，通过映射 Agent 到制造装备上，可以赋予它们 Agent 特性，这样的映射方式简单直观，如机床可以映射为机床 Agent，机械手映射为机械手 Agent。

（2）以功能模块为主的映射方式：通过分析物联制造车间内的功能需求，按照功能模块拆分成不同部分的子系统，将 Agent 映射到这些功能模块上，各个功能模块对外提供服务。Agent 可以通过通信请求其他服务来完成目标，这样的映射方式使得制造车间的功能明确，如加工协商模块、物流管理模块等。

上述两种映射方式各有优缺点，以物理实体为主的映射方式虽然简单直观，但个体功能复杂且重复功能较多，不利于开发和维护；以功能模块为主的映射方式虽然能明确系统各部分功能，但模块之间的耦合度很低，完成一项任务需要多个模块配合协作，通信成本大且模块颗粒度难以把握。因此，本节将结合这两种映射方式的优点，对物联制造车间进行多 Agent 映射。

14.3.2 车间设备 Agent 设计

在物联制造车间内，制造装备主要包括加工设备、AGV、机械手、成品库、原料库、工位缓冲台，分别将其映射为 A_M（加工设备 Agent）、A_{AGV}（AGV Agent）、A_R（机械手 Agent）、A_{PW}（成品库 Agent）、A_{MW}（原料库 Agent）和 A_B（工位缓冲台 Agent）。这些 Agent 是以物理实体为主的映射方法，可统称为设备 Agent，其各个模块能力设计如表 14-1 所示。

表 14-1　设备 Agent 各个模块能力设计

模块能力	A_M	A_{AGV}	A_R	A_{PW}	A_{MW}	A_B
控制能力	控制 NC 代码的上载与执行	控制自身依照指定路径移动	控制夹具切换；控制装卸工件	控制工件托盘入库	控制工件托盘出库，信息写入托盘RFID	控制工件托盘进出工位缓冲台
预设目标	对外提供工件加工服务	对外提供物流服务	对外提供物料搬运服务	对外提供成品仓储服务	对外提供原料服务	对外提供工件缓存服务
感知能力	监听加工任务协商信息；感知设备自身状态信息；监听工件到达信息	感知工件托盘 RFID 芯片；物料运输请求信息；感知磁条与地面 RFID 芯片，获取位置信息	监听上下物料搬运任务信息；感知自身转轴状态信息	感知仓储情况；监听成品储存请求信息；感知工件托盘 RFID 芯片	感知原料库存信息；监听原料请求信息	感知工件托盘 RFID 芯片，获得工件信息；监听物料进出工位缓冲台请求信息
通信能力	与招投标组协商加工；与机械手请求装卸工件；与 AGV 请求搬运任务	与加工设备响应搬运任务	与加工设备响应装卸任务	与招投标组响应成品仓储；与 AGV 请求搬运任务	与招投标组请求原料	与 AGV 对接工件；与加工设备传递工件 RFID 信息

在上述设计中，每种 Agent 定义了四大部分，分别是控制能力、预设目标、感知能力及通信能力。其中控制能力和预设目标是由设备自身能力映射而来的，而感知能力与通信能力则是实现控制能力的基础。

　　机床 Agent 除了上述功能模块外，还拥有决策选择模块。当机床空闲时，它将从自身拥有的工位缓冲台中挑选工件任务进行加工处理。机床加工决策模型如图 14-3 所示，机床加工的决策因素有订单交货期、订单优先级及工件到达时间，通过对这些参数进行归一化处理，并赋予每个因素不同的权重来计算决策值。

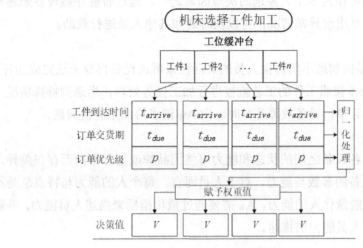

图 14-3　机床加工决策模型

14.3.3　工作人员 Agent 设计

　　在物联制造车间中，工作人员是制造系统中不可或缺的一环。为了实现与多 Agent 制造系统进行人机交互与协作，需要通过对工作人员进行 Agent 模型设计。人员 Agent 模块组成如图 14-4 所示，通过 Aw（人员 Agent）实现与系统中其他 Agent 进行协商交货的过程。

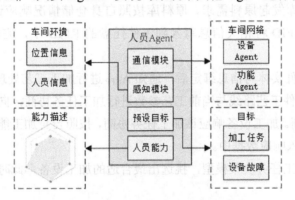

图 14-4　人员 Agent 模块组成

　　对于 Aw，按照 Agent 的基本特征，以及人的特点来考虑，设计如下功能部分。

　　1）通信模块

　　工作人员进行车间任务作业时，通常需要分析或感知车间状态数据。这些数据分别由各个车间制造装备自身采集。在需要使用这些数据时，Aw 可以通过信息沟通，向这些设备 Agent

219

索取状态数据，并且 Aw 也监听车间内的作业请求，通过人的灵活性与能动性来协助设备解决问题。

2）感知模块

Aw 可以感知人员在物联制造车间内所处位置，通过该位置与任务目标位置进行距离判断，根据距离的远近可作为多工人候选的决策因素之一。通过智能穿戴设备来感知工作人员的身体健康状况，一旦出现异常情况，可以及时通知其他人员进行救助。

3）预设目标

Aw 的预设目标是向制造车间提供人员的灵活性来解决设备自身无法完成的任务。物联制造车间中的设备 Agent 按照工件的工艺流程进行加工任务处理，当遇到特殊情况（如自身自动化能力不足、特殊订单、设备故障等）时，向 Aw 请求协助来解决问题。

4）人员能力

对于设备而言，各设备之间的状态和能力可能因品牌或型号不同而存在差异，但总是有参数指标可以明确设备的参数与能力。对于人员而言，每个人的能力与特点总是不一样的，而且没有有效的指标能量化人的能力，Aw 需要通过量化指标来描述人员能力，并随着时间的变化，不断更新修正人员能力的描述。

14.3.4 功能模块智能体设计

物联制造车间的订单加工流程如图 14-5 所示，按照功能模块设计了 A_O（订单 Agent）、A_{CFP}（招投标 Agent）、A_{DB}（数据库 Agent）、A_C（监控 Agent）。具体的加工流程如下。

（1）由 A_O 从云端获取订单数据，并将其拆分到最小单元——工件，通过订单优先级与下单时间投放入车间，交付给 A_{CFP} 进行原料绑定。

（2）A_{CFP} 向原料库发起原料需求，原料库按照自身仓储情况响应该请求，待 A_{CFP} 决策完成后，A_{MW} 通过 RFID 将相关信息写入到工件托盘的 RFID 中，完成工件实体与信息的绑定。

（3）A_{MW} 完成工件实体与信息绑定后，通知 A_{CFP} 进行加工工艺处理。

（4）A_{CFP} 根据工件工艺路线与当前工艺参数进行加工任务协商，向满足当前加工能力的 Agent 发起招投标协商。加工设备响应该加工任务协商，按照自身加工能力预估完工时间并将自身状态参数一同加入响应数据中。

（5）A_{CFP} 按照加工任务决策模型，挑选出最合适的加工设备，此时工件的控制权交付给该设备。

（6）加工设备请求 AGV 搬运工件至自身工位缓冲台。

（7）加工设备根据工艺任务执行加工，需要人员协助时请求联系相应人员辅助。当加工设备空闲时，根据机床决策模型，从自身工位缓冲台挑选下一个加工工件。

（8）当加工设备完成当前工件加工任务时，A_M 将通知 A_{CFP} 进行下一步工艺任务处理，重复流程（4）～（8），直至该工件加工工艺全部完成。

（9）A_{CFP} 通过工件工艺信息参数分析得知该工件已完成工艺流程，向成品库发起成品仓储请求，成品库根据自身仓储条件响应该请求。待 A_{CFP} 决策后，A_{PW} 请求 AGV 搬运工件至自身入库口，通过 RFID 读取工件信息并记录到数据库中。

（10）A_{PW} 通知 A_O，该订单中的某一工件任务已完成全部工艺流程，A_O 向云端订单系统通知订单完成情况。

从上述描述中，可以看出 A_O 主要负责与云端订单系统进行交互、获取订单数据及反馈加工进度；A_{CFP} 主要负责车间内加工任务的协商决策，此处的 A_{CFP} 并不是单一 Agent，它们是一组拥有相同能力的 Agent，分布在车间各处向系统提供招投标服务。

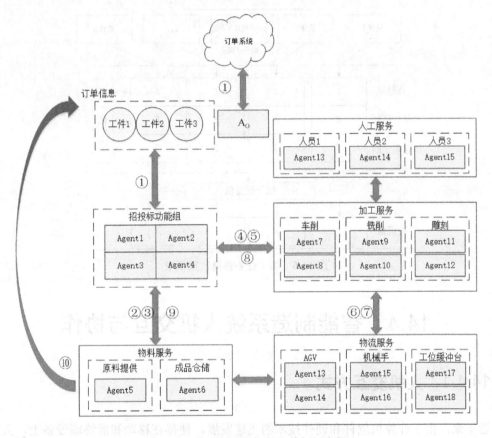

图 14-5　物联制造车间的订单加工流程

在流程（1）～（10）之间，所有的订单信息、工件状态变化、协商决策结果、信息通知等动作信息都由对应的 Agent 发送至 A_{DB}，A_{DB} 根据信息类型整理后储存入数据库，完成车间信息的持久化。A_{DB} 面向车间主要提供信息持久化能力，向各个 Agent 透明化了数据库底层原理与技术。

在流程（5）和（7）中，A_{CFP} 存在两种决策模型，一种是加工任务协商决策模型，如图 14-6 所示，以机床负载率、单位能耗及任务工时为参考因素，对这些因素进行归一化处理并赋予不同权重来计算决策值；另一种是机床加工决策模型，该模型已在 14.3.2 节进行了描述。通过 Agent 协商加工的机制虽然能够快速响应加工任务请求及动态扰动问题，但是由于 Agent 只能获取当前自身相关的实时信息来决策，从全局角度及整体角度来看，Agent 决策是"近视"的，不能保证车间整体性能水平。本节设计了 A_C，实时感知车间状态信息，通过调整加工任务协商决策模型与机床加工决策模型中参考因素的权重来保证车间整体性能水平。除此之外，A_C 还负责收集车间内设备的状态信息，进行储存及显示使用。

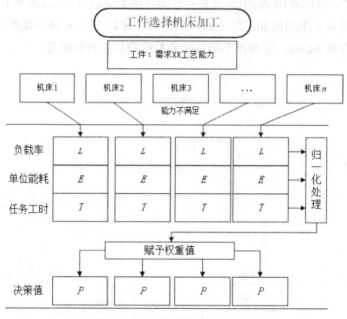

图 14-6　加工任务协商决策模型

14.4　智能制造系统人机交互与协作

14.4.1　人机交互方式

近年来，由于计算机软件和硬件技术的飞速发展，使得在移动智能终端设备上，人机交互技术进入了智能化、多通道的发展时期，传统的以键盘为主的信息交互方式已经无法满足当前社会需求，进而衍生出多媒体、多感官的交互方式，这种方式目前已经成为人与智能终端设备的主流交互方式。人与设备之间的交流不属于自然沟通，需要人去调整认知、学习方法来与设备进行沟通。目前科研前线正朝着以姿势交流、语音沟通等为主的技术方向探索。在移动智能终端设备的人机交互技术发展中，主要经历以下三个阶段。

（1）图形用户界面。

在这一发展阶段，人们使用移动设备作为载体，主要的交互方式与传统基于 PC 的相同，都是以触摸屏或键盘的方式输入信息，以菜单栏、对话框、图标等形式进行信息的输出，以此实现人机交互手段。

（2）多媒体智能。

在这一发展阶段，人机交互技术主要是通过两种或两种以上的信息媒体组合来进行人机信息互换，这其中包含了文本图片、影音动画等多媒体技术。这样的信息交互方式能够提高用户对信息的接受率，使得用户高效地进行信息交换，提高了设备的使用舒适度。

（3）三维信息感知。

在这一发展阶段，通过构建虚拟的三维环境进行人机交互，相比于传统的平面交互方式，三维信息展示能够提高人机交互的自由度与灵活度，将用户置身于虚拟环境中，提高沉浸感，还可以利用仿真系统、数字孪生等技术手段来提高用户体验。

在移动智能终端的人机交互技术发展中，主要催生了以下技术的发展进步，它们分别是触屏交互技术、语音控制技术、光线传感技术及重力感应技术。这些技术手段实现了多媒体信息的输入与输出，是人机交互的重要组成部分，具体介绍如下。

（1）触屏交互技术，用户可以通过触摸的方式将信息输入到移动智能终端，利用这种交互方式，用户可以轻松地对移动智能终端进行深层次操作。触屏系统一般由屏幕、触屏控制器、触摸检测器等部件组成，按照技术方式可以分成单点触控技术与多点触控技术。

（2）语音控制技术，通过机器学习技术，实现了对自然语言的解析与处理，使得移动智能设备具备了关键词识别、语义理解的功能。用户便可以通过语音的方式快速输入，实现人机信息交互，如语音导航、语音翻译等。

（3）光线传感技术，通过对移动设备配备光线传感器，实现根据用户所处环境光线强度来自动调整显示屏幕亮度。以避免在昏暗环境下，屏幕亮度过高使得用户产生刺眼感觉；在强光环境下，屏幕亮度过低，用户无法清晰识别屏幕内容，以此优化用户体验。

（4）重力感应技术，在移动设备中配备重力感应器、三轴加速度传感器、三轴陀螺仪等传感器，实现对移动设备的位姿状态感知。肢体动作是人类沟通的最基本方式之一，有时它比语言沟通还要简单易懂。通过这项技术手段，用户可以通过旋转、移动等简单肢体动作进行信息输入，省略了复杂的交互操作与用户信息输入，如方向导航、屏幕自动旋转等。

14.4.2　人机交互功能分析

在移动智能终端上开发人机交互界面，需要对其功能需求进行分析，进而设计出简洁且功能完全的人机界面，提高人机交互信息传递效率。从人员角度分析，需要设计实现以下功能。

1）登录/退出功能

作为物联制造车间的工作人员，因为任务需求可以访问到车间内的实时生产数据，这些数据有时有保密需求，所以作为人机交互终端，需要验证人员身份信息，当人员离线或离开车间时，应及时从系统中自动退出。

2）用户资料

作为物联制造车间工作人员，每个人擅长的领域不同。人机交互终端需要显示人员技能水平情况，以此通过人员自身来核验信息准确度，如有异议可以向车间管理人员提出，并重新考核矫正技能水平信息。

3）车间环境信息

通过向 A_C 请求数据，人员可以通过移动交互终端实时查看车间环境信息，以这些信息作为执行任务时人员决策的参考因素。

4）加工设备状态信息

通过向具体的设备 Agent 请求数据，人员可以通过移动交互终端实时查看设备状态信息，这些数据作为人员执行任务时的参考因素。根据人员职责与任务内容，进行数据查看权限的校验。

5）协助任务列表

协助任务列表将实时显示当前人员被分配的工作任务，按照任务的优先级及发布时间进行排序，工作人员可根据自身实际情况轻微调整任务执行顺序。

6）任务信息

任务列表中仅仅展示任务名、优先级、发布时间等基本信息，具体的任务信息可在任务详情界面查看。

7）历史任务信息

任务列表中仅显示人员当前待执行的协助任务，对于已完成的任务可以在历史任务中搜索查看，以便于人员查询历史任务的处理方式，作为当前执行任务的决策参考因素。

8）任务操作指引

在人员执行具体任务时，移动交互终端应对具体关键信息进行额外信息提示，如任务地点的路线导航、执行任务必需的设备、工具仓储位置提示等。

14.4.3　人机协作场景

在当前制造环境中，大多数制造企业在转型过程中因成本、时间等因素限制，车间生产设备的自动化水平不能满足完全自动化生产过程，在多数情况下仍需要人员参与操作或手动启动。图 14-7 所示为人机协作场景，在设备自动化生产过程中，遇到自身自动化能力不足的情况，可以请求人员进行协助作业，人员根据自身经验及工具配合按照生产任务内容对设备进行操作，人机协作完成生产任务。图 14-8 所示为设备故障下的人机协作，在车间生产过程中，若设备遇到突发故障，可以及时请求人员进行故障诊断与维修，从而避免因故障发现不及时导致生产延误的情况。

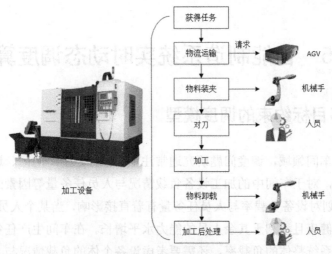

图 14-7 人机协作场景

图 14-8 设备故障下的人机协作

14.4.4 人机协作机制

图 14-9 所示为人机协作决策过程，在生产系统运行过程中，当设备需要人员协助请求时将发布一个人员任务，任务包含具体任务内容与执行该任务的技能需求。当 A_w 接收到任务请求时，首先判断自身能力水平是否达到任务标准，若不达标，则拒绝响应。达标者返回自身与任务的匹配度、预计工时、实时位置等信息。设备根据接收到的人员回应进行决策判断，选择最合适的人选来执行人员任务，并将结果返回告知人员。

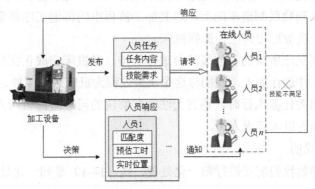

图 14-9 人机协作决策过程

14.5　智能制造系统实时动态调度算法

14.5.1　多目标约束的调度模型

在传统的制造车间领域，调度问题研究通常注重的指标是生产时间、运营成本等关乎企业效益的性能指标，对于车间中的加工设备负载情况与人员任务量等因素的考虑较少。在实际加工中，调度规划对设备负载率与人员任务量有着直接影响，当某个人员的任务量突增时，不利于人员的身心健康且不利于其余人员的能力水平增长。在车间生产任务的调度规划中，我们不仅需要考虑系统整体的负载率，还需要考虑设备个体的负载情况与人员个体的工作量与移动距离总值。当设备的负载率相同时选择加工效率高的设备不仅能有效缩短加工时间，还能节约生产能耗。当人员技能水平相差不多时选择距离较近的人员不仅减缓人员移动负担，还降低了等待人员移动的时间。

综合考虑设备与人员的情况下，本节将建立一种对设备以工件到达时间、设备负载率与设备能耗为主的多目标约束调度模型，对人员的任务匹配度、工时预估及人员实时位置为主的多目标约束调度模型。

1）假设条件

在本节的调度问题模型中，我们基于以下假设条件。

（1）在任意时刻，一台加工设备只能执行一个工件的一道工序任务。

（2）同类工件的工艺路线固定，即只有按照顺序完成下面的工艺任务，才可以执行当前工艺任务。

（3）所有工序任务所需的 NC 代码在工件信息与物料实体绑定前已由工艺人员编写并存入 NC 代码数据库中，且该 NC 代码可以作为加工时间预估的依据。

（4）工件是由物流设备运输至加工设备的工位缓冲台，由加工设备自行决定下一个加工工件。

2）问题描述

在本节的车间环境中，调度决策问题可被拆分成为三个决策过程，如下所述。

（1）在工件进入到物联制造车间后，对其加工流程中的每道工序都需要有相应的设备进行处理，我们称这个决策过程为工件选择机床。

（2）工件运输到机床所属的工位缓冲台进行等待，当机床完成正在加工的任务后，将从工位缓冲台中选择工件进行加工，我们称这个决策过程为机床选择工件。

（3）机床进行相关任务执行时，遇到无法独立解决的问题时，将向人员发起任务请求，我们称这个决策过程为机床请求人员。

3）参数设计与说明

对于决策中的参数我们需要进行归一化处理，式（14-1）是归一化处理公式。

$$x' = \frac{x - \min}{\max - \min} \tag{14-1}$$

式中，x 是需要进行归一化处理的变量；x' 表示归一化后的值；$\max$ 表示变量取值的最大值；$\min$ 表示变量取值的最小值。

在本节问题环境中，我们可以认为 $\max = \max\{x_1, x_2, \ldots\}$，$\min = \min\{x_1, x_2, \ldots\}$，即在变量 x 的所有样本值中寻找最大值与最小值。

在工件选择机床的决策过程，在满足工序工艺能力需求的前提下，加工设备会提供负载率、单位能耗及预估时间作为决策因素。

（1）负载率。

负载率指的是加工设备当前的任务承担量，在本节实验环境中，我们用机床的工位缓冲台的使用率来表示。对于第 n 台加工设备的负载率记作 L_n，负载率的取值范围是 $[0,1]$，无须归一化处理。

（2）单位能耗。

不同的加工设备其单位时间的能耗值不同，通过外接的霍尔效应能耗传感器采集设备加工时的单位能耗并保存至数据库中。当进行动态决策时，加工设备使用历史数据来计算单位时间能耗值。对于第 n 台加工设备的单位能耗记作 E_n，单位能耗的单位是瓦特，在比较时需要对其按照式（14-1）进行归一化处理。

（3）预估时间。

对于不同的加工设备，其加工能力不同则加工同一个工件的同一道工序所需时间不同。这一点可以最直观地体现在 NC 代码中，各个机床的切削参数不同。我们可以通过计算 NC 代码中的刀具移动路径来计算加工所需的时间，通过式（14-1）进行归一化处理得到预估时间，对于第 n 台加工设备的预估时间记作 T_n。

在机床选择工件的决策过程，若不做任何调整，则机床会按照工件到达自身工位缓冲台的顺序进行加工处理，但实际生产中可能存在紧急订单等生产扰动问题，需要根据订单的优先级、工件到达时间及交货期进行综合考虑。

（1）优先级。

优先级用于区分工件的加工优先级，对于本书设立两种优先级 0 和 1，0 表示普通订单，1 表示紧急订单。在机床决策时，优先级只能作为考虑因素之一。对于第 i 个工件的优先级记作 Pr_i。

（2）工件到达时间。

工件到达时间代表该工件被送到工位缓冲台的时间戳，在正常的加工过程中，对于先到的工件应该先进行加工，这种方式称为先到先服务型，这种方式无法处理紧急订单与将要超时的订单。对于第 i 个工件的到达时间记作 At_i。

（3）交货期。

交货期是制造系统首要保障的目标因素之一，越是临近交货期的工件超期的风险越大，则它优先加工的概率就越大。对于第 i 个工件的交货期记作 Dt_i。

在机床请求人员的决策过程，会根据具体任务内容设定任务技能需求，当人员掌握了所需技能时即可响应该任务请求，在决策过程中需要考虑到人员技能与任务需求的任务匹配度、工时预估、人员实时位置等因素。

（1）任务匹配度。

任务匹配度描述任务需求技能与人员技能的匹配程度，通过建立技能描述模型来衡量人员的能力水平是否满足任务需求。对于第 i 个人员的任务匹配度记作 TM_i，通过式（14-1）进行归一化处理。

（2）工时预估。

相比于加工设备使用 NC 代码预估加工时间，人能从历史数据中得出大致的任务时长。由于学习能力的存在，人员越是重复执行一项任务，其熟练程度越高，任务耗时就越短。对于第 i 个人员的工时预估记作 TW_i，通过式（14-1）进行归一化处理。

（3）人员实时位置。

在车间实时任务调度中，人员的位置信息也是重要因素之一，若不考虑这项因素，则可能导致人员频繁的走动。不仅浪费大量时间在人员的移动上，还加剧了人员的疲劳程度。本书通过 UWB 定位技术获取人员在车间的实时位置，计算人员和任务地点的距离长度。对于第 i 个人员的距离信息记作 TD_i，通过式（14-1）进行归一化处理。

4）综合评价指标

在车间生产调度中，多个决策因素需要综合起来进行评定，最终获得一个评价结果。本书将通过加权线性法对决策因素进行综合评定，评定公式如下

$$x = \sum_{i=1}^{n} \omega_i x_i \tag{14-2}$$

式中，x 表示最终决策值；x_i 表示各个决策分量；ω_i 表示各个决策分量的权重值。

按照式（14-2），我们对车间调度的三个决策过程进行评价指标设计。

在工件选择机床阶段，按照式（14-3）进行决策。

$$\begin{cases} P_n = \alpha_L L_n + \alpha_E E_n + \alpha_T T_n \\ \alpha_L + \alpha_E + \alpha_T = 1 \end{cases} \tag{14-3}$$

式中，P_n 表示第 n 台设备的评价结果；L_n 表示归一化后的机床负载率；E_n 表示归一化后的单位能耗；T_n 表示归一化后的预估时间；α_L 表示 L_n 的权重值；α_E 表示 E_n 的权重值；α_T 表示 T_n 的权重值。$\alpha_L + \alpha_E + \alpha_T = 1$，比较并选取 P_n 最小的设备进行工件任务加工。

在机床选择工件阶段，按照式（14-4）进行决策。

$$\begin{cases} V_i = \beta_p Pr_i + \beta_a \dfrac{(Ct - At_i)}{\max_{k=1}^{n}\{Ct - At_k\}} + \beta_d \left(1 - \dfrac{(Dt_i - Ct)}{\max_{k=1}^{n}\{Dt_k - Ct\}}\right) \\ \beta_p + \beta_a + \beta_d = 1 \end{cases} \tag{14-4}$$

式中，V_i 表示工位缓冲台上第 i 个工件的评价结果；Pr_i 表示工件的优先级；Ct 表示当前时刻的时间戳；β_p 表示 Pr_i 的权重值；β_a 表示 At_i 的权重值；β_d 表示 Dt_i 的植重值。第二项因素和第三项因素分别是对工件到达时间和交货期的归一化处理，对于第三项因素而言，距离交货

期时间越长被选中的概率应该越低，比较并选取 V_i 最大的工件进行加工处理。

在机床请求人员阶段，按照式（14-5）进行决策。

$$\begin{cases} W_i = \gamma_m TM_i + \gamma_w \left(1 - TW_i\right) + \gamma_d \left(1 - TD_i\right) \\ \gamma_m + \gamma_w + \gamma_d = 1 \end{cases} \quad (14\text{-}5)$$

式中，W_i 表示第 i 个人员的评价结果；TM_i 表示归一化后的任务匹配度；TW_i 表示归一化后的工时预估；TD_i 表示归一化后的距离信息；γ_m 表示 TW_i 的权重值；γ_w 表示 TW_i 的权重值；γ_d 表示 TD_i 的权重值。$\gamma_m + \gamma_w + \gamma_d = 1$，对于工时预估与距离信息而言，值越大则表示被选中的概率越小，比较并选取 W_i 最大的人员进行任务协助请求。

14.5.2　基于事件驱动的决策调整机制

仅凭车间底层 Agent 间的自组织决策方式来解决车间实时调度问题是不足的，Agent 做实时决策时仅通过当前时刻的信息参数，从车间整体与全局角度来看，Agent 的决策方式是"近视"的。因此，我们需要对物联制造车间底层 Agent 的决策行为进行调控，保证其在全局性能上有着良好表现。

图 14-10 所示为基于事件驱动的决策调整机制架构，我们以一组决策 Agent 作为决策的提供方，通过输入订单数据、人员信息与车间设备状态数据，根据上一节的多目标调度模型进行决策，在系统运行过程中我们对三个决策过程进行相关事件设计与统计，得到表 14-2 所示的影响决策过程的车间事件表。表中我们设计了四个事件，其中前三个事件用于系统调度的三个决策过程调节，第四个事件用于定时刷新系统的事件统计。当订单完成时，从统计事件中移除该订单相关数据。保证事件统计需要实时关注车间当前状况。

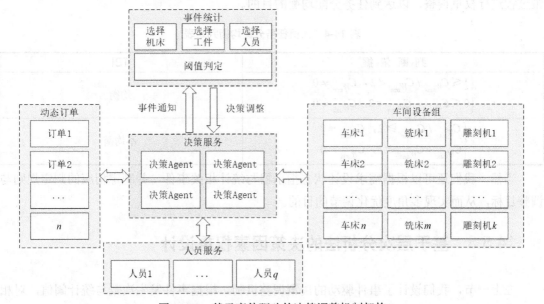

图 14-10　基于事件驱动的决策调整机制架构

表 14-2　影响决策过程的车间事件表

事 件 名 称	阈值设计参考	调 节 对 象
加工设备选择	数量最少的加工设备	工件选择机床决策过程
工件加工选择	数量最少的加工设备	机床选择工件决策过程
人员任务派发	人员任务量之比	机床请求人员决策过程
订单完成	系统加工能力	刷新事件统计

通过实时统计车间内的事件发生数量,我们以 C_E 表示加工设备选择事件的统计数量、C_O 表示机床选择工件事件的统计数量、$N_{\min}$ 表示系统中最少的加工设备的数量,N_b 表示对应设备工位缓冲台的数量,设计系统状态指示器(System State Indicator,SSI)用于判断车间的繁忙程度。车间繁忙程序判定表如表 14-3 所示。由表 14-3 设计出"空闲""均衡""繁忙"三档系统状态,并根据系统的繁忙程度合理分配决策过程的权重值,从而达到系统全局性能调节的目的。

表 14-3　车间繁忙程度判定表

判 断 依 据	SSI
$C_E + C_O < N_{\min} N_b$	空闲
$N_{\min} N_b \leqslant C_E + C_O < 2N_{\min} N_b$	均衡
$C_E + C_O \geqslant 2N_{\min} N_b$	繁忙

同样的,我们还可以设计任务均衡指示器(Task Balance Indicator,TBI),通过统计人员任务情况,以 $C_{W_{\min}}$ 与 $C_{W_{\max}}$ 分别表示执行任务最少与最多的人员任务事件数量,以表 14-4 所示方式来判定人员任务分配均衡情况,进而可以按照人员任务分配均衡情况对机床请求人员决策过程进行权重调整,以达到任务分配均衡的目的。

表 14-4　人员任务分配均衡判定表

判 断 依 据	TBI
$\begin{cases} 1 \leqslant C_{W_{\max}} / C_{W_{\min}} < 2, \ C_{W_{\min}} \neq 0 \\ 0 \leqslant C_{W_{\max}} - C_{W_{\min}} < 3, \ C_{W_{\min}} = 0 \end{cases}$	均衡
$\begin{cases} C_{W_{\max}} / C_{W_{\min}} \geqslant 2, \ C_{W_{\min}} \neq 0 \\ C_{W_{\max}} - C_{W_{\min}} \geqslant 3, \ C_{W_{\min}} = 0 \end{cases}$	不均衡

当然,我们还可以根据需求设计状态指示器与统计相关事件,并制定相应的判定规则与调整目标,从而实现多角度优化调节的目的。

14.5.3　基于层次分析法的决策因素权重设计

在上一节,我们设计了事件驱动的决策调整机制,根据事件发生次数与统计阈值,对相应车间状态进行评判,根据评判结果调整决策系数。本节将使用层次分析法设计决策因素权重值，通过不同车间状态下的决策因素重要程度，计算求解这些因素的权重分配值，从而在系统运行过程中实时刷新决策权重表，实现动态调整决策过程。层次分析法的执行过程如图 14-11 所示。

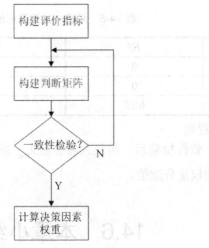

图 14-11　层次分析法的执行过程

1）构建评价指标

在 14.5.1 节，我们将车间调度决策问题拆分成三个决策过程，这三个决策过程各自参考不同的信息因素进行决策，因此我们以每个决策过程的参考因素为评价指标，对每个决策过程使用层次分析法计算决策因素权重值分配。

2）构建判断矩阵

根据评价指标间的重要程度，可以按照"极端重要""强烈重要""明显重要""稍微重要""同样重要"的程度进行说明，并分别以 9、7、5、3、1 的分值表示。若用 a_{ij} 表示因素 i 相对于因素 j 的重要程度，则因素 j 相对于因素 i 的重要程度见式（14-12）。对评价指标构建的判断矩阵为式（14-13）。

$$a_{ji} = \frac{1}{a_{ij}} \tag{14-12}$$

$$A = \begin{pmatrix} a_{11} & a_{12} & a_{13} \\ a_{21} & a_{22} & a_{23} \\ a_{31} & a_{32} & a_{33} \end{pmatrix} \tag{14-13}$$

3）一致性检验

对判断矩阵 A 计算最大特征根 λ_{max}，根据式（14-14）计算一致性指标 CI，以及式（14-15）计算一致性比率 CR。一般认为 $CR < 0.1$ 时，判断矩阵通过一致性检查，否则需要调整判断矩阵重新进行校验。

$$CI = \frac{\lambda_{max} - n}{n - 1} \tag{14-14}$$

式中，n 表示矩阵维度。

$$CR = \frac{CI}{RI} \qquad (14\text{-}15)$$

式中，RI 表示随机一致性指标。随机一致性指标值如表 14-5 所示。

表 14-5 随机一致性指标值

n	RI	n	RI
1	0	4	0.90
2	0	5	1.12
3	0.58	6	14

4）计算决策因素权重

当判断矩阵满足一致性检验后，对最大特征根 λ_{max} 求解对应的特征向量，并进行归一化处理，即可得到对应的权重分配值。

14.6　本章小结

本章研究了智能制造系统的基础设施，即物联制造车间的架构布局，首先设计了基于多 Agent 技术的物联制造车间系统，在此基础上完成了对制造设备、工作人员与功能模块的 Agent 设计，这是降低物联制造车间系统复杂度的重要手段，通过 Agent 感知控制自身，来达到设备的智能调控。然后分析了人机交互界面的功能需求并设计人机交互界面的草稿方案，分析人机协作场景并设计了人机协作机制，通过交互协商来完成生产调度，解决动态扰动问题。最后提出了在车间动态环境中的决策模型，综合考虑设备与人员的情况下，建立一种对设备以工件到达时间、设备负载率与设备能耗为主的多目标约束调度模型，以及对人员以任务匹配度、工时预估及人员实时位置为主的多目标约束调度模型，设计了基于事件驱动的决策调整机制以保障全局性能。

14.7　本章习题

（1）请阐述智能制造车间的架构体系。

（2）基于多 Agent 的物联制造系统设计包含哪些方面？

（3）请阐述人机交互方式。

（4）请阐述人机交互的机制。

（5）请结合工件到达时间等约束条件，简要设计智能制造系统的实时动态调度算法。

第 15 章 智能制造系统协同运行策略方法

15.1 引言

当今时代正处于传统车间制造向智能制造转型的关键时期，而向智能制造转型的关键一步就是车间制造单元智能化，将具有知识库、推理决策和机械控制功能的 Agent 软件系统与车间制造装备相结合构成装备 Agent 是当前制造单元智能化解决方案中最富有潜力的解决方案。本章设计了一种基于多 Agent 技术的车间调度模型，并研究了一种基于合同网协议的 MAS 调度算法，最后通过案例仿真来验证该调度算法。

15.2 基于多 Agent 技术的车间调度模型

15.2.1 Agent 的特点、映射与结构设计

15.2.1.1 Agent 的特点

虽然 Agent 作为封装了推理决策、通信和知识库等模块以解决特定问题的一种建模方式在近些年被广泛研究与应用，但学术界对其还没有统一而确切的定义。包振强将 Agent 描述成在动态复杂的环境中能自我感知周边环境并能通过外部动作改变环境，从而完成预设目标或任务的计算系统。目前研究应用的 Agent 系统几乎都具有以下特点。

1）自治性

Agent 具有自己的数据库、知识库、计算资源和控制自己外部行为的能力，能够在脱离外界控制的情况下，根据自身知识库自主地实现某些行为。

2）交互性

Agent 是具有通信模块的软件，单个 Agent 的知识和行为能力是有限的，只有多个 Agent 相互连接交流合作才能完成单个 Agent 所无法完成的任务。

3）反应性

反应性是指 Agent 具有感知周围环境信息的能力，当 Agent 收到感知设备感知到的信号或收到其他 Agent 发送的信息时，会将其储存到自身数据库中，并根据一定规则进行响应。

4）主动性

主动性是指 Agent 内部预设了很多目标，Agent 能够主动采取行动来实现这些目标，这说明，Agent 不仅能够被动地通过接收信息来执行动作，还能够主动地改变外部环境。主动性是 Agent 最重要的特点。

15.2.1.2　Agent 的映射

Agent 的映射方式、映射粒度决定了整个系统的结构和性能。目前尚没有一套完善而统一的理论体系来指导 Agent 的映射工作，Agent 如何进行映射通常依赖于开发人员对于整套系统的理解和进行 Agent 开发的经验。

在 MAS 的研究领域中，目前有两种主要的 Agent 映射方式。

1）按照功能模块来进行映射

将制造系统划分为不同的功能模块，如物流优化模块、订单选择模块和动态调度模块等，然后将不同的功能模块映射成不同的 Agent，各个 Agent 功能模块之间通过感知和通信完成任务。

2）按照物理实体进行映射

制造车间存在很多制造装备，制造装备具备自治性、交互性、反应性和主动性。将不同的制造装备映射成不同的 Agent 是非常简单而又自然的，如将 AGV 映射为 AGV-Agent，将仓库映射为仓库 Agent 等。

上述两种映射方式中，按照功能模块进行映射需要开发人员具备良好的系统模块化能力，难度相对较高，而且如果车间系统比较庞大，那么单个功能模块所承载的负载压力会比较高。按照物理实体进行映射是传统 MAS 常用的 Agent 映射方式，将制造装备与 Agent 一一对应，具有建模简单、扩展性强和容错高的优点，适合大规模分布式制造系统，但也因为 Agent 相对更加离散的特点对动态事件的反应性较差。

15.2.1.3　Agent 的结构设计

Agent 的结构设计通常有以下三类：BDI 型 Agent、反应型 Agent 和混合型 Agent。

1）BDI 型 Agent

BDI 型 Agent 是由 Rao 和 Georgeff 设计的最具代表性的 Agent，其具有较高的智能性。BDI 型 Agent 结构示意图如图 15-1 所示，BDI 分别代表了 Belief（信念），表示 Agent 对外部环境的感知；Desire（愿望），表示对目标实现的渴望；Intention（意图），表示为实现自身目标而采取的措施行动。图中的解释器能将三者整合联通，有推理功能。Agent 内部采用 BDI 型结构时，其适应外部环境变化的能力较弱。

2）反应型 Agent

反应型结构采用感知-动作行为机制，使 Agent 能够快速响应来自外部环境或其他 Agent 的刺激。和 BDI 型 Agent 相比，当外部环境变化时，它能够快速做出响应，但智能性相对较低，且感知-动作行为机制过于单一，不能适应复杂的环境。

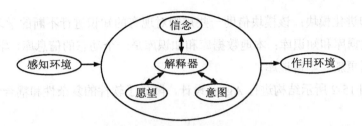

图 15-1　BDI 型 Agent 结构示意图

3）混合型 Agent

BDI 型 Agent 和反应型 Agent 都有一定的缺点，而混合型 Agent 综合了 BDI 型和反应型 Agent 的优良性能，具有较高的响应能力和智能性。它通常包含两个层次结构：低层是一个快速响应和处理突发事件的反应层，高层是实现智能的推理决策层。

基于上述几种结构，本节建立了图 15-2 所示的 Agent 结构，使 Agent 具有高智能性、灵活性和适应性。

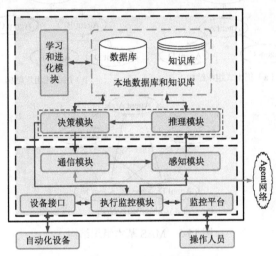

图 15-2　Agent 结构

其各功能模块描述如下。

（1）推理模块：负责将感知模块反馈的数据信息进行推理，并将推理结果交给决策模块评测，其推理的依据是本地数据库和知识库里的信息。

（2）决策模块：依据本地数据库和知识库里现有的数据信息进行评测，评测通过后，则命令执行监控模块去落实。推理模块和决策模块共同组成 Agent 的逻辑模块。

（3）通信模块：与外界进行信息交互的通道。

（4）感知模块：接收外界信息的感觉通道，感知结果交给逻辑模块进行推理与决策。

（5）执行监控模块：通过设备接口，向硬件设备发送动作执行命令。同时会对执行状态进行监管和控制。在某些场合中会将一些决策请求信息推送到监控平台，用以接收操作人员的输入信息。

（6）设备接口：负责与物理硬件平台进行通信的接口。

（7）学习和进化模块：该模块借助一些规则对现有的知识进行不断的学习与进化。

（8）本地数据库和知识库：本地数据库和知识库是一个动态的信息库，学习和进化模块、逻辑模块会不断更新、丰富该库。

本书采用图 15-2 所示结构进行 Agent 设计，降低了软件的复杂性和耦合性，提高了系统的可重构型。

15.2.2　MAS 的组织结构和协商机制设计

15.2.2.1　MAS 组织结构设计

本书将 MAS 的组织结构分为三种基本类型，分别是：集中式组织结构、层级式组织结构和分布式组织结构。MAS 基本组织结构如图 15-3 所示。

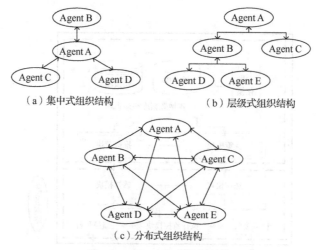

（a）集中式组织结构　　（b）层级式组织结构

（c）分布式组织结构

图 15-3　MAS 基本组织结构

1）集中式组织结构（Centralized Organization Structure）

集中式组织结构由一个总控 Agent 负责整个 MAS 模型的控制决策，总控 Agent 和其他 Agent 构成主从关系。集中式组织结构如图 15-3（a）所示。由于集中式组织结构下的总控 Agent 拥有 MAS 模型的全部信息，故容易获得全局最优解，但是，集中式组织结构的缺点也是显而易见的。首先，主控 Agent 处于多 Agent 网络的核心节点，系统内其他 Agent 的运行都要依靠总控 Agent 的正常运转，属于单点集中控制，一旦总控 Agent 出现故障，整个 MAS 将崩溃；此外，当系统中 Agent 的粒度较小时，总控 Agent 的运算负荷将增大。在环境稳定、规模较小的应用场景下，集中式组织结构获得了较为广泛的运用。

2）层级式组织结构（Hierarchical Organization Structure）

层级式组织结构是依据MAS中各Agent的控制范围及包容性关系而逐层划分的一种组织结构。层级式组织结构如图 15-3（b）所示。在层级式组织结构中，上层 Agent 生成决策并对其所属的下一层子系统进行控制，同层及非相邻层之间无法直接通信。层级式组织结构分散了控制职责，降低了系统的设计复杂程度，但对于某个位于非底层的单个 Agent 来说，其及其下属的 Agent 之间仍然是简单的集中式组织结构，集中式组织结构的固有弊端仍然存在。

3）分布式组织结构（Distributed Organization Structure）

分布式组织结构由一系列平等的自治 Agent 组成，该组织结构中没有层级划分和集中控制，所有的决策来自个体 Agent 间的交互协商。分布式组织结构如图 15-3（c）所示。分布式组织结构具有高度的柔性和鲁棒性，但是由此付出的代价是系统通信量大。个体 Agent 固有的贪婪性得不到抑制，往往导致 Agent 的决策是局部最优。该结构是传统的基于 MAS 的作业车间调度研究常采用的 MAS 组织方式。

为兼具模型全局优化性能和模型最优解的求解速度，同时保证模型的鲁棒性，本书将采用层级式组织结构和分布式组织结构混合的设计思想设计改进型 MAS 作业车间调度模型。

15.2.2.2　MAS 协商机制设计

在 MAS 中，Agent 之间良好的协商机制是实现系统高效运行的重要保障。一方面，单个 Agent 的能力往往是有限的，为解决超出单个 Agent 执行能力的复杂任务，必须同其他 Agent 协作完成；另一方面，单个 Agent 拥有的资源、所能接触到的环境是有限的，因此单个 Agent 的目标必然是局部优化的。这就导致了不同 Agent 之间、单个 Agent 与整个系统之间的目标不一致，因此必须通过协调 Agent 之间的目标和资源，才能实现整个 MAS 的全局优化。例如，为实现 MAS 调度系统完工时间的最优，加工单元 Agent 有时需要放弃满足自身完工时间最短的加工任务而选取其他次优的方案。

Agent 之间的协商机制涉及社会学、博弈论等多个学科的交叉，是 Agent 社会性的体现。许多学者对 MAS 模型进行了研究，提出了很多不同的 MAS 协商机制。最具代表性和应用最广的三种协商机制分别是合同网协议、黑板模型和群体智能机制。

1）合同网协议

合同网协议引入市场中的招标—投标—竞标机制，网络中的任务发起节点和任务执行节点之间构成合同关系，用于分布式问题求解过程中节点之间的任务动态分配，是 MAS 最主要的协商机制。

合同网协议将 Agent 的角色划分成两类：发起者 Agent（Initiator Agent，IA）和参与者 Agent（Participator Agent，PA）。IA 是一轮招标的发起者，任何参与招标的 Agent 都是 PA。PA 和 IA 的角色在合作中不断变换，任何 PA 都可能变成 IA 发起招标释放自身任务，任何 IA 都可能变成 PA 参与竞标获得任务。MAS 中的 Agent 在 IA 和 PA 的角色间不停转换，协力将一项复杂的任务分解成一个个子任务并最终完成求解。合同网协议下 IA 和 PA 的经典招投标流程如图 15-4 所示，IA 发起招标将任务发送给 PA，PA 根据自身状态封装标书，发送给 IA 参与投标，IA 在反馈上来的标书中进行评估，并将评估结果发送给 PA，PA 确认竞标结果，并与 IA 签订合同。

2）黑板模型

黑板模型的结构如图 15-5 所示，黑板模型由黑板、控制机构和知识源组成。模型中的黑板是一个全局动态数据库，存放有系统的原始数据及各个知识源所获得的局部解；控制机构负责监控、更新黑板数据状态，并根据黑板数据激活相应的知识源进行问题求解；知识源是一个独立的知识库，拥有一定的资源和局部问题的求解能力，在 MAS 中，知识源对应的是自治的 Agent 实体。区别于合同网协议，黑板模型中的 Agent 不能直接通信，各个 Agent 通过访问黑板获取所需数据进行问题求解或任务执行，并将结果发送至黑板供其他 Agent 使用，MAS 通过不断重复上述步骤，最终实现整个系统的调度运行。

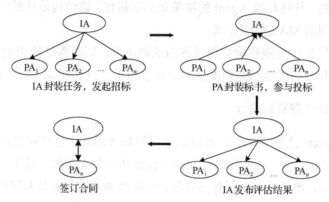

图 15-4　合同网协议下 IA 与 PA 的经典招投标流程

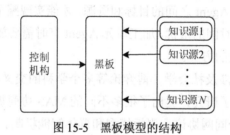

图 15-5　黑板模型的结构

3）群体智能机制

群体智能机制是群体智能算法在 MAS 上的运用。由于群体智能算法源于对自然界蚁群等群体的行为模拟，若将其中的个体视作 Agent，那么多 Agent 算法则是该类算法的自然实现。

15.2.3　基于多 Agent 技术的改进型车间调度模型设计

15.2.3.1　Agent 模型的建立

在本章 1.1.1 节、1.1.2 节的基础上，基于 MAS 的改进车间调度模型的基本构架和组成如图 15-6 所示。

模型中共有四类 Agent，分别是仓库 Agent（Warehouse Agent，WA）、作业 Agent（Task Agent，TA）、机器 Agent（Machine Agent，MA）和规划 Agent（Paln Agent，PA）。其中，WA、TA、MA 基于物理映射，分别对应车间生产实体 AS/RS、生产订单和加工设备；PA 为功能映射，没有与之对应的车间生产实体，其内部封装了多目标优化算法（优化算法部分在

第 7 章已详细介绍）。PA 和 TA 位于资源规划层，WA 和各个 MA 位于任务生产层，每一层均为分布式组织结构，层层之间形成集中式组织结构，即资源规划层决定资源生产层的作业生产调度序列。改进 MAS 模型中四类 Agent 主要模块的功能介绍如表 15-1 所示，其中逻辑模块功能较为复杂，将在下节进行详细论述。

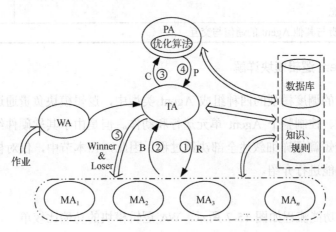

图 15-6　基于 MAS 的改进车间调度模型的基本构架和组成

表 15-1　改进 MAS 模型中四类 Agent 主要模块的功能介绍

模块		WA	MA	TA	PA
感知模块		判断信息类型：来自 TA 的入库信息、作业到达信息；感知执行模块的反馈信息：TA 生成数量；AS/RS 中硬件设备动作信息：工件入库、出库动作是否完成，机械臂位置信息等	判断信息类型：来自 TA 的竞标通知、竞标结果通知；感知到达的 TA 信息；感知机床设备的运行状态、工序加工进度等	判断信息类型：来自 MA 的投标书信息、释放下一道工序信息、来自 WA 的准许入库信息、来自 PA 的竞标结果信息等	判断信息类型：来自 TA 的作业调度请求；感知设备状态信息：正常或故障；感知作业优先级：普通订单或紧急订单
执行模块		根据作业信息封装 TA；控制机械手搬运工件出入库等；向感知模块和监控平台反馈执行状态信息	执行设备故障扰动设置；负责作业加工任务；向感知模块和监控平台反馈执行状态信息	向监控平台反馈执行状态信息	向监控平台反馈执行状态信息
知识库		存储作业生成策略、作业入库判断策略	储存设备工艺能力信息、任务接收与拒绝策略、竞标策略、紧急订单处理策略等	存储作业调度请求封装策略	存储作业调度算法和扰动处理策略
数据库	状态	储存 AS/RS 中各个仓位信息	储存运行状态信息、任务缓冲区信息、招标书任务集	存储 TA 已完成工序信息、当前加工工序信息和订单优先级状态	存储已执行的窗口数、当前窗口剩余时间长度

模块		WA	MA	TA	PA
数据库	订单	储存设备当前容纳的工件状态及其对应订单的信息			存储当前窗口的招标集合
	任务	储存设备正在执行的当前任务信息及下一步预计要执行的缓存任务信息			
通信模块		负责与其他 Agent 的通信与交互			

15.2.3.2　Agent 逻辑模块详解

在本书所设计的调度模型的四种组成 Agent 类型中，逻辑模块负责通过信息分析、产生执行决策，以管理、控制整个 Agent 单元运行和动作。但是由于其软硬件结构设计复杂，功能繁多，难以用较短篇幅详细叙述全部决策过程。因此，在本节中，仅对模型中各个 Agent 逻辑模块的主要功能进行介绍。

1）WA

WA 逻辑模块功能流程如图 15-7 所示，WA 逻辑模块的功能比较单一，主要负责为每项进入调度系统的作业封装其工序信息并动态地生成与之对应的 TA，释放 TA 及完成 TA 注销任务。当有新作业进入调度系统，WA 查询数据库释放 TA，这是 Agent 协作的开始；无紧急订单等扰动事件时，WA 一次只能释放一个 TA，WA 在释放一个作业任务后继续等待下一个任务的到来；当 TA 完成所有工序加工后，WA 会匹配自身数据库中对应 TA 的工艺信息，并完成 TA 的入库操作，然后清除数据库中 TA 相关工艺信息，同时注销 TA 在 Agent 名单上的注册信息，TA 的生命流程结束。

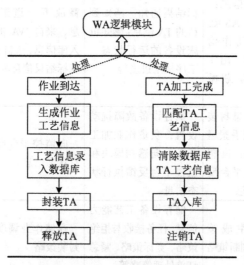

图 15-7　WA 逻辑模块功能流程

2）TA

TA 逻辑模块功能流程如图 15-8 所示，TA 的目的是向 MA 发送招标书，以尽早地释放自身工序加工任务。和传统 MAS 车间调度模型中的 TA 不同的是，改进模型中的 TA 在 PA 的约束下能够考虑与系统中的其他 TA 目标的组合优化关系，生成较传统模型更优的调度方案。TA 在收到 MA 的投标书后，将提取各个投标书中的报价组成报价集，该报价集称为 TA 当前工序对应的可行集。理论上可行集中的每个元素都为该工序的可行加工方案。之后，TA 将可行集发送给 PA，由 PA 统一规划调度。

3) PA

PA 中封装了多目标优化算法，以时间窗口作为基本的工作机制，完成本窗口内的多目标优化计算，并将生成的调度方案 P 发送给对应的各个 TA，TA 读取 P，宣布竞标结果，完成自身工序的释放。PA 逻辑模块功能流程如图 15.9 所示。PA 内置一个计时器，系统初始化时刻为第一个时间窗口的起始时刻，此后时间窗口的起始时刻为上一个时间窗口的结束时刻。

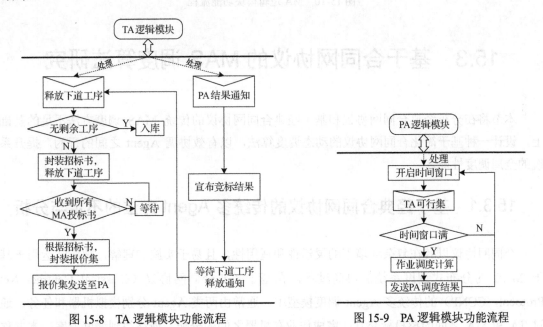

图 15-8　TA 逻辑模块功能流程　　　　图 15-9　PA 逻辑模块功能流程

4) MA

MA 的目的是响应 TA 的招标以获得尽可能多的加工任务。MA 逻辑模块功能流程如图 15-10 所示。MA 每次收到 TA 的招标书后，它将针对 TA 的竞标信息放入标书任务集。同时，MA 将查询自身数据库并生成一个报价 B，封装成投标书参与竞标。当 MA 赢得竞标，获得 TA 加工任务后，将查询自身状态数据库，若 MA 当前忙，即 MA 正在进行加工任务，则将 TA 放入任务缓存队列；若 MA 当前空闲，则立刻开始作业加工。MA 加工完成某项工序任务后，将发送工序加工完成信息给对应的 TA，通知 TA 释放下一道工序。若 MA 未中标，则清除标书任务集中的相关信息。

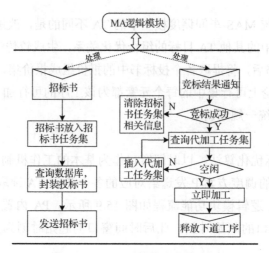

图 15-10　MA 逻辑模块功能流程

15.3　基于合同网协议的 MAS 调度算法研究

本节将在分析经典合同网协议和基于经典合同网协议的传统 MAS 调度方法不足的基础上，设计一种基于简化合同网协议的动态调度算法，以有效协调 Agent 之间的行为，提升系统的全局调度性能。

15.3.1　基于经典合同网协议的传统多 Agent 方法的不足与分析

合同网协议以其在复杂环境下的灵活性和适用性，且易于实施和理解，被广泛运用于基于 MAS 的分布式调度系统的协商过程。在基于经典合同网协议（Classical Contract Net Protocol，CCNP）的传统多 Agent 调度模型中，通常由两类 Agent 分别模拟机器和任务，通过 TA 和 MA 之间的招投标交互，完成作业在机器之间的分配，最终得到调度方案。本书称此类基于 CCNP 的 MAS 调度方法为传统多 Agent 方法（Traditional Multi-Agent Way，TMAW）。基于经典合同网协议的 MAS 作业调度流程如图 15-11 所示，其具体流程如下。

（1）TA 选择自身下道待加工任务，封装成招标书，以广播的形式向系统内所有 MA 发起招标。

（2）系统内的 MA 收到来自 TA 的作业加工招标书，MA 封装报价信息，如最早开始加工时间、作业加工时间、参与意愿等形成投标书，发送给 TA。MA 可根据自身状态信息决定是否参与任务竞标。

（3）TA 收到系统内所有 MA 的投标书后，对有意愿参与作业竞标的 MA 的标书，以一定的规则、条件进行筛选，以确定最优报价的标书。

（4）TA 根据筛选结果以广播的形式向系统内所有的 MA 宣布竞标结果。

（5）MA 收到来自 TA 的竞标结果消息后，与 TA 互相确认结果。

（6）中标 MA 根据 TA 宣布的结果，决定是否与 TA 签订合同。若签订合同，则承诺完成作业加工任务，否则放弃作业加工任务。

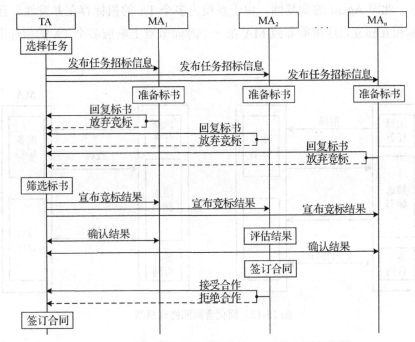

图 15-11　基于经典合同网协议的 MAS 作业调度流程

基于 CCNP 的作业调度流程简单、自然，但存在以下不足。

1）通信量大

为完成一项作业的释放任务，TA 与 MA 之间至少需要经过 4 轮，共 $4n$ 次的通信（假设系统中有一个 TA，n 个 MA）。然而实际在调度决策中，一般会有多个 TA 同时对自身任务进行招标，系统中的信息流将会呈幂数级增长，这将对 MAS 调度系统产生较大的负荷，影响系统的调度性能。同时，这些信息流中有相当一部分的无用信息，如 TA 在进行标书筛选后完全可以避免与竞标失败 MA 之间进行通信而不影响实际调度进程。

基于上述思想，本书通过去除 CCNP 中 TA 与竞标失败 MA 之间的通信部分，重新规划了一种简化合同网协议（Simplified Contract Net Protocol，SCNP）模型，如图 15-12 所示。

在 SCNP 中，TA 在筛选标书确定最佳报价后，只与竞标成功的 MA 通信，签订合同，可以使通信次数减少至原来的四分之三，既减轻了系统的通信负载，又保留了 CNP 的灵活性，能够适应 MAS 模型对实时性的要求。本书后续研究均基于 SCNP。

2）并发通信，劣质竞标

在实际的调度系统中，往往存在多个 TA 向多个 MA 同时竞标的情况，在 CCNP 中，这可能会导致劣质竞标（MA 的贪婪性所致）。TA 与 MA 交互示意图如图 15-13 所示。在一个基于 TMAW 的调度系统中存在 TA 集合和 MA 集合,其中 $TA = \{TA_i \mid i = 1,2,\cdots,n\}$,$MA = \{MA_i \mid i = 1,2,\cdots,m\}$。TA 和 MA 相互协商,共同完成一批作业任务的生产调度。其中实线箭头表示 TA 向多个 MA 发起招标,虚线箭头表示 MA 响应多个 TA 的招标。TA 为了使自身任务尽早获得加工,在所有 MA 中选择最优报价的 MA 合作,MA 则尽可能获得多的 TA 加工任务,此即 Agent 的贪婪性。由于系统内多个 TA 的招标存在并发性,且 MA 对不同 TA 的招标相互独立,这可能导致 MA 在一个时间节点上响应多个 TA 的招标而导致劣质竞标。

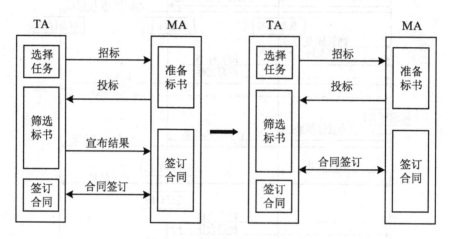

图 15-12 简化合同网协议模型

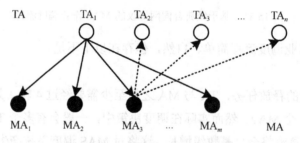

图 15-13 TA 与 MA 交互示意图

CCNP 下 Agent 之间的劣质竞标示例如图 15-14 所示。

某一时间节点 TA_1 和 TA_2 同时向 MA_1 发起招标,后者可以独立完成 TA_1 和 TA_2 的任务,但不能并行执行。设 TA_1 和 TA_2 的招标任务分别是 T_1 和 T_2,MA_1 完成任务 T_1 和 T_2 分别需要 5 个时间单位和 10 个时间单位。经过协商,MA_1 同时中标 T_1 和 T_2 两个任务。虽然 MA_1 能够完成这两个生产任务,但是任务 T_2 的承诺开工时间和实际开工时间已经冲突,导致劣质竞标。

3)局部优化,性能有限

基于 CCNP 的 TMAW 中,系统调度本质上是单步优化,系统整体优化性能十分有限。在完工时间最优原则的调度中,CNNP 下 TMAW 劣质调度示例如图 15-15 所示。

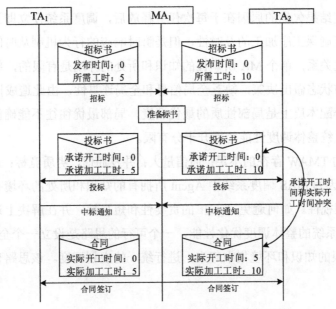

图 15-14　CCNP 下 Agent 之间的劣质竞标示例

t_1 时刻，MA_1 与 MA_2 的生产计划如图 15-15（a）所示；t_2 时刻，TA_3 进入生产系统并针对其第一道工序 O_{31} 向 MA_1 与 MA_2 发起招标，MA_1 与 MA_2 响应 TA_3 的招标并分别将 10、13 作为自身报价封装至招标书中参与竞标，TA_3 对 MA_1 与 MA_2 的报价进行评估，由于 MA_1 的报价优于 MA_2，O_{31} 能较早获得加工，所以 MA_1 赢得竞标，此时 MA_1、MA_2 的生产计划如图 15-15（b）所示；t_3 时刻，TA_4 进入生产系统并针对自身工序 O_{41} 向 MA_1 与 MA_2 发起招标，重复上述相同招投标流程，MA_2 获得 O_{41} 的加工任务。由此两轮招投标活动，最终形成图 15-15（c）所示的任务调度甘特图。在上述每一轮招投标中，调度系统都对当前任务做出了全局最优（完工时间最早）的调度分配，但是从生产全程来看，单步最优并不能保证全程最优，如图 15-15（d）所示，若 MA_1 加工工序 O_{41}，MA_2 加工工序 O_{31}，其总完工时间为 23。

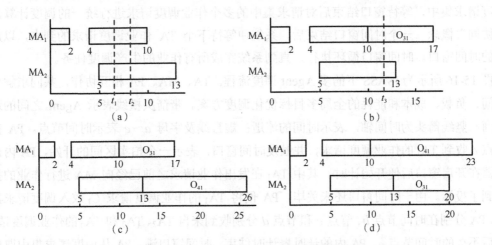

图 15-15　CCNP 下 TMAW 劣质调度示例

出现上述调度结果欠优的原因在于每次任务释放后，调度系统便立即开始一轮新的招投标，此种行为虽能确保工序加工的及时性，但是瞬时响应的行为机制从时间上割裂了任务之间隐含的组合优化关系；单个 MA 所掌握的知识和所处的环境是有限的，单个 MA 只根据自身局部信息和当前状态做出决策，缺乏全局信息和全局连贯性，由此造成招投标机制下 MA 之间的任务优化分配本质上是局部性质的最优调度，局部最优往往不能确保全局最优。优化区间过小导致对系统整体调度性能的提升十分有限。

基于 CCNP 的 TMAW 存在的不足：通信量大；并发通信，劣质竞标；局部优化，性能局限，很大程度上是因为 MAS 调度系统中 Agent 所拥有的知识和所处的环境有限而导致其存在一定的贪婪性和短视性。如何避免 Agent 的贪婪性和短视性，并在解决上述不足的基础上提升基于 MAS 调度系统的整体调度优化性能，一个可行的思路是设立一个全局的调度 Agent，将单个 Agent 有限的知识和环境集中起来，进行统一的规划调度。该思路也是本书接下来的研究重点。

15.3.2　基于简化合同网协议的区间协同拍卖调度策略

针对 CCNP 下 TMAW 存在的不足，本书提出一种基于 SCNP 的区间协同拍卖调度策略（Interval Synergy Auction Scheduling Strategy，ISASS），通过设立时间窗口，将窗口内的作业调度请求进行集中优化调度，避免单个 Agent 因知识和环境的有限造成劣质竞标和局部优化等的不足。

ISASS 中的"区间"一词指的是时间窗口。窗口的开始节点是第一个 TA 完成招标并向 PA 发起作业调度请求的时间节点，窗口的结束节点是从开始节点计时直到完成指定长度时间区间的节点。非扰动情况下，窗口一旦开始，便不会被打断，直到窗口结束。当系统正处在一个时间窗口时，TA 向 PA 发起的作业调度请求不会立即被优化调度，而是先放到 PA 的作业调度请求集中，等待窗口结束后对请求集中的多个作业调度请求进行统一的调度计算，此即"协同"概念。一个时间窗口结束后，系统便等待下个 TA 作业调度请求的到来，以此触发新的时间窗口。时间窗口循环执行，直到系统完成所有作业的生产调度任务。

图 15-16 所示为 ISASS 下的多 Agent 调度流程。TA、MA、PA 相互协作，共同求解出基于时间、负载、成本和能耗的全局多目标优化调度方案。带箭头横线表示 Agent 之间的通信与协商；竖线箭头为时间轴，表示时间的流逝；虚直线及字母 $a\sim e$ 表示时间节点。PA 在时间节点 a 收到 TA_1 的作业调度请求，并触发时间窗口，表示一个拍卖区间的开始，PA 内部的计时器在开启窗口后便开始计时。其中 TA_1 在发出作业请求之前已经向 MA 进行作业的招标并收到了投标。由于时间窗口还未关毕，PA 便将 TA_1 的作业调度请求 C_1 放入调度请求集。之后，PA 分别在时间节点 b、节点 c 和节点 d 分别收到来自 TA_2、TA_3 和 TA_n 的作业调度请求。在之后不久的时间节点 e，PA 内的计时器计时结束，时间窗口满，PA 从调度请求集中取出所有的作业调度请求，进行全局约束下的调度计算，此时，拍卖区间关闭，时间区间为 $a\sim e$。

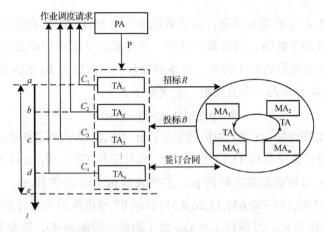

图 15-16　ISASS 下的多 Agent 调度流程

下面将从 ISASS 下的 Agent 具体协作流程对该调度策略进行论述。

ISASS 下多 Agent 协作流程如图 15-17 所示。

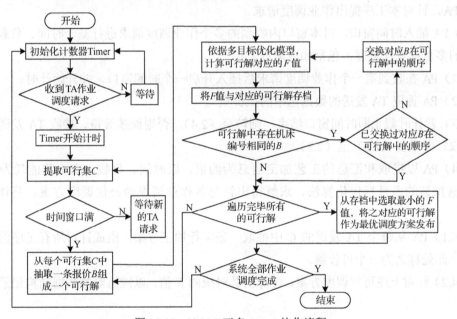

图 15-17　ISASS 下多 Agent 协作流程

ISASS 下多 Agent 协作的具体流程如下。

（1）TA 释放自身工序加工任务，向 PA 提出作业调度请求，具体包括如下流程。

（1.1）TA 查询数据库获取待释放工序的工艺信息，包括工序的工艺类型 type 和期望加工时间 t_{ij}。

（1.2）TA 根据工艺类型 type 从 Agent 黄页目录中获取满足工艺加工能力的 MA 名单列表。

（1.3）将工序号、工艺类型 type 和期望加工时间 t_{ij} 封装至招标书 R 中并发送给名单列表中的各 MA。

（1.4）MA 提取 R 中的招标信息，查询数据库中自身对应的状态信息表，获取自身加工状态信息，包括最早加工时间、当前累计功耗、当前累计负载和当前累计加工成本，并计算出完成此工序加工任务花费的加工时间、成本和能耗，生成报价 B。MA 将 B 封装进投标书，发送给 TA。其中该报价 B 为一个五元组，定义如下：

$$B=\{p\_id,ID,st,status,cost\}$$

式中，p_id 为对应工序的编号；ID 为机器编号；st 为机器最早加工时间；status 为机器当前状态集合，包含当前设备总负载 TL、总成本 TC 和总能耗 TE 三项；cost 为机器的成本集合，包括完成对应工序 p_id 所需的加工时间 pt、生产成本 pc 和生产能耗 pe。

例如，$B=\{O_{31},05,40,\{35,600,65\},\{5,20,2.5\}\}$ 表示 05 号机床当前累计负载为 35，累计生产成本为 600，累计能耗为 65，可进行工序 O_{31} 加工的最早时间为 40，需要 5 单位的加工工时、20 单位的生产成本和 2.5 单位的生产能耗。

（1.5）TA 在收到 MA 的投标书后，将提取各个投标书中的 B 组成报价集，该报价集称为 TA 当前工序对应的可行集 C。理论上 C 中的每个元素都为该工序的可行加工方案。TA 将 C 发送给 PA，针对本工序提出作业调度请求。

（2）PA 插入时间窗口，对本窗口内收到的多个作业调度请求进行基于时间、负载、成本和能耗的多目标优化调度，包括如下流程。

（2.1）PA 在收到第一个作业调度请求后插入开启一个时间窗口，并开始计时。

（2.2）PA 提取 TA 发送的数据包中的报价集。

（2.3）若计时截止即时间窗口结束，则转至（2.4），否则继续等待、接收 TA 发送的作业调度请求，并重复（2.2）至（2.3）。

（2.4）PA 以提取和汇总的工艺加工信息为约束，以时间、负载、成本和能耗为优化目标，根据封装的多目标优化算法，求解得出针对各作业请求的最优调度方案，具体包括如下流程。

（2.4.1）PA 从每个 TA 发送的 C 中抽取一条可行加工方案，组成针对所有工序的可行调度方案，此处称之为一个可行解。

（2.4.2）针对上述可行调度方案，计算出其对应的 F 值，以键值对的数据结构记录在数据库中。

（2.4.3）若该可行调度方案中存在同一机床加工不同工件工序的情况，交换各工序在该机床上的加工顺序，得出另一种可行调度方案，并重复（2.4.2）至（2.4.3），否则转（2.4.4）。

（2.4.4）重新抽取，遍历所有的可行调度方案，得出其 F 值，记录在数据库中。

（2.4.5）比较各个 F 值，找出最小 F 值对应的调度方案，并将此可行调度方案作为最优调度方案发布，完成本轮 TA 的作业调度请求。

（3）PA 依据（2）得出的调度方案向相应 MA 释放工序加工任务，MA 完成工序加工任务，并通知 TA 释放下一道工序，包括如下流程。

（3.1）MA 接收 PA 发送的工序加工任务。

（3.2）MA 访问自身加工任务缓存列表，若当前无正在加工或待加工的任务，则立即进行此工序的加工任务，否则将此工序加工任务插入任务缓存列表等待加工。

（3.3）MA 完成工序加工任务后更新自身状态信息表，并通知相应的 TA 释放下一道工序加工任务。

对于 ISASS 下的 Agent 协作流程，存在以下几点需要进一步强调和说明。

（1）时间窗口的设定可根据系统负载的情况灵活确定，并确保不超过全部工件工序的最小额定加工时间。

（2）每当本道工序开始加工时，TA 便开始下一道工序的招标工作，以满足 PA 接收的多个 TA 作业调度请求在可被迅速处理的范围内，避免工序加工延迟。

（3）调度存在软实时特性，即允许 PA 在接收到 TA 的作业调度请求后可以不立即处理该请求，而是等待一定的时间后运用优化算法对该时间窗口内收到的多个作业调度请求进行集中的优化计算，以寻找较优的全局调度方案。

（4）一个时间窗口内只有部分 TA 针对自身的某一道工序提出作业调度请求，作业请求数量较少，解空间也小，故可采用穷举思想寻找较优解。当然也可采用其他搜索算法，如 GA、SA 等，但在待优化对象较少的情况下，采用更加复杂算法的时间复杂度与本算法的相差不大。

（5）各 Agent 的协商发起、协商参与、任务执行等过程，通过多线程并行执行，提高了系统的运行效率。

（6）WA 的核心职能是负责封装工序信息，动态释放 TA 和 TA 完工入库后的信息注销，因此不参与 TA 进入调度系统后的协商过程。

（7）PA 在计算出可行解后的 F 值后，以键值对的形式保存在数据库中，其中键是可行解对应的字符串形式，值是 F 对应的浮点型数据值。

（8）通过控制时间窗口的长短及各优化目标的权重系数，提升了调度模型的环境适应能力。

（9）该协作流程简单高效，基于 CCNP 的核心协商框架，避免了 CCNP 冗余的通信流。

PA 相比 TA、MA 具有更多的知识、更多的系统资源，作业调度安排由 PA 进行全局、统一的安排，因此规避了因 Agent 贪婪性引起的局部优化和劣质招标问题，在调度效率和质量上都将超过 TMAW。ISASS 的核心是在 SCNP 基本环节中添加协同优化的过程，因此保持了 SCNP 的简洁性、灵活性。

15.3.3　一种改进的区间协同拍卖调度策略

15.3.3.1　扰动事件处理的驱动策略

生产调度过程出现扰动事件后触发扰动事件处理的驱动策略，是实现扰动高效处理、保障调度系统良好运行、增强系统鲁棒性的重要手段。常用的驱动策略有周期驱动策略、事件驱动策略和混合驱动策略。

1）周期驱动策略

周期驱动策略是指将整个调度过程按照一定运行规律划分为多个时间周期。每个周期开始之前，系统对该时段的系统资源进行调度。周期启动后，系统将按照得出的调度方案严格执行。周期驱动策略要求系统的运行、扰动事件的发生要具备一定的周期性规律。若系统在某个周期中受到扰动事件的影响，则只能在下一个时间周期进行响应。理论上，划分的时间周期越短，系统对扰动事件的响应会越快，但是周期过短则会引起频繁调度从而导致调度性能的损失。

2）事件驱动策略

事件驱动策略要求对系统中的某些状态变量（如设备运行状态）进行监控。系统中的某些特定事件或随机扰动事件发生时，将会引起状态变量的改变，从而触发系统开启新一轮的调度。事件驱动的方式可以快速响应系统内外部各种不确定性事件，因此该驱动策略常用于对实时性要求较高的调度系统。

3）混合驱动策略

混合驱动策略是周期驱动策略和事件驱动策略的结合。通常，在采用混合驱动策略的调度系统中，同时存在周期性和非周期性事务。调度系统仍然按照周期性事务划分时间周期，进行作业调度，但同时对非周期性事务进行状态监控，一旦扰动发生，系统便会停止原有的周期调度方案，而进行重新调度。

鉴于扰动事件的动态随机性，同时为方便与 ISASS 的集成，本书采取事件驱动策略。当系统中发生扰动事件后，PA 马上结束当前时间窗口，立即对本区间的作业进行规划调度。鉴于实际生产系统中的扰动事件类型众多，本书将主要研究车间生产中最常见的设备故障和紧急订单两种典型的扰动事件。

事件驱动策略下的扰动响应与处理流程如图 15-18 所示，其具体流程如下。

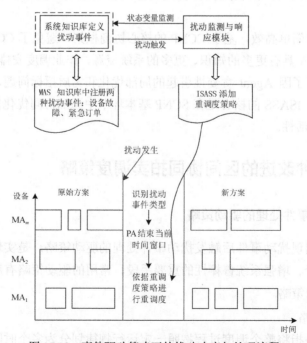

图 15-18 事件驱动策略下的扰动响应与处理流程

（1）在 MAS 调度系统预定义扰动事件，即在 MAS 知识库中注册扰动事件，分为设备故障和紧急订单两种类型。

（2）在 PA 中设立扰动监测与响应模块，负责监测系统设备运行状态变量和订单优先级变量，并对扰动事件进行响应。模块内封装了扰动处理策略，并集成到 ISASS 中。

（3）系统扰动发生，PA 的扰动监测与响应模块检测到之后识别扰动类型。

（4）PA 立即结束当前时间窗口。

（5）PA 根据扰动类型，根据对应的扰动处理策略，进行区间协同调度，得到新的调度方案。

15.3.3.2　扰动事件处理机制

当紧急订单插入系统时，系统扰动处理的第一要务是确保工件加工的及时性。ISASS 扰动模块中针对紧急订单的处理流程如图 15-19 所示，在 PA 检测到紧急订单后，不等计时器结束便立即终止当前时间窗口，提前对包含紧急订单工序的工序集进行优化调度计算。同时，为了使紧急订单工序尽早加工，PA 调度算法首先安排紧急订单工序的加工，然后安排普通工序的加工。当紧急订单落实到生产设备上时，MA 在结束当前工序加工任务后，优先加工紧急订单工序。若 MA 已经获得了多道待加工的紧急订单工序，则当前紧急订单工序在紧急工序队列中排队等待。

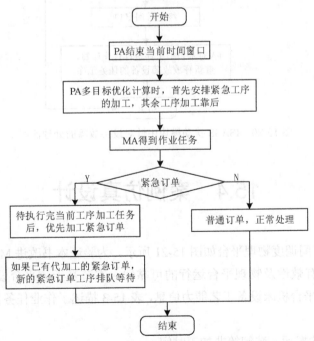

图 15-19　ISASS 扰动模块中针对紧急订单的处理流程

设备发生故障时，若该设备当前没有工序加工任务，则该设备只需在 MAS 黄页目录中进行注销，等待故障修复后再重新注册。若设备故障时有待加工的工序，则导致其竞标得到的工序加工任务不能按时完工，必须重新释放。ISASS 扰动模块中针对设备故障的处理流程如图 15-20 所示。当设备故障这一扰动事件触发 PA 的扰动监测与响应模块后，PA 首先获取 MA 的任务集信息，然后将这些工序任务放至当前时间窗口内，作为一般的作业调度请求进行处理。PA 结束当前时间窗口，然后对时间窗口内的作业进行调度计算，重新完成工序的释放。

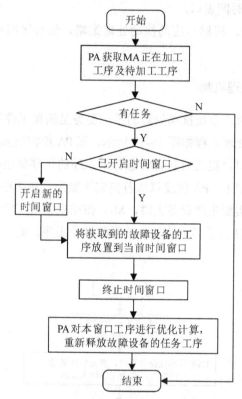

图 15-20　ISASS 扰动模块中针对设备故障的处理流程

15.4　案例仿真设计

基于 MAS 的车间调度物理平台如图 15-21 所示。为验证本书改进 MAS 模型与硬件单元映射、集成方案的有效性及物理平台运行的可靠性，本节基于该平台设计作业生产实验，表 15-2 所示为物理平台机床设备工艺能力信息，表 15-3 描述了作业任务信息。实验基于如下条件和假设。

（1）忽略工件的搬运、装卸等非加工时间。

（2）AGV 一次只运输一个工件，完成运输任务后，原地等待新的任务。

（3）所有机床加工系数为 1。

（4）时间、负载、成本和能耗的权重相等，即各参数权重为 0.25，时间周期取 2min。

图 15-21　基于 MAS 的车间调度物理平台

表 15-2　物理平台机床设备工艺能力信息

硬件单元	设备编号	工艺类型	空转功率/kW	加工功率/kW	工时成本
车床 1	M1				
车床 2	M2	车、磨	0.2	1.5	7
车床 3	M3				
铣床 1	M4				
铣床 2	M5	钻、铣	0.3	2.0	10
铣床 3	M6				
加工中心 1	M7	车、磨钻、铣	0.4	3.2	15
加工中心 2	M8				

表 15-3　作业任务信息

工件	工序	工艺类型	加工时间/min	出库时间/min
J1	O11	车	12	0
	O12	磨	24	
	O13	钻	18	
	O14	铣	36	
J2	O21	车	12	1
	O22	钻	30	
	O23	铣	18	
	O24	车	6	
J3	O31	磨	24	1.5
	O32	钻	12	
	O33	磨	30	
	O34	铣	6	
J4	O41	车	18	2.5
	O42	铣	10	
	O43	磨	8	
	O44	车	10	
	O45	铣	12	

在基于 MAS 的车间调度物理平台实验中，软件层中的 Agent 间互相协商完成调度决策，生成作业分配方案，并根据分配方案将控制指令发送至物理层中与之映射的硬件单元；硬件

单元接收 Agent 的运行指令完成作业生产、运输,同时反馈信息至软件层 Agent;软件层 Agent 根据反馈信息做出下一步决策。物理平台作业调度结果如图 15-22 所示。

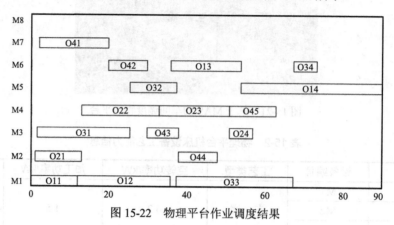

图 15-22　物理平台作业调度结果

15.5　本章小结

本章共分为三部分,第一部分首先分析并确定了基于 MAS 的改进车间调度模型中 Agent 的映射方式,设计了 Agent 统一的基本结构及各功能模块。然后探讨了 MAS 常用的基本结构,并在此基础上确定了改进模型的基本构架。最后,给出具体的基于 MAS 的作业车间调度模型,介绍了模型组织构架和模型中 Agent 的组成,进一步地,详细分析了各 Agent 的逻辑模块。

第二部分首先分析了 CCNP 和基于 CCNP 的传统多 Agent 方法 TMAW 存在的不足:通信量大;并发通信,劣质竞标;局部优化,性能有限,并指出了产生上述不足的原因:知识、环境有限所导致的 Agent 的贪婪性。然后,基于上述分析,设计了一种基于 CCNP 的 ISASS,通过引入时间窗口,将单个 Agent 有限的知识和环境集合起来,较好地解决了 TMAW 存在的不足。最后,通过引入扰动处理策略,扩展了 ISASS 的应用场景,提高了模型的鲁棒性。

第三部分则是通过一个具体的案例来验证了该策略的有效性。

15.6　本章习题

(1) Agent 的基本特性有哪些?

(2) Agent 的协商机制有哪几种,各自的优缺点是什么?

(3) 整个系统包括哪几种 Agent?

(4) 请简述传统合同网协议的不足之处。

(5) 请解释什么是 ISASS?

第16章 基于多智能体制造系统的混线生产调度案例分析

16.1 前言

车间生产调度作为车间生产管理的核心环节，合理地进行能够有效提升车间生产效率，降低生产成本。本章将面向混线车间生产过程建立多智能体制造系统调度实验，首先分析了混线生产车间调度问题与传统 FJSP 问题之间的区别。然后阐述了混线生产车间中的组合加工约束与混线生产约束。最后根据混线生产车间的约束特性设计了实验算例，用于对多智能体制造系统的自组织、自适应、自学习等功能进行验证。面向混线生产的多智能体制造系统制造车间调度实验包括三部分：调度策略自学习实验、混线车间扰动下调度实验与基于实际案例的综合实验。

16.2 混线生产调度问题

混线生产车间调度问题是在经典 FJSP 基础上的一种拓展。在经典的 FJSP 中，仅存在两种约束条件：工艺路线约束和机器加工约束。然而，在混线生产车间中，存在研制件与批产型号件混线生产情况，这可视作一种额外的约束。此外，混线生产车间中将涉及对结构件的加工，存在组合加工约束。因此，混线生产车间调度问题是一种比经典 FJSP 更加复杂的组合优化问题。混线生产车间调度问题与 FJSP 的关系如图 16-1 所示。

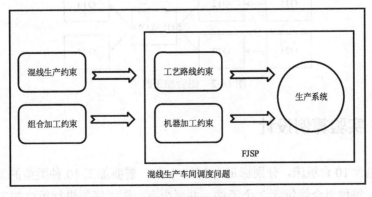

图 16-1　混线生产车间调度问题与 FJSP 的关系

16.2.1 混线生产约束

在混线生产车间中，混线生产通常指研制件和批产型号件同时在车间中进行生产加工。批产型号件生产即常见的车间生产情况，该类生产规模大、工艺稳定并且具有预见性。生产厂家在生产该批工件前，能够从客户那里获得每个工件的具体信息。比如工件中每道工序的所属类型、加工时间等各种进行调度所需要的先验知识，也就可以提前制定好生产计划。研制件与批产型号件不同，何时投入生产、工件工序类型、工序加工时间一般都无法提前得知，也就无法提前制定生产计划。这种突发的研制件生产任务会对原本制定好的批产型号件生产计划造成极大的影响，会降低整个系统的生产效率，甚至无法在规定的时间内完成生产任务。因此，如何有效处理研制件生产问题、确保车间生产效率是多智能体制造系统需要重点解决的问题之一。

研制件的生产问题，其本质与普通批件的插单扰动类似，后者是车间生产中存在的一种车间扰动情况。普通批产件的插单，在采用了多智能体制造系统的车间调度方法后，可以获得有效地解决。因此，本研究将研制件的生产问题归为车间中紧急订单扰动。

16.2.2 组合加工约束

在常规的生产调度问题中，一般假设一台机器在同一时间段内只能加工单个工件，这也符合普通生产加工车间的实际情况。然而，在混线生产车间中涉及对结构件的加工，某些工件之间存在装配关系，如果将这些工件分别单独加工，将难以保证装配所需的精度。因此，为了满足装配精度要求，必须在一台机器上同时对这些工件的若干工序进行加工，即组合加工。组合加工约束如图 16-2 所示，工件 J1、J2 分别先对其中的两道工序进行了加工，记工件 J1 的第 j 道工序为 O1j，而两个工件的第三道工序 O13 和 O23 则需要进行组合加工，并且只有当 O13 和 O23 的组合加工完成，才能继续加工 O14 和 O24。

根据上述说明，可以给出组合加工约束的定义。

组合加工约束指两个或两个以上工件的不同工序必须同时在一台机器上进行加工，并且只有当两个工件都加工完成才能进行后续工序的加工。

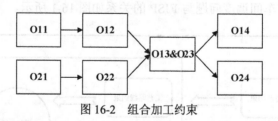

图 16-2　组合加工约束

16.2.3 实验算例设计

作业车间包含 10 台机床，分别标记为 M1～M10，需要加工 10 种类型的工件。工件中包含 5 组组合件，每种组合件包含 2 个工件，并至少有一道工序要进行组合加工。案例组合加工工件信息如图 16-3 所示。工件加工信息如表 16-1 所示，其中带括号的工序需要进行组合加工，括号内是其组合加工工序。表格中的数字是该道加工工序在对应机器上的加工时间，而"—"代表此道加工工序不可以在此机器上进行加工。

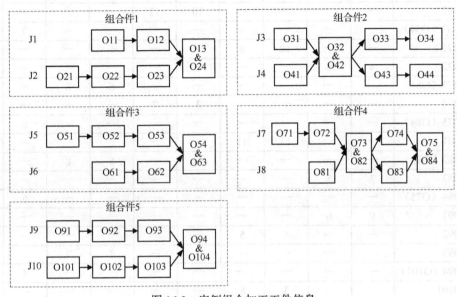

图 16-3　案例组合加工工件信息

表 16-1　工件加工信息

工件	工序	机床加工时间/h									
		M1	M2	M3	M4	M5	M6	M7	M8	M9	M10
J1	O11	10	8	—	—	—	—	—	—	—	—
	O12	—	—	—	—	—	—	—	—	5	6
	O13（O24）	—	—	—	4	6	—	—	—	—	
J2	O21	8	10	—	—	—	—	—	—	—	—
	O22	—	—	—	—	—	—	—	—	4	5
	O23	—	—	—	—	—	—	5	3	—	—
	O24（O13）	—	—	—	—	4	6	—	—	—	—
J3	O31	12	9	—	—	—	—	—	—	—	—
	O32（O42）	—	—	—	—	8	6	—	—	—	—
	O33	—	—	—	—	—	—	3	6	—	—
	O34	—	—	—	—	—	—	—	—	8	6
J4	O41	—	—	5	8	—	—	—	—	—	—
	O42（O32）	—	—	—	—	8	6	—	—	—	—
	O43	—	—	—	—	—	—	—	—	7	9
	O44	—	—	—	—	—	—	4	3	—	—
J5	O51	—	—	6	8	—	—	—	—	—	—
	O52	9	5	—	—	—	—	—	—	—	—
	O53	—	—	—	—	2	3	—	—	—	—
	O54（O63）	—	—	—	—	—	—	—	—	7	5

工件	工序	机床加工时间/h									
		M1	M2	M3	M4	M5	M6	M7	M8	M9	M10
J6	O61	—	—	6	4	—	—	—	—	—	—
	O62	—	—	—	—	10	12	—	—	—	—
	O63（O54）	—	—	—	—	—	—	—	—	7	5
J7	O71	—	—	10	8	—	—	—	—	—	—
	O72	4	6	—	—	—	—	—	—	—	—
	O73（O81）	—	—	—	—	—	—	6	8	—	—
	O74	—	—	—	—	3	7	—	—	—	—
	O75（O84）	—	—	—	—	—	—	—	—	6	8
J8	O81	—	—	13	11	—	—	—	—	—	—
	O82（O73）	—	—	—	—	—	—	6	8	—	—
	O83	3	5	—	—	—	—	—	—	—	—
	O84（O75）	—	—	—	—	—	—	—	—	6	8
J9	O91	9	6	—	—	—	—	—	—	—	—
	O92	—	—	4	5	—	—	—	—	—	—
	O93	—	—	—	—	—	—	8	7	—	—
	O94（O104）	—	—	—	—	—	—	—	—	4	9
J10	O101	—	—	3	8	—	—	—	—	—	—
	O102	—	—	—	—	9	4	—	—	—	—
	O103	—	—	—	—	—	—	3	5	—	—
	O104（O94）	—	—	—	—	—	—	—	—	4	9

在混线生产车间中，工件通常是成批量且间断性地投放到车间中进行生产加工的。因此，在本章的所有模拟实验算例中，都是假设工件成批到达，每批工件的数量在 5～10 之间随机产生，工件类型从表 16-1 的 10 种工件中随机产生，但包含组合加工关系的工件必须同时选择。实验算例主要用于验证多智能体制造系统应用在混线生产车间中的有效性。

在标值评估的规则方面，任务分配阶段采用常用的最短加工时间规则（Shortest Processing Time，SPT），缓冲区工件选择阶段采用常用的先进先出（First in First out，FIFO）规则。在这些调度规则组合下，仿真实验就计算出完成这批工件加工任务的最大完工时间（Makespan），并根据调度方案画出对应的甘特图。

16.3　调度策略自学习实验

本节介绍了验证基于 CB 的多智能体自学习调度决策机制有效性的仿真实验。仿真实验采用 Python3 编程语言完成，基于 Pycharm 集成开发环境，整个仿真实验运行在一台拥有 3.3GHz 双核 CPU 和 8GB 内存的计算机上。

16.3.1　可行性实验分析

本实验用于验证基于 CB 的自学习调度决策机制的可行性，因此仅使用批量工件来作为实验算例。对所述方法进行 800 个回合的调度策略学习过程。策略自学习过程中的 Makespan 变化图如图 16-4 所示。从图 16-4 中可以看到，经过不断地学习更新，Makespan 在逐渐下降，最终稳定在 41 左右。图 16-5 所示为调度结果甘特图，其 Makespan 为 40。该调度方案满足了混线生产车间的组合加工约束、工艺路线约束和机器加工约束，可以证明本章所述方法的有效性。此外，该调度方案的结果优于单一调度规则，基于单一调度规则的 Makespan 为 43，在 Makespan 性能指标上提高了 7%，可见采用基于 CB 的自学习调度决策机制的优势。由于本节主要验证该方法的可行性，使用的实验算例较小，更详细的性能比较分析见下一节的实验分析。

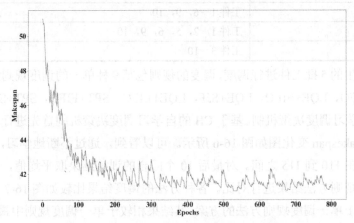

图 16-4　策略自学习过程中的 Makespan 变化图

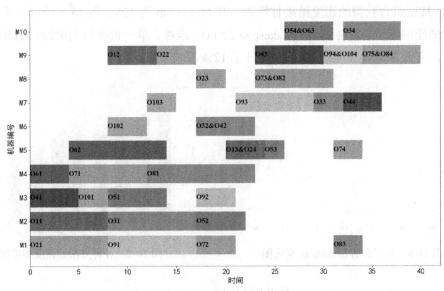

图 16-5　调度结果甘特图

16.3.2　优越性实验分析

本实验用于验证书中所述调度策略相比于传统单一调度规则方法的优越性，为了更好地体现基于 CB 的自学习调度决策机制的优越性，采用随机产生的 5 批工件（见表 16-2），并将到达时间间隔设定为 5，然后采用单一调度规则和自学习调度决策机制分别将完成 5 批工件加工的 Makespan 进行比较。

表 16-2　随机产生的 5 批工件

批　　号	包含的工件类型
批号 0	工件 1～10
批号 1	工件 1～8
批号 2	工件 1～6，9，10
批号 3	工件 1，2，5，6，9，10
批号 4	工件 3～10

针对随机产生的 5 批工件进行调度，调度的规则包括 9 种单一的调度规则组合（SQ+FIFO，SQ+SJF，SQ+LIFO，LQE+FIFO，LQE+SJF，LQE+LIFO，SPT+FIFO，SPT+SJF，SPT+LIFO）及基于 CB 的自学习调度决策机制。基于 CB 的自学习调度决策机制首先进行 800 个回合的学习，每回合的 Makespan 变化图如图 16-6 所示。可以看到，通过不断地学习，Makespan 逐渐下降，最终稳定在 110 到 115 之间。对最后 10 个回合的训练结果取平均值，作为本章方法的结果与单一调度规则方法结果进行对比。各种方法的调度结果比较如图 16-7 所示，采用本章方法能够获得优于单一调度规则方法的方案，其结果相较于单一调度规则中最好的 SPT+FIFO 也有超过 10%的提升，证明了采用基于 CB 的自学习调度决策机制的高效性。图 16-8 所示为 SPT+FIFO 规则组合获得的调度结果甘特图，其 Makespan 为 126。图 16-9 所示为基于 CB 方法获得的最佳调度结果甘特图，其 Makespan 为 111，相对于单一调度规则中最好的 SPT+FIFO 规则组合，其在 Makespan 性能指标上提升了 12%。

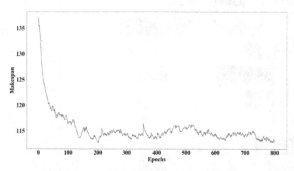

图 16-6　每回合的 Makespan 变化图

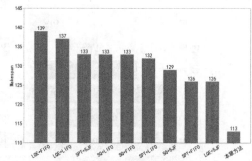

图 16-7　各种方法的调度结果比较

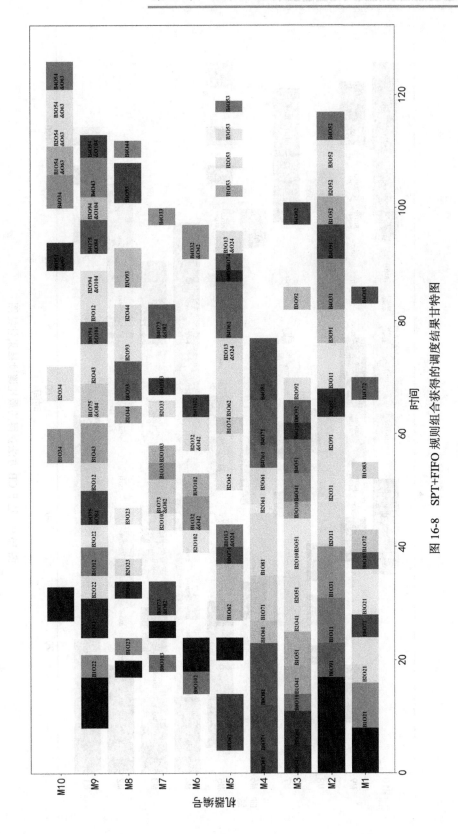

图 16-8　SPT+FIFO 规则组合获得的调度结果甘特图

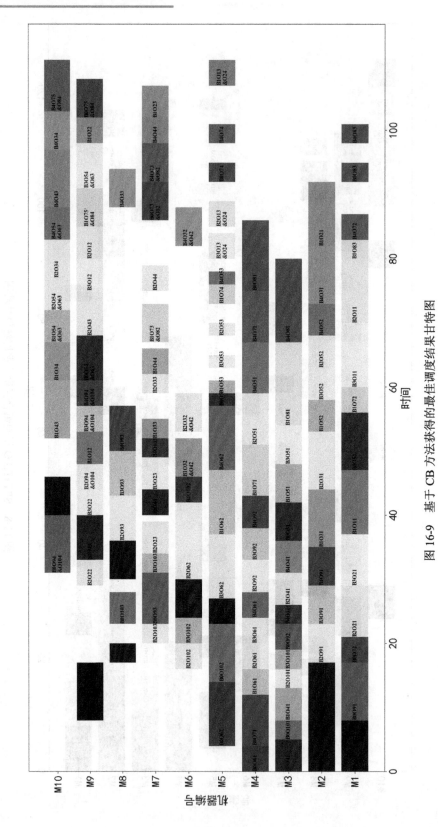

图 16-9　基于 CB 方法求得的最佳调度结果甘特图

图 16-10 所示为采用基于 CB 的自学习调度决策机制时各种调度规则被选取的分布,从这个图中也可以看出在不同时刻选择的调度规则的组合是不同的,这也是本章所述基于 CB 的自学习调度决策机制优于传统单一调度规则方法的原因所在。

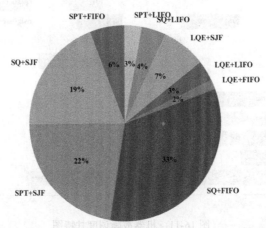

图 16-10　采用基于 CB 的自学习调度决策机制时各种调度规则被选取的分布

16.4　动态扰动下混线生产调度实验

本节针对混线生产车间中存在的动态扰动问题进行实验分析,分别设计了机器故障、普通订单扰动和紧急订单扰动三种常见的实验场景。通过对比计算机仿真实验结果来验证书中所提出的多智能体制造系统扰动处理策略在混线生产车间中的可行性、有效性。

16.4.1　机器故障下的调度实验

本实验主要用于验证书中提出的机器故障扰动处理策略的可行性和高效性。首先验证该扰动处理策略的可行性,仅使用一批 10 个工件作为实验算例,并且使用本章所述的基于 CB 的自学习调度决策机制作为调度方法。假设在时刻 10,机器 2 发生了故障,机器故障需要的维修时间为 10,即在时刻 20 处可以恢复正常。此外,由于正在加工的工件报废,故机器故障问题变成了普通件插单问题,所以在本实验中仅考虑正在加工的工件可以二次加工的情况,从而可以更加充分地考虑机器故障扰动事件的解决。此时,在机器故障扰动处理策略下,生成图 16-11 所示的机器故障调度甘特图,其 Makespan 为 50。从图中可以看出,当机器故障扰动事件发生时,机器不再继续加工工件,直到时刻 20 故障修复,机器才加工了工件工序 O72。

此外,故障时间段内正在加工的工件及缓冲区存储的工件也成功地进行了生产调度,完成了后续的加工任务。该调度结果中满足了混线生产车间所有的约束条件,可以证明机器故障扰动处理策略的可行性。该调度结果与仅采用单一调度规则组合进行故障机器上工件重调度的调度结果进行比较,如图 16-12 所示。由图 16-12 可见本章所述机器故障扰动处理策略获得的调度结果优于采用单一调度规则组合进行扰动处理的调度结果。图 16-13 所示为采用单一调度规则组合进行扰动处理时的最佳调度结果甘特图，其 Makespan 为 51，采用的调度规则组合是 SQ+LIFO。

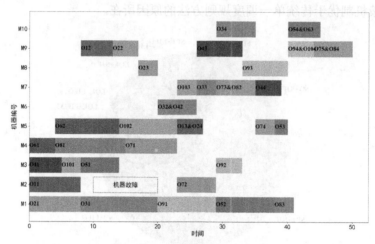

图 16-11　机器故障调度甘特图

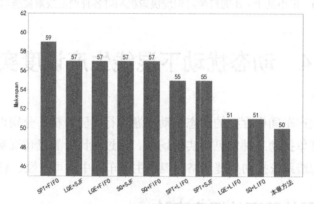

图 16-12　调度结果进行比较

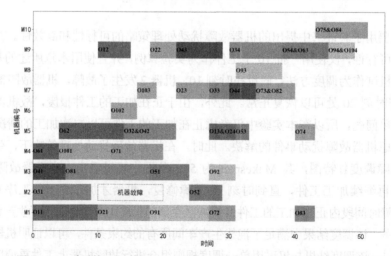

图 16-13　采用单一调度规则组合进行扰动处理时的最佳调度结果甘特图

在一批工件的情况下，车间性能未充分发挥，为了更好地比较机器故障扰动处理策略的高效性，本实验选择在 5 批随机产生的工件订单情形下进行比较。随机产生的工件信息如表 16-3 所示。订单的时间间隔设为 5，表 16-3 中描述了每一批订单中所包含的具体工件类型。此外，假设机器发生故障所需的修复时间及两次故障之间的间隔时间服从指数分布，两个指数分布的平均值分别是平均修复时间（Mean Time to Repair，MTTR）和平均故障间隔时间（Mean Time between Failures，MTBF），取 MTTR 为 10，MTBF 为 20。对这 5 批订单采用本节扰动处理策略和单一调度规则组合分别计算完成所有工件加工的 Makespan 并进行比较。

表 16-3　随机产生的工件信息

批　　号	包含的工件类型
批号 0	工件 1～10
批号 1	工件 1～8
批号 2	工件 1～6，9，10
批号 3	工件 1，2，5，6，9，10
批号 4	工件 3～10

针对随机产生的 5 批工件进行调度，调度的规则包括 9 种单一调度规则组合（SQ+FIFO，SQ+SJF，SQ+LIFO，LQE+FIFO，LQE+SJF，LQE+LIFO，SPT+FIFO，SPT+SJF，SPT+LIFO）及采用基于 CB 的自学习调度决策机制。在发生扰动时，单一调度规则组合依旧使用调度规则进行故障机器上工件的重调度，而基于 CB 的多智能体调度方法使用本章所述的机器故障扰动处理策略进行故障机器上工件的重调度。图 16-14 所示为采用各种方法获得的调度结果的 Makespan 比较，其中采用本章所述方法可以获得的 Makespan 为 172，优于其余采用单一调度规则组合的方法。图 16-15 所示为采用单一调度规则组合 SPT+SJF 获得的调度方案结果。图 16-16 所示为采用本章方法获得的调度方案结果，相对于采用单一调度规则组合中最好的 SPT+SJF，它在 Makespan 上有 5.5% 的提升。

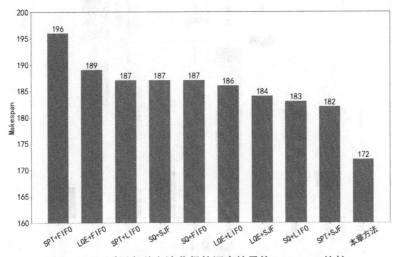

图 16-14　采用各种方法获得的调度结果的 Makespan 比较

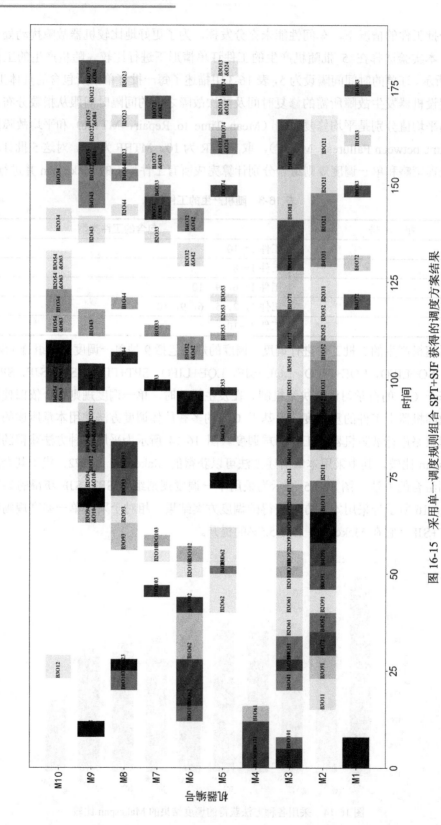

图 16-15 采用单一调度规则组合 SPT+SJF 获得的调度方案结果

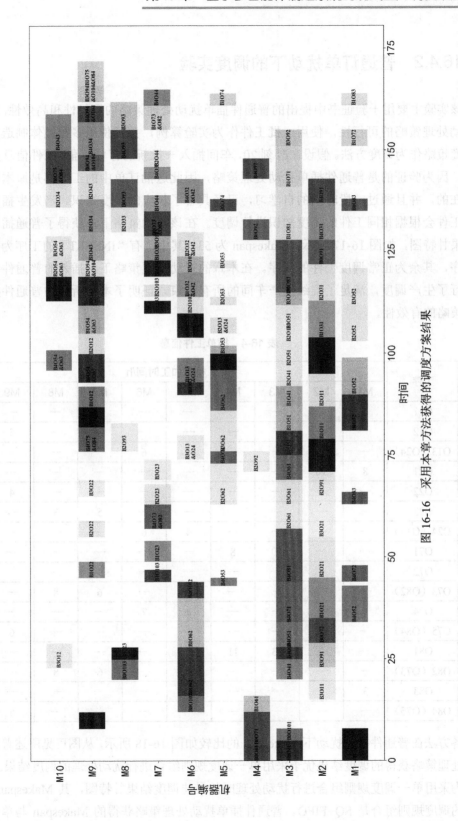

图 16-16　采用本章方法获得的调度方案结果

16.4.2　普通订单扰动下的调度实验

该实验主要用于验证书中提出的普通件插单扰动处理策略的可行性和高效性。为了验证该扰动处理策略的可行性，使用一批工件作为实验算例，并且使用多智能体制造系统自组织协商策略作为调度方法。假设在时刻 20，车间插入一批新的订单，插单工件信息如表 16-4 所示。因为验证的是普通件插单扰动处理策略，因此这批订单中的工件都是原本订单中已经存在的，并且通过一段时间的自学习，已经具备了相应的调度知识。当发生插单时，插入的工件会根据相同工件的调度知识进行调度。在该扰动策略下，获得了普通插单扰动调度结果甘特图，如图 16-17 所示，Makespan 为 53，其中带有"INSERT"的工序为插单工件的工序，其余为正常调度工件的工序。在本章的扰动处理策略下，插入的普通件订单成功地进行了生产调度，满足了混线生产车间的所有约束，证明了本书所述的普通件插单扰动处理策略的有效性。

表 16-4　插单工件信息

工件	工序	机床加工时间/h									
		M1	M2	M3	M4	M5	M6	M7	M8	M9	M10
J1	O11	0	8	—	—	—	—	—	—	—	—
	O12	—	—	—	—	—	—	—	—	5	6
	O13（O24）	—	—	—	—	4	6	—	—	—	—
J2	O21	8	10	—	—	—	—	—	—	—	—
	O22	—	—	—	—	—	—	—	—	4	5
	O23	—	—	—	—	—	—	5	3	—	—
	O24（O13）	—	—	—	—	4	6	—	—	—	—
J7	O71	—	—	10	8	—	—	—	—	—	—
	O72	4	6	—	—	—	—	—	—	—	—
	O73（O82）	—	—	—	—	—	—	6	8	—	—
	O74	—	—	—	—	3	7	—	—	—	—
	O75（O84）	—	—	—	—	—	—	—	—	6	8
J8	O81	—	—	13	11	—	—	—	—	—	—
	O82（O73）	—	—	—	—	—	—	6	8	—	—
	O83	3	5	—	—	—	—	—	—	—	—
	O84（O75）	—	—	—	—	—	—	—	—	6	8

各方法在普通件插单扰动下 Makespan 的比较如图 16-18 所示，从图可见所述普通件插单扰动处理策略获得的调度结果优于采用单一调度规则组合进行扰动处理的调度结果。图 16-19 所示为采用单一调度规则组合进行扰动处理时的最佳调度结果甘特图，其 Makespan 为 57，采用的调度规则组合是 SQ+FIFO。普通件插单扰动处理策略获得的 Makespan 与单一调度规

则组合扰动处理时的最佳结果相比，提升了 7%，证明了书中所述方法在处理普通件插单扰动时的高效性。

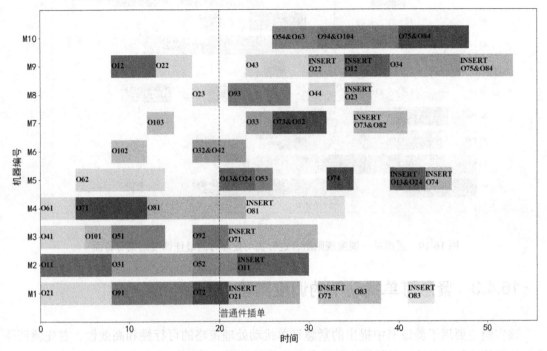

图 16-17　普通件插单扰动调度结果甘特图

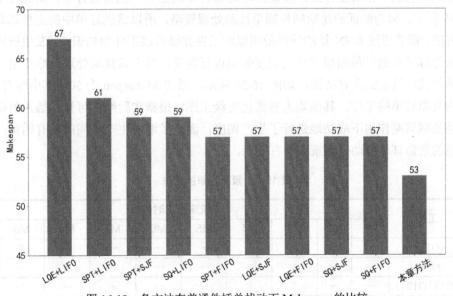

图 16-18　各方法在普通件插单扰动下 Makespan 的比较

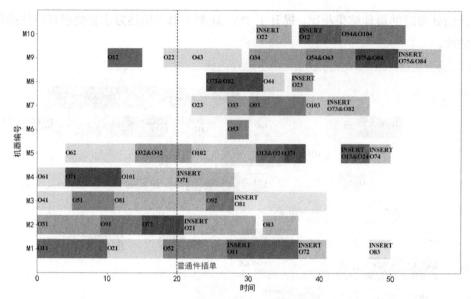

图 16-19　采用单一调度规则组合进行扰动处理时的最佳调度结果甘特图

16.4.3　紧急订单扰动下的调度实验

该实验主要用于验证书中提出的紧急订单扰动处理策略的可行性和高效性。首先验证该扰动处理策略的可行性，仅使用一批工件作为实验算例，并且使用本章所述的基于 CB 的自学习调度决策机制作为调度方法。假设在时刻 20，车间插入一批紧急订单，紧急订单的信息如表 16-5 所示。因为验证的是研制件插单扰动处理策略，所以这批订单中的工件都是原本订单中没有的，需要通过 KNN 算法寻找最相似的工件并继承该工件的知识。当发生研制件插单时，该紧急订单会通过最相似工件的调度知识进行调度。基于该扰动处理策略作用，获得了研制件插单扰动调度结果甘特图，如图 16-20 所示，最终 Makespan 为 50，其中带有 "DEV"的工序为紧急订单的工序，其余均为普通优先级工序。根据实验结果可知，插入的研制件订单在扰动处理策略作用下成功地进行了生产调度，满足了混线生产车间的所有约束，证明了本书所述的紧急订单扰动处理策略的有效性。

表 16-5　紧急订单的信息

工件	工序	机床加工时间/h									
		M1	M2	M3	M4	M5	M6	M7	M8	M9	M10
J11	O111	—	—	—	—	—	—	—	—	9	7
	O112	—	—	—	—	—	—	4	5	—	—
	O113（O124）	—	—	5	8	—	—	—	—	—	—
J12	O121	—	—	—	—	—	—	7	9	—	—
	O122	—	—	5	7	—	—	—	—	—	—
	O123	4	5	—	—	—	—	—	—	—	—
	O124（O113）	—	—	—	—	3	5	—	—	—	—

续表

工件	工序	机床加工时间/h									
		M1	M2	M3	M4	M5	M6	M7	M8	M9	M10
J13	O131	—	—	—	—	11	10	—	—	—	—
	O132（O142）	—	—	7	5						
	O133	—	—							4	7
	O134	7	5								
J14	O141	—	—					4	7		
	O142（O132）	—	—			7	5				
	O143	6	8								
	O144	—	—	4	3						

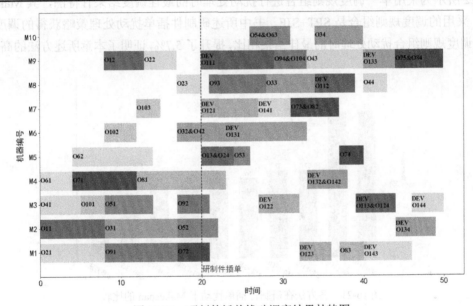

图 16-20　研制件插单扰动调度结果甘特图

在调度过程中，要根据研制件插单扰动处理策略为研制件工序寻找最相似的工序。批产件工序中与研制件工序最相似的工序信息如表 16-6 所示。研制件通过继承这些相似工序的调度知识来指导自己的工序调度，以此来对调度性能指标进行相关的优化。从表中可见，批产件工序中与研制件工序最相似的工序的距离很近，具备调度知识复用的条件。

表 16-6　批产件工序中与研制件工序最相似的工序信息

研制件工序号	最相似批产件工序号	欧式距离
O111	O73	0.5738096890290044
O112	O23	0.3826677003213775
O113	O24	0.2986082032254787
O113	O73	0.5224518220190267
O122	O13	0.6036045742773795
O123	O52	0.3078823855453335
O131	O71	0.3683683085342101

研制件工序号	最相似批产件工序号	欧式距离
O132	O72	0.43335940480424134
O133	O12	0.5203503270008748
O134	O13	0.5109602062880947
O141	O73	0.49679605659009224
O143	O52	0.3085594063618249
O144	O24	0.7140943550557152

　　各方法在研制件插单扰动下 Makespan 的比较如图 16-21 所示，从图可见书中所述研制件插单扰动处理策略获得的调度结果优于采用单一调度规则组合进行扰动处理的调度结果。图 16-22 所示为采用单一调度规则组合进行扰动处理时的最佳调度结果甘特图，其 Makespan 为 53，采用的调度规则组合是 SPT+SJF。书中所述研制件插单扰动处理策略获得的调度结果与单一调度规则组合扰动处理时的最佳结果相比，提升了 5.7%，证明了本章所述方法的高效性。

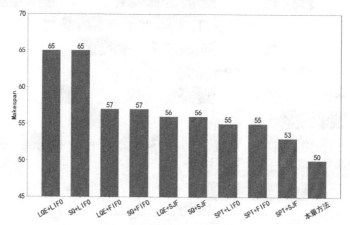

图 16-21　各方法在研制件插单扰动下 Makespan 的比较

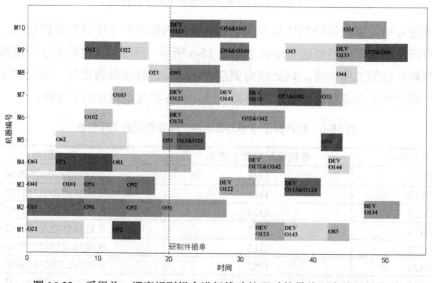

图 16-22　采用单一调度规则组合进行扰动处理时的最佳调度结果甘特图

16.5　组合加工案例实验

16.5.1　组合加工案例分析

上海某航天精密机械研究所是一所承担火箭、导弹等飞行器研制的科研单位，其下辖的某工厂主要负责导弹结构件的制造加工。导弹结构件的加工过程极其复杂，结构件种类及包含的工序数量众多，并且部分结构件包含需要组合加工的工序。该厂的生产情况也比较复杂，研制件和批产件会同时在车间中进行混线生产。此外，加工过程中具有设备柔性，即每道工序的加工都有若干台机器可选。根据以上情况可以发现，该车间调度问题就是本书一直在探讨的混线生产车间调度问题，可以用本书所研究的调度方法来予以高效解决。

图 16-23 所示为厂区车间布置示意图，共包括 4 个车间，分别是车间 1、车间 2、车间 3 和车间 4。每个车间都配有一定数量的加工设备：车间 1 配备有若干台普通车床、铣床，即具有对工件进行普车、普铣加工的能力；车间 2 配备有若干台数控车床，即具有对工件进行数控车加工的能力；车间 3 配有数控铣床，即具有对工件进行数控铣加工的能力；车间 4 配有钳工台，即具有对工件进行钳工加工的能力。工件毛坯通过在这 4 个车间内流转，利用每个车间具有的设备和加工能力，完成整个工件的加工。该厂负责加工的工件一般都是包含组合加工工序的复杂结构件，工序完成加工所要花费的时间很长，相对而言，运输时间可忽略不计。因此，该厂调度问题可以考虑用组合加工约束的 FJSP 数学模型来描述，并可以使用本书研究的基于 CB 的自学习调度决策机制和扰动处理策略来解决。

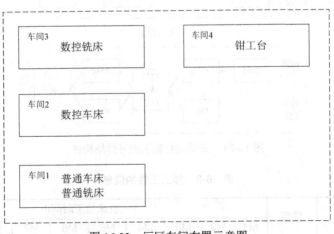

图 16-23　厂区车间布置示意图

根据以上描述，加工设备信息如表 16-7 所示，本案例将加工设备信息设置如下：一共包含 10 台设备，分别是 2 台普通车床、2 台普通铣床、2 台数控车床、2 台数控铣床及 2 组钳工台。

表 16-7 加工设备的信息

加工单元编号	加工单元类型	所 属 车 间
M1	普通车床	车间 1
M2	普通车床	车间 1
M3	普通铣床	车间 1
M4	普通铣床	车间 1
M5	数控车床	车间 2
M6	数控车床	车间 2
M7	数控铣床	车间 3
M8	数控铣床	车间 3
M9	钳工台	车间 4
M10	钳工台	车间 4

图 16-24 所示为需要组合加工的导弹结构件。加工工件的信息如表 16-8 所示。本案例中共有 10 种类型的工件，其中包含 2 组需要组合加工的工件（本体、压盖和内翼、外翼），另外还包含 6 种不需要组合加工的工件（底板、壁板、舱体、燃气罩、法兰、空气舵面）。在表 16-8 中，带括号的工序需要进行组合加工，括号内是其组合加工工序。表格中的数字是该工序在对应机器上进行加工所需要花费的时间，而"—"代表该工序不可以在此机器上进行加工。

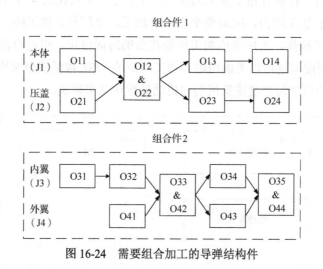

图 16-24 需要组合加工的导弹结构件

表 16-8 加工工件的信息

工件	工序	艺型	机床加工时间/h									
			M1	M2	M3	M4	M5	M6	M7	M8	M9	M10
本体 J1	O11	车	9	7	—	—	—	—	—	—	—	—
	O12（O22）	数控铣	—	—	—	—	—	—	5	6	—	—
	O13	钳工	—	—	—	—	—	—	—	—	6	8
	O14	数控车	—	—	—	—	11	9	—	—	—	—

续表

工件	工序	艺型	机床加工时间/h									
			M1	M2	M3	M4	M5	M6	M7	M8	M9	M10
压盖 J2	O21	普车	8	10	—	—	—	—	—	—	—	—
	O22（O12）	数控铣	—	—	—	—	—	—	5	6	—	—
	O23	数控车	—	—	—	—	5	3	—	—	—	—
	O24	钳工	—	—	—	—	—	—	—	—	4	6
内翼 J3	O31	普铣	—	—	2	10	—	—	—	—	—	—
	O32	数控铣	—	—	—	—	—	—	7	6	—	—
	O33（O42）	钳工	—	—	—	—	—	—	—	—	4	5
	O34	普铣	—	—	8	6	—	—	—	—	—	—
	O35（O44）	数控铣	—	—	—	—	—	—	10	8	—	—
外翼 J4	O41	普铣	—	—	5	8	—	—	—	—	—	—
	O42（O33）	钳工	—	—	—	—	—	—	—	—	4	5
	O43	数控车	—	—	—	—	7	9	—	—	—	—
	O44（O35）	数控铣	—	—	—	—	—	—	10	8	—	—
底板 J5	O51	普铣	—	—	6	8	—	—	—	—	—	—
	O52	普车	9	5	—	—	—	—	—	—	—	—
	O53	数控车	—	—	—	—	2	3	—	—	—	—
	O54	钳工	—	—	—	—	—	—	—	—	7	5
壁板 J5	O61	普铣	—	—	6	4	—	—	—	—	—	—
	O62	普车	10	12	—	—	—	—	—	—	—	—
	O63	数控车	—	—	—	—	7	5	—	—	—	—
舱体 J7	O71	普车	10	8	—	—	—	—	—	—	—	—
	O72	普铣	—	—	6	8	—	—	—	—	—	—
	O73	数控铣	—	—	—	—	—	—	5	6	—	—
	O74	钳工	—	—	—	—	—	—	—	—	6	8
燃气罩 J8	O81	普车	13	11	—	—	—	—	—	—	—	—
	O82	普铣	—	—	3	5	—	—	—	—	—	—
	O83	普车	6	8	—	—	—	—	—	—	—	—
	O84	普铣	—	—	7	8	—	—	—	—	—	—
法兰 J9	O91	普车	9	6	—	—	—	—	—	—	—	—
	O92	钳工	—	—	—	—	—	—	—	—	4	5
	O93	普铣	—	—	8	7	—	—	—	—	—	—
	O94	数控铣	—	—	—	—	—	—	4	9	—	—
空气舵面 J10	O101	普铣	—	—	3	8	—	—	—	—	—	—
	O102	普车	9	5	—	—	—	—	—	—	—	—
	O103	钳工	—	—	—	—	—	—	—	—	4	5
	O104	数控铣	—	—	—	—	—	—	5	9	—	—

16.5.2　自学习调度决策机制

针对这批工件，采用书中所述的基于 CB 的自学习调度决策机制进行调度，得到的案例调度结果甘特图，如图 16-25 所示，其 Makespan 为 43。该调度方案满足了混线生产车间的组合加工约束、工艺路线约束和机器加工约束，可以证明该方法及原型系统的可行性。

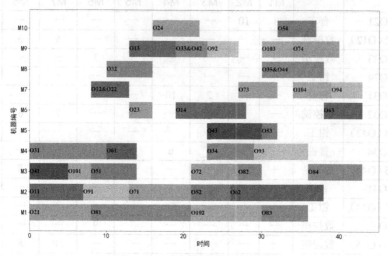

图 16-25　案例调度结果甘特图

16.5.3　多扰动事件下调度决策机制

在时刻 10 处，混线生产车间中的机器 2 发生了故障并需要 10 个单位维修时间，即在时刻 20 处可以恢复正常生产，并且发生故障机器上正在加工的工件可以进行二次加工，即可以进行重调度。此时，在本章的机器故障扰动处理策略下，生成机器故障扰动下的调度甘特图，如图 16-26 所示。其 Makespan 为 64。从图中可知，当机器故障扰动事件发生时，机器不再继续加工工件，直到时刻 20 故障修复，机器才开始加工工件工序。故障时间段内正在加工的工件及缓冲区存储的工件也成功地进行了生产调度，完成了后序的加工任务。该车间调度结果满足了混线生产车间存在的所有约束条件，可以证明本书所述的机器故障扰动处理策略及原型系统的可行性。

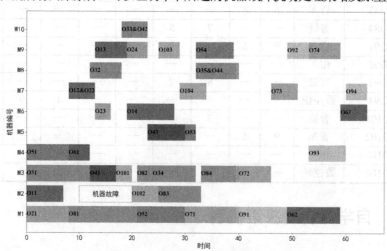

图 16-26　机器故障扰动下的调度甘特图

在时刻 20 处，车间中插入一批工件，包括本体、压盖、内翼、外翼、底板、壁板。在本书所述的普通件插单扰动处理策略下，获得了普通件插单扰动下的调度结果甘特图，如图 16-27 所示，最终 Makespan 为 63，其中带有"INSERT"的工序为插单工件的工序，其余为正常调度工件的工序。在本书的扰动处理策略下，插入的普通件订单成功地进行了生产调度，满足了混线生产车间的所有约束，证明了本书所述的普通件插单扰动处理策略及原型系统的有效性。

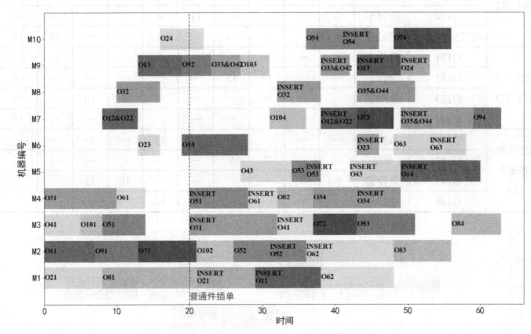

图 16-27　普通件插单扰动下的调度结果甘特图

在时刻 20 处，混线车间中插入一批新研制的工件，包括新研制的内翼、外翼、舱体、燃气罩。研制件加工信息如表 16-9 所示。在本书所述扰动处理策略下，获得了研制件插单扰动调度结果甘特图，如图 16-28 所示，Makespan 为 87，其中带有"DEV"的工序为插单研制件的工序，其余为正常调度工件的工序。在本书的扰动处理策略下，插入的研制件订单成功地进行了生产调度，满足了混线生产车间的所有约束，证明了本书所述的研制件插单扰动处理策略及原型系统的有效性。

表 16-9　研制件加工信息

工件	工序	工艺类型	机床加工时间/h									
			M1	M2	M3	M4	M5	M6	M7	M8	M9	M10
内翼（在研）J11	O111	数控车	—	—	—	—	9	10	—	—	—	—
	O112（O113）	数控铣	—	—	—	—	—	—	7	6	—	—
	O113	数控车	—	—	—	—	7	8	—	—	—	—
	O114	普铣	—	—	8	6	—	—	—	—	—	—
	O115（O125）	钳工	—	—	—	—	—	—	—	—	13	15
	O116	数控铣	—	—	—	—	—	—	7	9	—	—

工件	工序	工艺类型	机床加工时间/h									
			M1	M2	M3	M4	M5	M6	M7	M8	M9	M10
外翼（在研）J12	O121	数控铣	—	—	—	—	—	—	9	11	—	—
	O122	数控车	—	—	—	—	8	10	—	—	—	—
	O123（O112）	数控铣	—	—	—	—	—	—	7	6	—	—
	O124	数控车	—	—	—	—	11	9	—	—	—	—
	O125（O115）	钳工	—	—	—	—	—	—	—	—	13	15
舱体（在研）J13	O131	数控车	—	—	—	—	11	9	—	—	—	—
	O132	普铣	—	—	13	15	—	—	—	—	—	—
	O133	数控铣	—	—	—	—	—	—	9	10	—	—
	O134	钳工	—	—	—	—	—	—	—	—	13	15
燃气罩（在研）J14	O141	数控车	—	—	—	—	13	15	—	—	—	—
	O142	普铣	—	—	7	9	—	—	—	—	—	—
	O143	数控铣	—	—	—	—	—	—	10	12	—	—
	O144	数控车	—	—	—	—	9	10	—	—	—	—

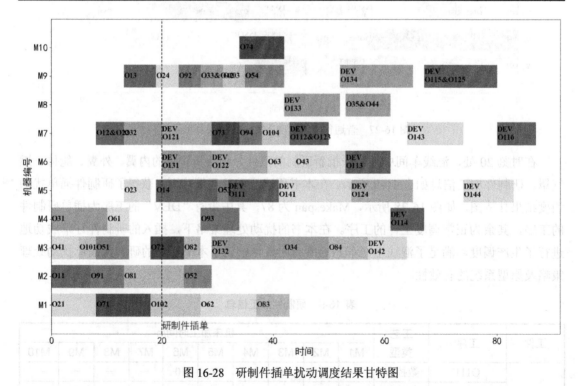

图 16-28　研制件插单扰动调度结果甘特图

表 16-10 所示为批产件工序中与研制件工序最相似的工序信息。研制件通过继承这些相似工序的调度知识来指导自己的工序调度并对相应的性能指标进行优化。从表中可见，批产件工序中与研制件工序最相似工序的距离很近，具备调度知识复用的条件。

表 16-10　批产件工序中与研制件工序最相似的工序信息

研制件工序号	最相似批产件工序号	欧 式 距 离
O111	O31	0.29568690860847674
O112	O42	0.43850909126282234
O113	O43	0.513425468904631
O114	O34	0.6849171995562192
O115	O13	0.8897298125432869
O116	O44	0.648907029095827
O121	O31	0.5939134827329279
O122	O43	0.5592876446126807
O124	O43	0.5989246009854668
O131	O61	0.673712457609746
O132	O62	0.7190784186876626
O133	O12	0.9339400388919554
O134	O44	0.6285963014919094
O141	O31	0.5837962255890875
O142	O72	0.7711623976317074
O143	O13	0.66727371598158408
O144	O14	0.3922769356125901

16.6　本章小结

混线生产车间调度问题是在经典 FJSP 基础上的一种拓展，涉及工件组合加工。本章主要介绍了混线生产车间调度问题并进行了案例验证，在调度策略自学习、动态扰动处理等方面验证了多智能体制造系统调度方法的有效性、可行性与优越性。

16.7　本章习题

（1）混线生产车间调度问题与传统 FJSP 问题之间有什么区别？

（2）书中所述调度策略相比于传统单一调度规则组合的优越性体现在哪些方面？

（3）混线生产调度中的动态扰动有哪些？

（4）如何处理普通订单扰动下的调度？

（5）如何处理紧急订单扰动下的调度？

第17章 面向个性化定制的多智能体制造系统动态调度案例分析

17.1 引言

本章利用 J2EE 技术构建面向个性化定制的多智能体制造系统，为用户提供个性化定制工件及订单实时追踪的功能，同时通过向多智能体制造系统开放接口，实现个性化订单系统向多智能体制造系统下达订单及获取装备智能体实时信息等功能。通过本章设计并实现的个性化订单系统，实现了从订单收集、现场加工、生产调度等整个过程的全自动化管理，对生产过程中产生的紧急订单扰动、机床故障扰动、订单调整扰动等情形进行验证。同时分析个性化订单系统的运行模式，设计个性化订单系统的架构，并描述个性化订单系统与多智能体制造系统协同运作过程。

17.2 个性化订单系统

17.2.1 个性化订单系统的应用开发

Model1 模式应用的请求处理流程如图 17-1 所示。Web 应用系统最早采用图 17-1 所示的开发设计模式，该模式中 JSP 同时承担了接收用户请求和响应视图界面两个角色，内部实现时 Html 代码和 Java 代码的融合，使应用程序的可读性下降、扩展性降低。

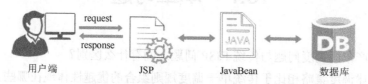

图 17-1　Model1 模式应用的请求处理流程

随着技术的革新，Web 应用系统的设计模式得到了改善，出现了 MVC（Model-View-Controller）设计模式，该设计模式使用 Servlet 模块去接收用户的请求，分担了 JSP 的部分功能，使 JSP 专门负责响应视图的工作，达到模块分离、各司其职的目的。MVC 设计模式应用的请求处理流程如图 17-2 所示。

综上，MVC 设计模式可以优化系统内部结构，使程序具有高聚合、低耦合的优点。因此本书将以 MVC 设计模式开发个性化订单系统。

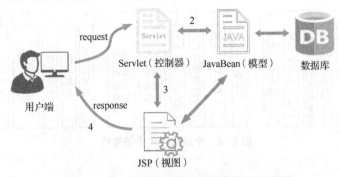

图 17-2　MVC 设计模式应用的请求处理流程

本书研究的个性化订单系统同时面向用户和多智能体制造系统，用户主要是提交个性化订单、订单状态追踪，需要用简单的可视化界面进行设计，而多智能体制造系统主要是与个性化订单系统进行数据交互，关注的是数据，不需要可视化界面。因此本书将 MVC 设计模式中的控制器、视图分为面向多智能体制造系统和面向用户两种。基于 MVC 设计模式的个性化订单系统如图 17-3 所示，用户控制器收到请求，在调用模型处理业务后，将可视化界面交给用户视图返回给用户。多智能体制造系统控制器设计了三类接口：订单下放接口、请求 G 代码接口和实时数据交互接口，分别用于多智能体制造系统的不同请求，在调用模型处理业务后，由多智能体制造系统视图将数据返回给多智能体制造系统。

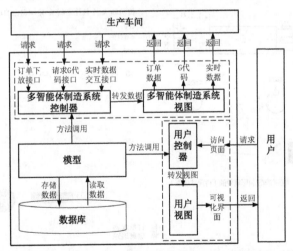

图 17-3　基于 MVC 设计模式的个性化订单系统

17.2.2　个性化订单系统架构及功能模块设计

个性化订单系统架构如图 17-4 所示，系统主要由用户模块、与多智能体制造系统交互模块和系统管理模块构成，各模块主要功能介绍如下。

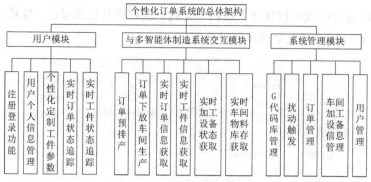

图 17-4　个性化订单系统架构

1）用户模块

随着用户需求个性化特点越来越强，基于用户个性化定制的多品种、小批量的生产模式呈现快速发展的趋势。为了应对这种现状，用户模块提供了个性化定制工件的功能。

工件个性化定制及订单追踪如图 17-5 所示，设计了直观的工件参数个性化定制功能，用户可以定制自己需要的尺寸、材料和数量等参数。并采用 Web 中的 Canvas 和 WebGL 等技术对工件进行二维和三维动态展示。订单提交并被系统下放多智能体制造系统加工后，可以在用户订单中实时追踪订单状态信息。例如：订单是否开始加工；加工完成了几个；某个工件正在加工第几道工序；某道工序是由哪台机床完成的等。用户注册与登录界面如图 17-6 所示，用户注册并登录后，才能提交个性化定制订单。

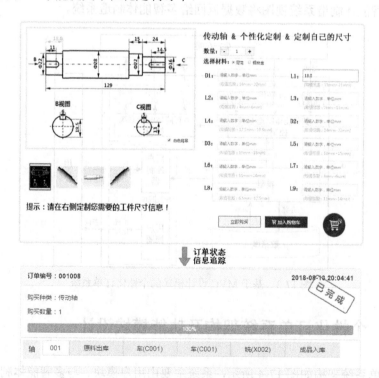

图 17-5　工件个性化定制及订单追踪

图 17-6　用户注册与登录界面

2）与多智能体制造系统交互模块

实时数据交互接口用于将多智能体制造系统实时信息收集到个性化订单系统（如订单状态信息、物料信息等）；请求 G 代码接口用于多智能体制造系统机床向个性化订单系统请求某道工序的加工 G 代码及相应工艺装备参数。个性化订单系统与多智能体制造系统交互接口及 JSON 格式数据如图 17-7 所示，多智能体制造系统通过 HTTP 协议访问个性化订单接口，交互的数据采用标准的 JSON 格式进行表示。

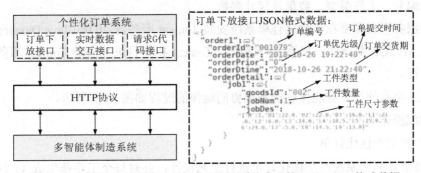

图 17-7　个性化订单系统与多智能体制造系统交互接口及 JSON 格式数据

3）系统管理模块

系统管理模块提供了各种数据维护功能，只有管理员才能登录使用。其中 G 代码库和扰动触发是该模块中最主要的两个功能。

（1）G 代码库。传统多智能体制造系统数控机床在加工时，工件尺寸变化后，都需要人工重新生成加工 G 代码并上传到数控系统，这种生产方式在大批量生产时是可行的。然而随着用户需求个性化特点越来越强，个性化定制作为一种新型生产模式呈现出快速发展的趋势，个性化订单具有多品种、小批量和产品参数复杂多变等特点。若继续沿用上述生产方式，则会造成大量时间都用在 G 代码上传上，造成生产效率低。

为此，本书在个性化订单系统中设计了 G 代码库，用户提交的订单由工艺部门设计工艺，并生成工件各工序加工 G 代码及对应工序的工艺装备参数，由工艺部门上传到个性化订单系统的 G 代码库。提交 G 代码及工艺装备参数如图 17-8 所示。多智能体制造系统生产过程中可以通过工件编号及加工工序号向个性化订单系统请求对应工序的加工 G 代码及工艺装备参数。由机床主动完成 G 代码下载和上传数控系统，并调用相应刀具完成加工，该过程使多智能体制造系统加工变得更简单。

图 17-8　提交 G 代码及工艺装备参数

（2）扰动触发功能。

扰动触发功能主要是负责完成扰动事件触发，主要是提交紧急订单。紧急订单插入前需要指定订单编号、工件类型、数量及尺寸参数。

搭建云服务平台需要在个性化订单系统安装 Tomcat 服务器、JDK（Java Development Kit）运行环境及 MySQL 数据库，将系统程序放入 Tomcat 指定目录并启动 Tomcat 服务器后，该系统正常运行。

个性化订单系统与多智能体制造系统协同运作的过程如图 17-9 所示。

运作过程描述如下。

① 用户提交个性化订单。

② 多智能体制造系统对个性化订单进行工艺设计，并对每个工序都生成 G 代码及该工序对应的工艺装备参数，将 G 代码和工艺装备参数上传到个性化订单系统 G 代码库。

③ 个性化订单系统根据订单交货期、订单优先级、物料库存信息等进行预排产，并将订单下放到多智能体制造系统。

④ 多智能体制造系统接收到订单后，采用改进合同网协商机制进行实时调度任务分配，协商完成后 AGV 将工件运送至相应机床。

⑤ 机床在开始加工前，会从工件携带的 RFID 标签内读取工件编号及加工工序，并向个性化订单系统请求加工 G 代码，个性化订单系统从 G 代码库中查找相应工序的 G 代码及工艺装备参数后返回给机床。机床上传 G 代码，并调用对应刀具进行加工。

⑥ 加工过程中，多智能体制造系统将订单信息、设备信息和物料信息实时推送给个性化订单系统，据此，用户可以追踪到订单加工进度，而设备信息和物料信息可以为预排产提供参考指标。

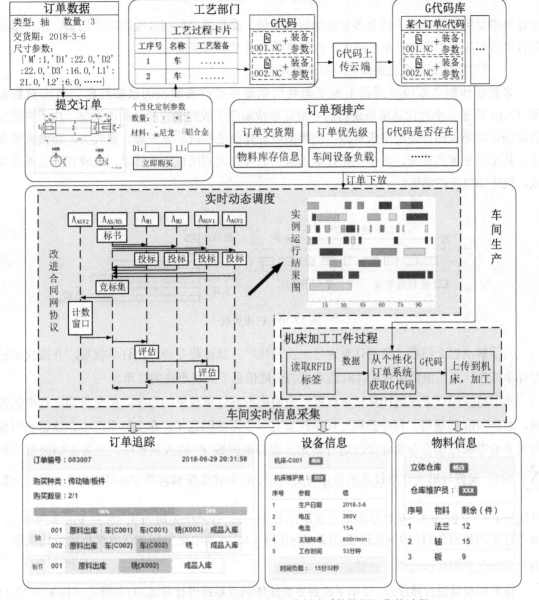

图 17-9　个性化订单系统与多智能体制造系统协同运作的过程

17.2.3　个性化订单系统的运行过程

订单下放多智能体制造系统加工前需要对订单进行预排产。订单预排产是个性化订单系统对所有订单进行排产，并下放筛选出部分订单到多智能体制造系统生产的过程。由于个性化订单系统每次下放一定数量的订单，如果不进行排产，而是按订单提交顺序下放订单，会造成以下两个问题。

1）订单权重得不到保证

通常根据订单的交货期、优先级等信息，给每个订单评定一个权重。个性化订单系统按照订单提交顺序将订单下放至多智能体制造系统，会使提交时间较晚但交货期紧、优先级高的订单被积压在个性化订单系统中，致使订单权重得不到保证。

2）多智能体制造系统资源利用不平衡问题

多智能体制造系统资源得不到平衡利用也是预排产需解决的重要问题。机床负载如图 17-10 所示，个性化订单系统内的一组订单按顺序下放到多智能体制造系统，由于先提交的这些订单绝大部分使用车床资源，使得多智能体制造系统车床负载普遍较大，而铣床负载小，甚至有空闲的铣床。而个性化订单系统上仍存在需利用铣床的订单，造成订单任务没完成，机床却空闲的结果。

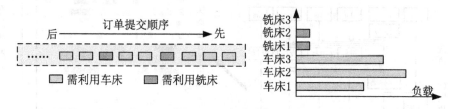

图 17-10　机床负载

为了解决以上问题，需对订单进行一次预排产。其过程是计算出订单权重，并按权重进行订单排序，最后根据多智能体制造系统的全局信息下放权重高的订单。

本书将按照以下规则计算订单权重，先明确影响订单权重的指标，如交货期、订单优先级、客户 Vip 等级等。每个指标对订单权重有一个影响因数 C，在实际生产中，该影响因数需要企业专家根据企业实际情况进行确定，将影响因数 C 输入到系统，且各影响因数总和 $\sum_{l=1}^{n} C_l = 1$。现假设影响订单权重的指标有交货期、订单优先级和客户 Vip 等级三个，影响因数分别为 0.5、0.2、0.3，某订单距离交货期还有 10 天，订单优先级为 5，客户 Vip 等级为 2，则该订单的权重为 $(1/10) \times 0.5 + 5 \times 0.2 + 2 \times 0.3 = 1.65$，其中交货期与订单权重成反比关系，因此采用交货期的倒数进行计算。

订单按权重进行排序后，订单下放到多智能体制造系统进行筛选。订单筛选流程如图 17-11 所示。每次选择权重最高的一个订单，依次判断 G 代码库中是否存在该订单加工程序、该订单所需物料在多智能体制造系统是否有库存、是否利于多智能体制造系统机床资源使用平衡三个条件，依次循环，直到订单列表中达到下放所需数量后，将订单下放到多智能体制造系统。

通过个性化订单系统与多智能体制造系统的协同运作，实时追踪到订单加工进度、设备和物料等多智能体制造系统实时信息，实现了多智能体制造系统制造信息个性化、订单化，有效的为预排产提供依据，且用户可以实时追踪订单加工进度。同时系统上建立了 G 代码库，为多智能体制造系统提供加工 G 代码及工艺装备参数，解决了订单在多品种、小批量和参数复杂多变情况下，机床有效获取加工 G 代码的问题。

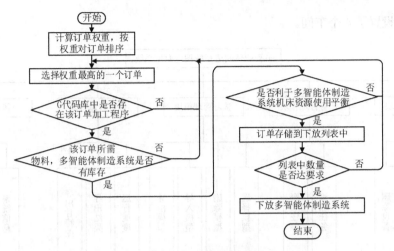

图 17-11　订单筛选流程

17.3　多智能体制造系统构架搭建实例

多智能体制造系统调度原型系统在微软公司 Windows 10 操作系统上使用 Java 语言进行开发，并包括以下软件环境：Java 软件开发工具包 JDK1.8.0、集成开发环境 MyEclipse 2016、数据库 MySQL 5.1。多智能体制造系统调度原型系统主要包含三个功能，第一个是管理多智能体制造系统调度中需要使用的设备信息、工件工序信息；第二个是管理和控制在基于 CB 的调度决策机制下具有自学习能力的智能体；第三个是能够运用案例进行仿真并且输出相应的调度结果。

17.3.1　智能调度系统框架搭建

基于实际混线生产多智能体制造系统的调度需求，本书设计了图 17-12 所示的混线生产多智能体制造系统调度原型系统框架。该框架共包含 5 个模块，分别是设备管理模块、任务管理模块、学习管理模块、调度管理模块及帮助模块。5 个模块共同组成了混线生产多智能体制造系统调度原型系统，并实现了多智能体制造系统生产任务的高性能调度。

以上各模块的具体功能详述如下。

1）设备管理模块

设备管理模块的主要功能是实现对多智能体制造系统中所有设备的集中统一管理，从而方便多智能体制造系统管理人员查看设备情况及对多智能体制造系统设备进行扩展。设备管理模块的用户操作界面如图 17-13 所示。其中图 17-13（a）为该模块的整个界面，上半部分主要是显示设备当前的具体情况，包括设备编号、加工类型、所在工作车间及备注信息，下半部分提供添加、更改和删除设备的相关功能，便于多智能体制造系统管理人员对多智能体制造系统进行动态管理。图 17-13（b）显示所有可选的加工类型，根据实际情况设置普车、普铣、数控车、数控铣、钳工 5 种加工类型。图 17-13（c）显示了所有可选的工作车间，根据实际情况共设置了 4 个车间。

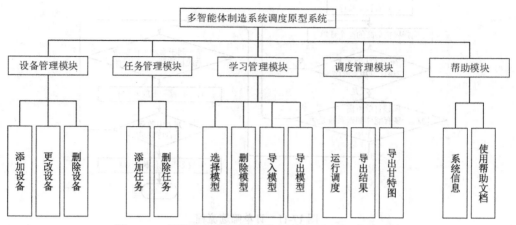

图 17-12　混线生产多智能体制造系统调度原型系统框架

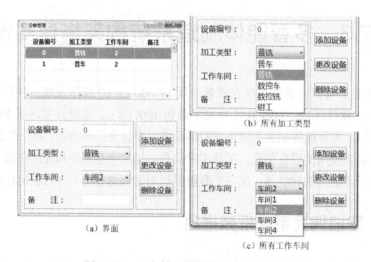

图 17-13　设备管理模块的用户操作界面

2）任务管理模块

任务管理模块的主要功能是实现对多智能体制造系统所有加工任务的统一管理，从而方便多智能体制造系统管理人员查看加工任务情况及对加工任务进行增、删、改等操作。任务管理模块的用户操作界面如图 17-14 所示，上半部分主要是显示多智能体制造系统当前的生产任务情况，从工序的角度出发，显示了工序编号、所属订单及零件编号、前道及后道工序编号、预计加工时长、加工类型、组合加工工序编号、是否为研制件、最相似工序编号，方便多智能体制造系统管理人员查看。该用户操作界面的左下部分区域提供对加工任务进行动态添加、修改、删除的功能，右下部分区域同样从订单的角度提供了类似的实用功能，方便了多智能体制造系统管理人员对生产加工任务进行动态管理。

3）学习管理模块

学习管理模块的主要功能是实现对多智能体制造系统调度知识（每道工序通过 LinUCB

算法学习得到的线性模型）进行统一的管理，从而方便多智能体制造系统管理人员查看各工序的调度知识模型及对模型进行导入、导出等操作。学习管理模块的用户操作界面如图 17-15所示，其上半部分主要显示选定的加工工序的信息，包括工序编号、加工类型、预计加工时长、前道工序类型、后道工序类型、是否为研制件、最相似工序编号，便于多智能体制造系统管理人员查看核对。界面左下部分区域提供查询信息的输入功能，通过输入相应的信息可以对工序调度模型进行查询。界面右下部分区域提供对工序调度模型的删除、导入、导出操作，方便对调度模型进行更改。

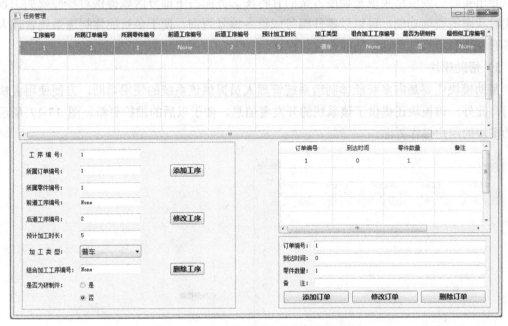

图 17-14　任务管理模块的用户操作界面

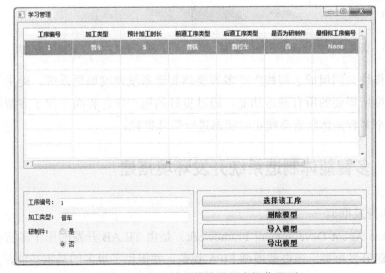

图 17-15　学习管理模块的用户操作界面

4）调度管理模块

调度管理模块的主要功能是实现对调度运行结果的可视化，包括实际生产时的实时调度结果及仿真实验时的调度结果，从而方便多智能体制造系统管理人员对多智能体制造系统实时状态及最终调度方案的查看分析。图 17-16 所示为调度管理模块的用户操作界面。其中上半部分的窗口主要显示该多智能体制造系统中实时的调度信息，可以显示所有零件的实时加工状态，也能够显示此时多智能体制造系统中所有加工设备的运行状态。界面左下部分区域提供对调度的控制功能，可以选择进行仿真实验还是实际生产，并控制开始运行。此外，还可以导出实时的调度结果或是调度方案的甘特图。界面右下部分区域提供对零件或加工设备的实时状态的查询功能，可以以零件编号或设备编号查询，便于多智能体制造系统管理人员对多智能体制造系统运行细节的查看与管理。

5）帮助模块

帮助模块主要是向多智能体制造系统管理人员提供该系统的使用帮助，方便使用者快速入门。此外，该模块还提供了该系统的开发者信息，便于以后的维护更新。图 17-17 所示为帮助模块的用户操作界面。

图 17-16　调度管理模块的用户操作界面

图 17-17　帮助模块的用户操作界面

以上各个模块共同组成了混线生产多智能体制造系统调度原型系统，提供了混线多智能体制造系统调度所需要的所有基本功能，通过良好的用户操作界面方便了多智能体制造系统管理人员对整个多智能体制造系统实时状态进行管理把控。

17.3.2　多智能体制造系统开发环境搭建

1）智能体开发框架——JADE

JADE（Java Agent Development Framework）是由 TILAB 开发的用于多智能体制造系统搭建的主流开源开发框架。该框架遵循 FIPA 规范，并提供了很多的基本功能，具有灵活、可移植、易扩展的特点，极大地简化了开发多智能体制造系统的过程。JADE 为开发者们提供了如下一系列基本功能。

（1）智能体平台服务。

JADE 提供的平台服务如图 17-18 所示，JADE 为多智能体制造系统的开发提供了诸多的基本服务组件，包括生命周期管理、黄页服务、消息传输服务等。这些服务组件的存在使得 JADE 具有很大的灵活性，并且极大地缩短了多智能体制造系统的开发周期。

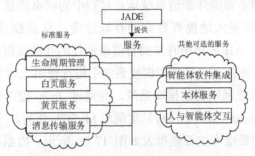

图 17-18　JADE 提供的智能体平台服务

（2）图形化操作界面。

JADE 为多智能体制造系统的调试和管控提供了图形化的界面，使得开发人员可以更加方便地对智能体程序进行调试，更加直观地了解系统中各个智能体的状态。JADE 图形化操作界面如图 17-19 所示。图 17-19（a）展示了 JADE 提供的多智能体制造系统图形用户管理界面，通过该界面，可以实时监控各智能体的当前状态，同时提供了创建、暂停、回收智能体等一系列实用功能。通信状态监控如图 17-19（b）所示，JADE 提供的图形化监控工具 Sniffer Agent 可以实时显示智能体之间协商通信的过程。该工具以 UML 序列图的形式显示智能体间实时的通信过程，可以直观地反映当前系统的运行状态。

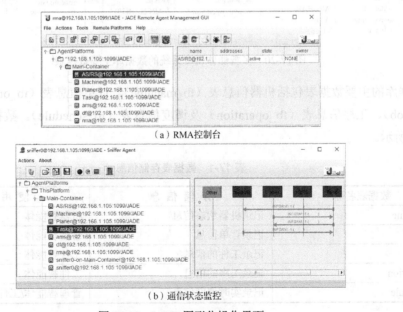

（a）RMA控制台

（b）通信状态监控

图 17-19　JADE 图形化操作界面

（3）智能体开发包。

JADE 内置了一系列在智能体开发过程中常用的函数 API，包括 jade.core、jade.lang.acl、jade.content、jade.wrapper、jade.proto 等。通过这些现成的 API，可以很方便地构建智能体运行程序。

2）数据库系统开发——MySQL

数据库主要用于存储多智能体制造系统运行过程中的状态信息及调度结果信息。一个好的数据库系统的设计能够极大地提高数据的存取速度，从而提升整个系统的工作效率。MySQL 是由瑞典 MySQL AB 公司所开发的目前最流行的开源数据库管理系统，具备优秀的性能、性价比与可靠性，非常适合在生产调度系统中进行使用。本书是基于 MySQL5.1 开发的应用于多智能体制造系统调度的数据库系统，并通过 Java 程序与数据库系统通信的标准 API——JDBC（Java Database Connectivity）实现与 MySQL 交互。

多智能体调度系统的数据库主要数据表如图 17-20 所示。数据库系统为这些数据提供了良好的管理和高效率的存取。此外，在数据库系统的辅助下，这些数据成为整个系统高效运行、判断、决策的基础。

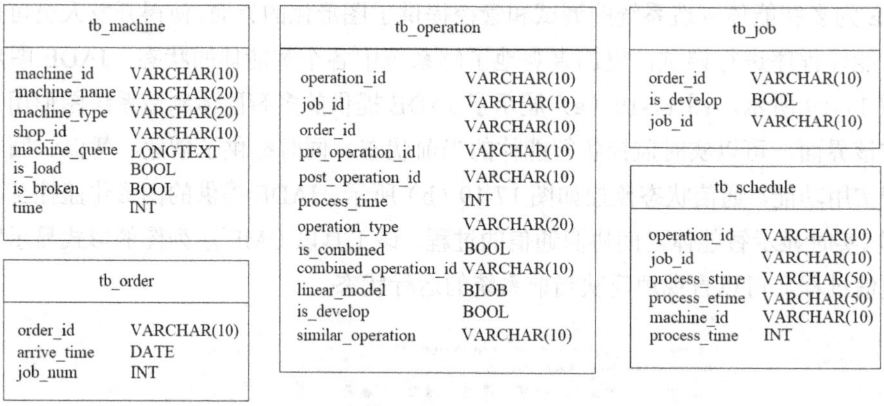

tb_machine	
machine_id	VARCHAR(10)
machine_name	VARCHAR(20)
machine_type	VARCHAR(20)
shop_id	VARCHAR(10)
machine_queue	LONGTEXT
is_load	BOOL
is_broken	BOOL
time	INT

tb_operation	
operation_id	VARCHAR(10)
job_id	VARCHAR(10)
order_id	VARCHAR(10)
pre_operation_id	VARCHAR(10)
post_operation_id	VARCHAR(10)
process_time	INT
operation_type	VARCHAR(20)
is_combined	BOOL
combined_operation_id	VARCHAR(10)
linear_model	BLOB
is_develop	BOOL
similar_operation	VARCHAR(10)

tb_job	
order_id	VARCHAR(10)
is_develop	BOOL
job_id	VARCHAR(10)

tb_schedule	
operation_id	VARCHAR(10)
job_id	VARCHAR(10)
process_stime	VARCHAR(50)
process_etime	VARCHAR(50)
machine_id	VARCHAR(10)
process_time	INT

tb_order	
order_id	VARCHAR(10)
arrive_time	DATE
job_num	INT

图 17-20　多智能体调度系统的数据库主要数据表

数据库的主要数据表包括机器信息表（tb_machine）、订单信息表（tb_order）、工件信息表（tb_job）、工序信息表（tb_operation）及调度信息表（tb_schedule）。数据表存储信息如表 17-1 所示。

表 17-1　数据表存储信息

数据表名称	存储信息	使用对象
tb_machine	记录机器状态信息	机器智能体
tb_order	记录订单信息	管理智能体
tb_job	记录工件的信息	工件智能体
tb_operation	记录工序的信息	工件智能体
tb_schedule	记录实时调度信息	管理智能体/工件智能体

每个数据表都是由若干个字段构成的，这些字段定义了表的内容及数据格式。机器信息表如表 17-2 所示，该表的字段包括机器编号（machine_id）、机器名称（machine_name）、机器类型（machine_type）、机器所属车间 ID（shop_id）、机器缓冲区队列（machine_queue）、机器是否空闲（is_load）、机器是否故障（is_broken）、当前时间（time），为车间的调度提供了加工机器的实时状态信息。

表 17-2　机器信息表

字　段　名	数　据　类　型	描　　述
machine_id	字符型	记录机器编号
machine_name	字符型	记录机器名称
machine_type	字符型	记录机器类型
shop_id	字符型	记录机器所属车间 ID
machine_queue	字符型	记录机器缓冲区队列
is_load	布尔型	记录机器是否空闲
is_broken	布尔型	记录机器是否故障
time	整型	记录当前时间

多智能体制造系统的加工任务具体信息由订单、工件及工序三个信息表记录，详细描述见表 17-3、表 17-4 与表 17-5。订单信息表的字段包括订单 ID（order_id）、订单到达时间（arrive_time）、订单包含工件数量（job_num）。工件信息表的字段包括所属订单 ID（order_id）、是否为研制件（is_develop）、所属工件 ID（job_id）。工序信息表的字段包括工序 ID（operation_id）、工序所属工件 ID（job_id）、工序所属订单 ID（order_id）、前一道工序 ID（pre_operation_id）、后一道工序 ID（post_operation_id）、加工时间（process_time）、工序类型（operation_type）、是否需要组合加工（is_combined）、组合加工工序 ID（combined_operation_id）、调度模型数据（linear_model）、是否为研制件（is_develop）、最相似的工序（similar_operation）。三个信息表共同为多智能体制造系统的调度提供了加工任务的实时信息，实现了车间数据的高效流动。

表 17-3　订单信息表

字　段　名	数　据　类　型	描　　述
order_id	字符型	记录订单 ID
arrive_time	日期型	记录订单到达时间
job_num	整型	记录订单包含的工件数量

表 17-4　工件信息表

字　段　名	数　据　类　型	描　　述
order_id	字符型	记录所属订单 ID
is_develop	布尔型	记录是否为研制件
job_id	字符型	记录所属工件 ID

表 17-5　工序信息表

字　段　名	数　据　类　型	描　　　述
operation_id	字符型	记录工序 ID
job_id	字符型	记录工序所属工件 ID
order_id	字符型	记录工序所属订单 ID
pre_operation_id	字符型	记录前一道工序 ID
post_operation_id	字符型	记录后一道工序 ID
process_time	整型	记录加工时间
operation_type	字符型	记录工序类型
is_combined	布尔型	记录是否需要组合加工
combined_operation_id	字符型	记录组合加工工序 ID
linear_model	二进制型	记录调度模型数据
is_develop	布尔型	记录是否为研制件
similar_operation	字符型	记录最相似的工序

调度信息表主要记录调度过程中的工序加工实时信息，便于管理人员实时查看。调度信息表如表 17-6 所示。该表的字段包括工序 ID（operation_id）、工序所属工件 ID（job_id）、工序开始加工时刻（process_stime）、工序结束加工时刻（process_etime）、所属加工设备 ID（machine_id）、所需加工时间（process_time）。

表 17-6　调度信息表

字　段　名	数　据　类　型	描　述
operation_id	字符型	记录工序 ID
job_id	字符型	记录工序所属工件 ID
process_stime	字符型	记录工序开始加工时刻
process_etime	字符型	记录工序结束加工时刻
machine_id	字符型	记录所属加工设备 ID
process_time	整型	记录所需加工时间

17.4　多智能体制造系统动态调度问题

离散车间动态调度的研究方向包括预测反应式调度、前涉性调度和完全反应式调度。

预测反应式调度是指在调度的生成阶段不考虑制造环节的不确定性因素，只在不确定因素发生时重新进行调度。这种调度方法是目前众多学者研究的重点。其目的是为了兼顾发展较为成熟的离线集中式调度理论和新兴的智能动态调度方法，使优秀的理论调度结果能够真正应用起来。在运行过程中，通过离线调度方法产生初始调度序列，该序列在理论上通常接近最优；在加工过程中，应用动态调度方法来排除偏差，解决理论调度序列的不足，通过局部重调度、自组织调度、感知调度等方法对理论调度序列进行小范围修改，或者是局部重调度维持理论序列的执行。

　　然而，预测反应式调度很难解决"个性化定制"的问题。个性化定制的订单具有随机性和间断性，订单到来时间不确定，此时工厂的运行状况难以提前预测，需要在线频繁重建调度模型，也就意味着建立在准确车间模型基础上的调度序列难以产生。

　　前涉性调度，基于对不确定因素的预测模型在生成的初始调度中预留一定的冗余，以吸收和消化调度执行中遭遇的不确定性，避免造成实际执行的调度相对初始调度的过度偏离。此种调度方法更多应用于单机调度生产，与本书所研究的离散车间也不契合。

　　完全反应式调度，不生成具体调度序列，只依据资源负载、交货期等情况下放任务，在制品的生产完全依靠实时调度进行，制造过程具有强实时性。这种调度方法随着信息化水平的提高及对多智能体制造系统、合弄制造系统等理论体系研究的深入，已经具备了可行性，依靠智能体间的信息交互和智能体内的高效运算，动态处理突发事件，同时合理安排在制品加工序列。相对于预测反应式调度，完全反应式调度更加适合应对个性化定制任务，本章将围绕此理论设计相应实验。

17.4.1　问题描述

　　图 17-21 所示为面向个性化定制的离散制造系统，用户通过网络对产品进行定制，确定可定制产品的类型。为了能够直观地研究离散车间如何应对个性化订单带来的挑战，做出如下假设。

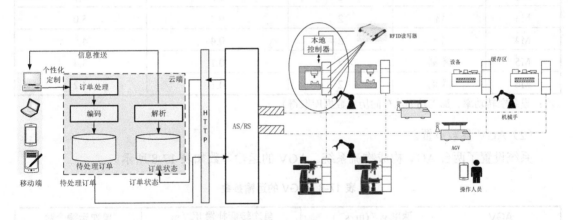

图 17-21　面向个性化定制的离散制造系统

　　（1）离散车间层可从个性化订单系统直接获取个性化订单，而不必经过设计部门。

　　（2）每种产品的加工路线确定且唯一，用户可以定制加工产品的特征参数，如内径值、外径值、孔定位等，而不能定制加工特征。

　　（3）最终产品全部由机床加工得到，不涉及装配。

　　系统中放置有 AS/RS 用于存放系统中的工件原料或成品，AS/RS 的出口与入口只提供一个工件的流通通道；加工设备一次加工只能容纳一个工件；加工设备拥有各自的缓存区，缓存区存放工件数量一定；加工设备和 AS/RS、加工设备和加工设备之间铺设有两两相连的单向通行道路，构成全连通有向图；工件在加工设备之间的物料转移采用基于托盘运输单位的方式由轨道车或 AGV 完成，在每个加工设备节点上，托盘车运送的加工零件物料将从上一道加工工序的缓存区运送到当前工序的缓存区；加工完成后再从当前工序的缓存区送往下一道工序的缓存区，直至最后运送到成品库存；缓存区与加工设备之间的搬运及装夹过程由机械手完成；机械手夹具更换可自动完成，加工设备刀具和夹具的更换需要操作人员完成。

17.4.2 实验算例设计

1）参数设置

（1）机床参数设置。

本实验设置了 6 台机床，其中包括 2 台车床、2 台铣床和 2 台雕刻机。机床的工艺能力信息如表 17-7 所示。

表 17-7 机床的工艺能力信息

机床	工艺类型	缓冲区容量	空转功率 P_w /kW	加工功率 P_{iw} /kW
M1	车	2	0.3	5.5
M2	车	2	0.2	4.7
M3	铣	2	0.2	5.0
M4	铣	2	0.4	4.5
M5	雕刻	2	0.1	3.4
M6	雕刻	2	0.1	4.2

（注：设备空转功率、加工功率从车间历史数据库取得）

（2）AGV 参数设置。

系统设置了两台 AGV 构成物流系统。AGV 的运输参数如表 17-8 所示。

表 17-8 AGV 的运输参数

AGV	速度 v_k /(m·s^{-1})	单次转弯补偿 W_T /m	单次运输个数
AGV1	0.78	0.22	1
AGV2	0.63	0.31	1

（注：AGV 单次转弯补偿为 AGV 速度与 AGV 转弯时间的乘积）

2）工件设置

本次实验提供了表 17-9 所示的工件类型，工件相关尺寸可以在云平台进行定制。

表 17-9 工件类型

No	名称	简图	工艺路线
1	法兰	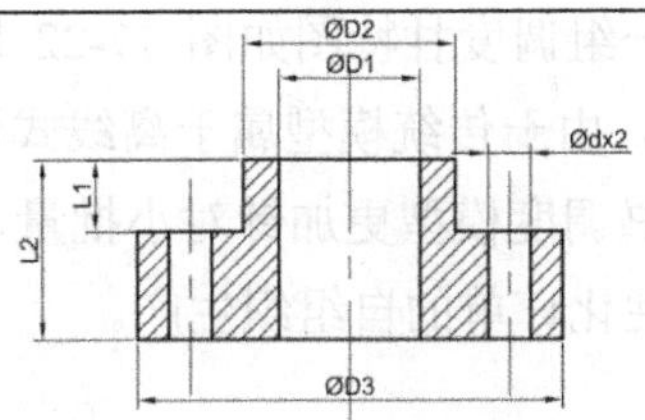	铣-车-车-雕刻
2	轴	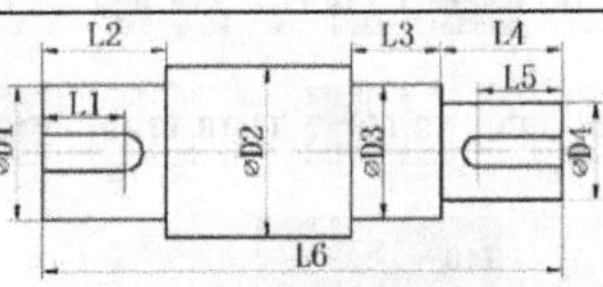	车-车-铣
3	板	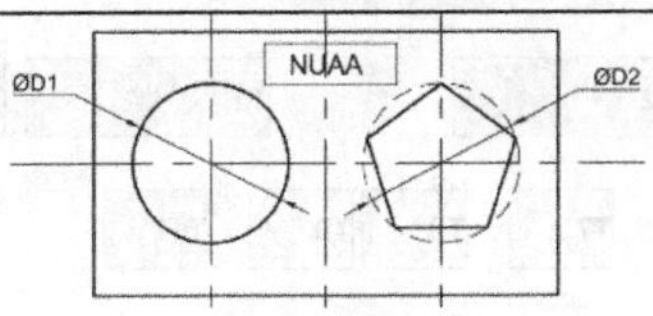	雕刻-铣

3）订单设置

实验时在云平台按表 17-10 进行订单提交。

表 17-10 订单提交表

订单号	工件号	工件类型	工艺路线	下单时刻	交货时刻
001	1	法兰	铣-车-车-雕刻	0	340
	2	法兰	铣-车-车-雕刻	0	340
	3	轴	车-车-铣	0	340
	4	板	雕刻-铣	0	340
002	5	轴	车-车-铣	30	400
	6	法兰	铣-车-车-雕刻	30	400
	7	板	雕刻-铣	30	400
	8	板	雕刻-铣	30	400
003	9	板	雕刻-铣	50	420
	10	板	雕刻-铣	50	420
	11	法兰	铣-车-车-雕刻	50	420
	12	板	雕刻-铣	50	420
	13	轴	车-车-铣	50	420

17.5 多智能体制造系统动态实时调度实验验证

针对表 17-10 所给出的订单数据，分别使用动态实时调度模型和传统模型进行对比实验，其中传统模型采用遗传算法来进行调度求解和重调度计算。

17.5.1 无扰动情况

无扰动时基于本书调度模型的一组调度甘特图如图 17-22 所示。无扰动时基于传统模型的一组调度甘特图如图 17-23 所示。由于传统模型属于离线式调度，在无扰动影响情况下能够求出调度问题的近似最优解。本书调度模型更加针对小批量、分散且到达时间不确定的订单场合，具有强实时性，能实现个性化订单的自组织生产。

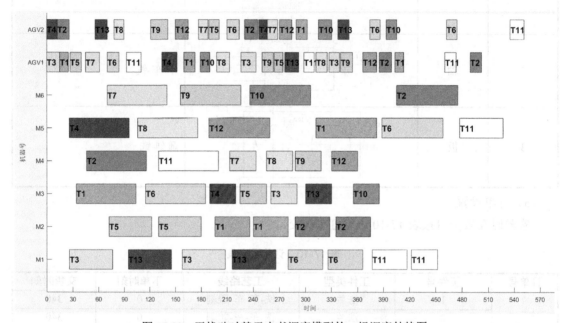

图 17-22　无扰动时基于本书调度模型的一组调度甘特图

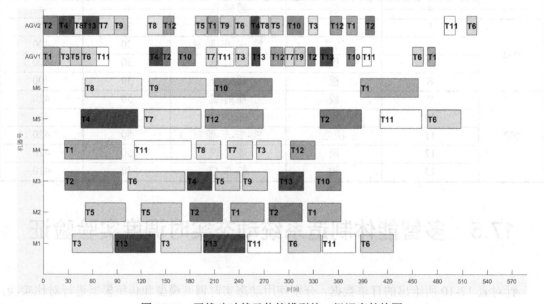

图 17-23　无扰动时基于传统模型的一组调度甘特图

17.5.2　紧急订单扰动实验

在紧急订单扰动实验中，所使用的订单数据集与表 17-10 一致，但将 50 时刻下单的 T10 设置为紧急订单，即此时 T10 的任务优先级最高，在资源设备空闲时将优先执行任务 T10。紧急订单扰动下基于本书调度模型的一组调度甘特图如图 17-24 所示。任务 T10 的完工时刻为 315，相比图 17-22 无扰动情况下任务 T10 的完工时刻提前了 90。紧急订单扰动下基于传统模型的一组调度甘特图如图 17-25 所示，相比图 17-23 无扰动情况下任务 T10 的完工时刻提前了 17。显然，本书模型在应对紧急订单扰动时的表现更优。

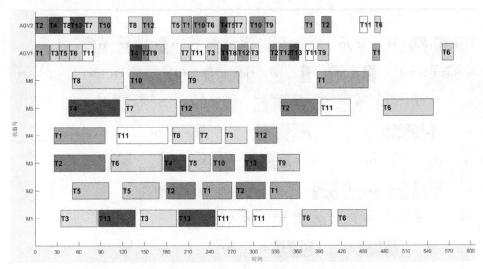

图 7-24　紧急订单扰动下基于本书调度模型的一组调度甘特图

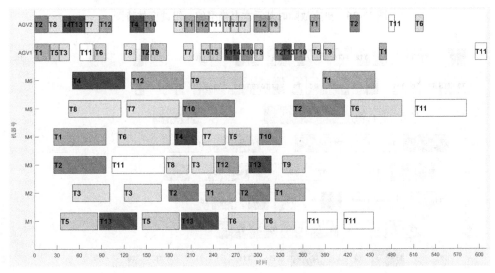

图 17-25　紧急订单扰动下基于传统模型的一组调度甘特图

智能制造系统及关键使能技术

17.5.3　机床故障扰动实验

当机床发生故障时，按照本书提出的扰动处理策略，可以将该故障设备从在线设备注册表中删除，并对受干扰任务进行处理。图 17-26 和图 17-27 分别是机床故障时基于本书模型和基于传统模型的一组调度甘特图。M3 在时刻 134 处发生故障，此时机床正在加工任务 T6，且缓冲区有任务 T4 等待加工，A_C 感知到机床故障事件后将任务 T4 转移到 M4 进行加工，将任务 T6 重新放入 A_{MW} 进行任务分配，同时通知车间人员对故障机床进行修复。故障机床在时刻 272 处恢复运行，A_C 感知到后重新将其加入在线设备注册表，继续参与任务投标和工件加工。

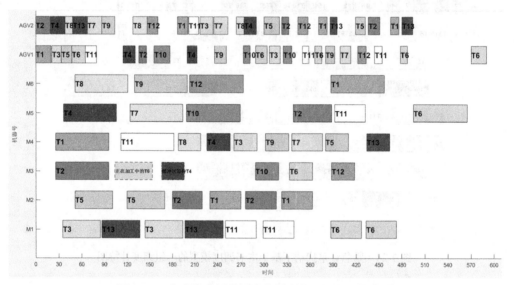

图 17-26　机床故障时基于本书模型的一组调度甘特图

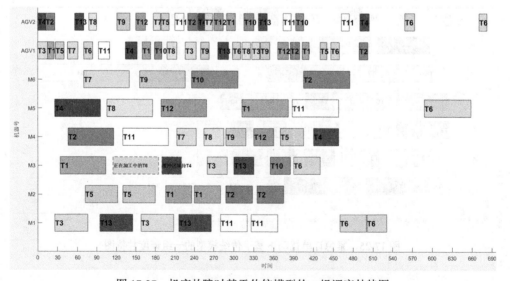

图 17-27　机床故障时基于传统模型的一组调度甘特图

17.5.4　订单优先级调整扰动实验

订单优先级调整扰动实验所用数据集与表 17-10 一致。图 17-28 和图 17-29 分别是订单优先级调整时基于本书模型和基于传统模型的一组调度甘特图。在时刻 150 将任务 T11 的优先级调至最高，监控智能体随即广播该优先级调整事件，任务 T11 随后的工序加工和物流运输都将优先执行。基于本书模型任务 T11 的完工时刻为 444，相比图 17-22 无扰动情况下任务 T11 的完工时刻提前了 107。基于传统模型任务 T11 的完工时刻为 477，相比图 17-23 无扰动情况下任务 T11 的完工时刻仅提前了 24。显然，本书模型在应对订单优先级调整扰动时的表现更优。

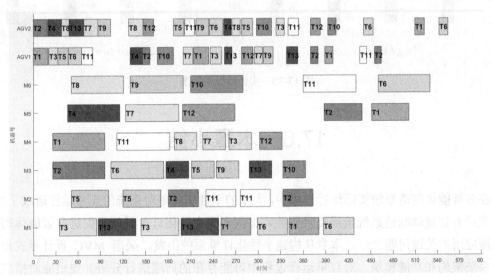

图 7-28　订单优先级调整时基于本书模型的一组调度甘特图

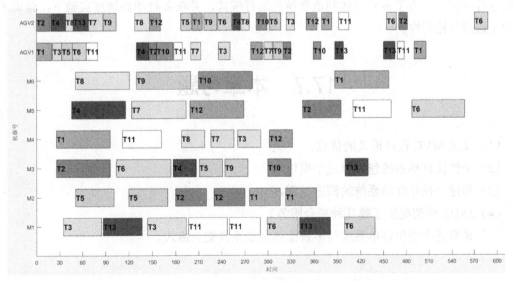

图 17-29　订单优先级调整时基于传统模型的一组调度甘特图

上述四组实验的实验数据对比图，如图 17-30 所示，综合上述分析可以发现：在无扰动情况下，由于传统模型有较好的全局最优解搜索能力，故其完工时间和能耗均略优于本书模型；在扰动事件发生时，由于传统模型在应对扰动时需要进行重调度计算，其收敛速度较慢，本书模型无论从完工时间、能耗和扰动事件处理速度上均明显优于传统模型。

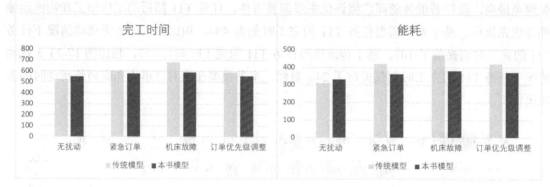

图 17-30　实验数据对比图

17.6　本章小结

在多智能体制造系统实际运行过程中，大量的个性化订单对系统的正常运行造成了冲击。为了支持多智能体制造系统按需提供服务，如何实现个性化订单系统是促进多智能体制造系统落地应用的关键问题之一。本章从构建个性化订单系统出发，采用 MVC 设计模式设计订单的系统架构和功能模块，对订单运行过程中可能存在的问题进行分析并提出应对措施。同时搭建多智能体制造系统调度系统，对涉及的模块进行详细设计，对调度过程中预测存在的问题进行研究，完善了多智能体制造系统的运行模式，并在多种动态调度实验下，验证了系统的先进性与稳定性。

17.7　本章习题

（1）简述 MVC 设计模式的优点。

（2）个性化订单系统包括哪几个模块？

（3）简述个性化订单系统的筛选过程。

（4）JADE 框架提供了哪几种平台服务？

（5）请简述个性化订单系统与多智能体制造系统交互格式。